高等职业教育系列教材

电工基础

第 3 版

主　编　戴曰梅　崔传文

副主编　廉亚囡　刘学伟　魏艳迪

　　　　李茂松　袁会杰

参　编　宋悦孝　王付华　王然升

　　　　张　文　陈汝合　赵　钿

主　审　韩敬东

机 械 工 业 出 版 社

本书分为7章，主要内容包括电路的基本概念和基本定律；直流电路的分析计算；正弦交流电路；三相电路；互感耦合电路；线性电路过渡过程的时域分析；低压电器及其控制电路。本书配有精选的例题和习题，学习工作页中配有大量技能训练项目，引导学生按照任务和规范工艺的要求装配相应的电路，并完成调试。在教学组织中，既可以先讲述电路相关概念和方法，再进行技能训练，让学生学以致用；也可以先进行技能训练，提出问题，再进行理论学习，实现总结和提高。

本书可作为高等职业院校自动化类、电子信息类、通信类等专业的教材，也适合从事电工电子工作的工程技术人员参考。

本书配有微课视频，扫描文中二维码即可观看。另外，本书配有电子课件，需要的教师可登录机械工业出版社教育服务网（www.cmpedu.com）免费注册，审核通过后下载，或联系编辑索取（微信：15910938545，电话：010-88379739）。

图书在版编目（CIP）数据

电工基础／戴曰梅，崔传文主编 . —3 版 . —北京：机械工业出版社，2022.2（2024.8 重印）

高等职业教育系列教材

ISBN 978-7-111-70008-1

Ⅰ.①电…　Ⅱ.①戴…②崔…　Ⅲ.①电工-高等职业教育-教材　Ⅳ.①TM1

中国版本图书馆 CIP 数据核字（2022）第 013393 号

机械工业出版社（北京市百万庄大街22 号　邮政编码100037）

策划编辑：和庆娣　　　　责任编辑：和庆娣　白文亭

责任校对：肖　琳　王　延　责任印制：单爱军

北京虎彩文化传播有限公司印刷

2024 年 8 月第 3 版第 5 次印刷

184mm×260mm · 14.5 印张 · 330 千字

标准书号：ISBN 978-7-111-70008-1

定价：65.00 元（含学习工作页）

电话服务　　　　　　　　　网络服务

客服电话：010-88361066　　机　工　官　网：www.cmpbook.com

　　　　　010-88379833　　机　工　官　博：weibo.com/cmp1952

　　　　　010-68326294　　金　书　网：www.golden-book.com

封底无防伪标均为盗版　　机工教育服务网：www.cmpedu.com

前　言

科技兴则民族兴，科技强则国家强。党的二十大报告指出："必须坚持科技是第一生产力、人才是第一资源、创新是第一动力，深入实施科教兴国战略、人才强国战略、创新驱动发展战略，开辟发展新领域新赛道，不断塑造发展新动能新优势。"电工基础是一门专业基础学科，是目前人工智能、自动化、计算机、电子信息等多个专业的重要课程，本次改版在教材内容、教学资源、课堂组织形式等方面进行优化，让学生在学习过程中增强爱国意识，增强民族自豪感和责任感，从而提升学生探索创新的能力。

"电工基础"是自动化类专业的专业基础课，主要讲述直流电路、交流电路、动态电路、电磁电路、控制电路的相关概念和分析方法。在本书编写过程中，一方面根据最新课程改革要求，以实验技能训练项目为先导，从实际应用出发，用通俗、易懂的语言阐述相关概念和方法。另一方面用典型例题将相关概念、方法和实际应用联系起来，使读者既能获得理性认识，同时也具有很深的感性认识。

本书强调学生动手能力的提高，每章给出与内容相一致的技能训练题。在教学过程中，既可以先介绍电路的相关概念和方法，再进行技能训练；也可以先进行技能训练，提出问题，再进行理论学习，实现总结和提高。此外，本书还配有学习工作页，包含各个任务的技能训练，能力培养贴合企业的实际工作需求，学习工作页独立成册，使用便捷。

本书参考学时为 120～140 学时。

本书由山东信息职业技术学院戴曰梅老师和崔传文老师担任主编，负责全书内容的制定、定稿工作，由山东信息职业技术学院廉亚囡、刘学伟、魏艳迪、李茂松和山东省潍坊第一中学袁会杰 5 位老师担任副主编。山东信息职业技术学院韩敬东老师担任主审。山东信息职业技术学院戴曰梅老师负责教材课件的制作，戴曰梅、崔传文、廉亚囡、刘学伟、魏艳迪、李茂松等老师录制了微课视频，袁会杰老师负责校稿。山东信息职业技术学院的宋悦孝、王付华、王然升、张文、陈汝合、赵钿也参与了教材的编写工作。

在本书编写过程中，编者查阅和参考了众多文献资料，得到了许多启发，在此向参考文献的作者致以诚挚的谢意。另外，山东信息职业技术学院张伟老师对本书内容的选定提出了大量的指导意见，教研室的其他老师也为本书的编写提供了很大帮助，歌尔股份有限公司技术人员为本书的编写提出了合理化建议，在此，一并表示感谢。

由于编者水平有限，书中难免存在不妥之处，欢迎广大读者批评指正。

编　者

目　　录

第1章　电路的基本概念和基本定律

❖内容导入

所有电气设备运行和电子产品的正常工作，都要依靠电流、电压的作用，而产生电流、电压就需要由基本电路元件构成的电路，本章主要介绍电路和基本元件的概念，以及电路中的一些基本物理量和基本定律。

1.1　电路、电路模型及其分类

Proteus介绍

1.1.1　实际电路

电路的种类多种多样，在日常生活以及生产、科研中有着广泛的应用。随着科学技术的飞速发展，现代电工电子设备种类日益繁多，规模和结构更是日新月异，但无论怎样设计和制造，这些设备绝大多数都是由各式各样的电路所组成的。

那么，什么是电路呢？电路是由一些电气设备和元器件按一定方式连接而构成的整体，它提供了电流流通的路径。实际电路的作用有以下几个方面。

1）进行能量的传输、分配与转换，例如电力系统中的输电线路。

2）传送和处理信号，例如电话线路和放大器电路。

3）测量电子信号，例如万用表电路。

4）存储信息，例如计算机的存储电路。

实际电路的组成方式多种多样，但通常由电源、负载和中间环节三部分组成。电源是提供电能的装置，它将其他形式的能量转换成电能，例如干电池将化学能转换成电能；负载是消耗电能的装置，它将电能转换成其他形式的能量，例如电炉将电能转换成热能，灯泡将电能转换成光能，而电动机将电能转换成机械能；中间环节是传输、分配和控制电能的部分，例如变压器、输电线和开关等。图1-1a所示是手电筒的实际电路，其电路元器件有干电池、小灯泡、开关和导线。

1.1.2　电路模型

为了便于对实际电路进行分析，往往将电路中的实际元器件进行简化，在一定条件下忽略其次要性质，用足以表征其主要特性的模型来表示这些实际元器件，即把它们近似地看作理想电路元器件，并用规定的图形符号来表示。例如，对于电灯、电炉等电路器件，根据其消耗电能这一电磁特性，在电路模型中均可用理想电阻元件 R 表示。

手电筒电路仿真

定义电容元件是只储存电场能量的理想元件，电感元件是

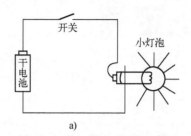

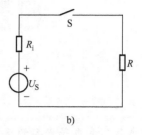

图 1-1　手电筒的实际电路与电路模型图

a）手电筒的实际电路图　b）手电筒的电路模型图

只储存磁场能量的理想元件。用电阻、电容和电感等理想电路元件来近似模拟实际电路中的器件和设备，再根据这些实际器件的连接方式，用理想导线将这些电路元件连接起来。这种由理想电路元件构成的电路就是实际电路的电路模型。图 1-1b 所示是手电筒的电路模型图。小灯泡用电阻 R 表示，考虑到干电池内部自身消耗电能，把干电池用电压源 U_S 和电阻元件 R_i 的串联电路来表示，导线电阻忽略不计。

1.1.3　电路的分类

可将电路分为集中参数电路和分布参数电路。集中参数电路是指构成元器件及电路本身的尺寸远小于电路工作时电磁波波长的电路，在分析这种电路时，可以忽略元器件和电路本身的几何尺寸。我国电力工程的电源频率为 50Hz（对应的波长为 6000km）。在低频电路中，几何尺寸为几米、几百米甚至于几千米的电路都可视为集中参数电路。分布参数电路是指电器本身的几何尺寸相对于工作波长不可忽略的电路。集中参数电路按其元器件参数是否为常数，又分为线性电路和非线性电路。本课程重点介绍集中参数线性电路的分析方法。

1.2　电流、电压和电位

电流、电压和电位

1.2.1　电流及其参考方向

电荷的定向运动形成了电流。习惯上，电流的实际方向指正电荷运动的方向，自由电子运动方向则与电流的实际方向相反。电流的大小是指单位时间内通过导体横截面的电荷量。

电流主要分为两类：一类为大小和方向均不随时间改变的电流，称为直流电流，简称为直流（DC），常用英文大写字母 I 表示；另一类为大小和方向都随时间变化的电流，称为变动电流。大小和方向随着时间按周期性变化的电流，称为交流电流（AC），常用英文小写字母 i 表示。

对于直流，单位时间内通过导体横截面的电荷量是恒定不变的，其电流大小为

$$I = \frac{q}{t} \qquad (1-1)$$

对于变动电流，若假设在一很小的时间间隔 $\mathrm{d}t$ 内，通过导体横截面的电荷量为 $\mathrm{d}q$，则该瞬时电流大小为

$$i = \frac{\mathrm{d}q}{\mathrm{d}t} \qquad (1-2)$$

在国际单位制（SI）中，电流的主单位是安［培］，符号为 A。常用的单位有千安（kA）、毫安（mA）、微安（μA）等，它们之间的换算关系为

$$1A = 10^3 \mathrm{mA} = 10^6 \mu\mathrm{A}$$

在分析复杂电路时，有时对某段电路中电流的实际方向难以直接判断，因此引入了参考方向的概念。在电路分析中，可以任意选定一个方向作为某支路电流的参考方向，可用箭头表示在电路图上，以此参考方向作为电路计算的依据。若算出 $i > 0$，则表明电流的实际方向与设定的参考方向一致；若算出 $i < 0$，则表明电流实际方向与设定的参考方向相反。图 1-2 表示出了电流实际方向与参考方向之间的关系。

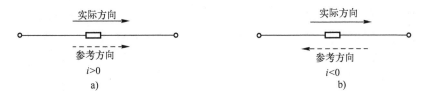

图 1-2 电流实际方向与参考方向之间的关系图

a）电流实际方向与参考方向相同 b）电流实际方向与参考方向相反

1.2.2 电压及其参考方向

在电路中，如果电场力把正电荷 $\mathrm{d}q$ 从电场中某一点 a 移动到 b 点所做的功是 $\mathrm{d}W$，则 a、b 两点间的电压为

$$u_{ab} = \frac{\mathrm{d}W}{\mathrm{d}q} \qquad (1-3)$$

即电路中 a、b 两点间的电压等于电场力把单位正电荷从 a 点移动到 b 点所做的功。

电压的实际方向就是正电荷在电场中受电场力作用移动的方向，当然也是电场力对正电荷做功的方向。

在国际单位制中，电压的单位是伏［特］，符号为 V。常用的单位有千伏（kV）、毫伏（mV）、微伏（μV）等。

大小和方向都不随时间变化的电压称为直流电压，用大写字母 U 表示；大小和方向都随时间周期性变化的电压称为交流电压，用小写字母 u 表示。

与电流类似，在电路分析中也要规定电压的参考方向，通常用以下 3 种方式表示。

1）用正（＋）、负（－）极性表示，称为参考极性，如图 1-3a 所示。这时从正极性端

指向负极性端的方向就是电压的参考方向。

2）用实线箭头表示，如图 1-3b 所示。

3）用双下标表示，若 u_{AB} 表示电压的参考方向由 A 指向 B，则 $u_{AB} = -u_{BA}$。

在指定了电压的参考方向之后，电压就是代数量。当电压的实际方向与参考方向一致时，电压为正值；当电压的实际方向与参考方向相反时，电压为负值。

分析电路时，首先应该规定各电流、电压的参考方向，然后根据所规定的参考方向列写电路方程。电压的实际方向是客观存在的，它不会因该电压参考方向选择的不同而改变。

可以独立地任意指定一个元器件的电流或电压的参考方向。若指定流过元器件的电流的参考方向是从标有电压正极性的一端指向负极性的一端，即两者的参考方向一致，则电流和电压的这种参考方向称为关联参考方向，简称关联方向，如图 1-4a 所示；当两者不一致时，称为非关联参考方向，简称为非关联方向，如图 1-4b 所示。为了分析方便，常选同一元器件的电流参考方向与电压参考方向一致，即选关联参考方向。

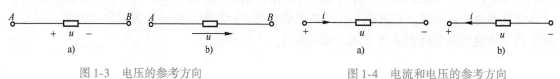

图 1-3　电压的参考方向　　　　　　　　　　　图 1-4　电流和电压的参考方向

a）用正（＋）、负（－）极性表示　b）用实线箭头表示　　　a）关联参考方向　b）非关联参考方向

1.2.3 电位

在复杂电路中，经常用电位的概念来分析电路。在电路中任选一点作为参考点，某点到参考点的电压就称为该点的电位，用 V 表示。也就是说，若参考点为 O，则 A 点的电位为

$$V_A = U_{AO}$$

若已知 a、b 两点的电位分别为 V_a、V_b，则此两点的电压为

$$U_{ab} = U_{ao} + U_{ob} = U_{ao} - U_{bo} = V_a - V_b \tag{1-4}$$

即两点间的电压等于这两点的电位差，所以电压又称为电位差。

当参考点不同时，同一点的电位就不同，但电压与参考点的选择无关。因此，各点电位的高低是相对的，而两点间的电压值是绝对的。至于如何选择参考点，则要视问题而定。在电子电路中，常选各有关部分的公共线作为参考点，用符号"⊥"表示。

1.3 电功率和电能

电功率和电能

在电路的分析和计算中，电功率和电能的计算是十分重要的。这是因为：一方面，电路在工作时总伴随有能量的相互交换；另一方面，电气设备和电路部件本身都有功率的限制，在使用时要注意其电流值或电压值是否超过额定值，过载会导致设备（或部件）损坏或不能正常工作。

电功率与电压和电流密切相关。当正电荷从元器件上电压的"＋"极经过元器件移动

到电压的"－"极时，与此电压相对应的电场力要对电荷做功，这时，元器件吸收能量；反之，正电荷从电压的"－"极经过元器件移动到电压"＋"极时，电场力要做负功，元器件向外释放电能。

若设在时间 dt 内，电场力将正电荷 dq 由 a 点移到 b 点，且 a、b 两点间的电压降为 u，则在移动过程中电路吸收的能量为

$$dW = udq = uidt \tag{1-5}$$

当电场力推动正电荷在电路中运动时，电场力做功，电路吸收能量。电路在单位时间内吸收的能量称为电功率，简称为功率，用 p 表示，因此有

$$p = \frac{dW}{dt} = ui \tag{1-6}$$

式(1-6) 表示电流和电压在关联参考方向下电路消耗（或吸收）的功率。若电流和电压为非关联参考方向，则电路消耗（或吸收）的功率为

$$p = -ui \tag{1-7}$$

在这样的规定后，电路消耗的功率有以下几种情况。

1）$p > 0$，说明该段电路消耗（或吸收）功率。

2）$p = 0$，说明该段电路既不消耗（或吸收）功率，也不发出（或提供）功率。

3）$p < 0$，说明该段电路发出（或提供）功率。

在国际单位制中，功率的单位为瓦[特]，符号为 W。工程上常用的功率单位还有兆瓦（MW）、千瓦（kW）和毫瓦（mW）等，它们之间的换算关系分别为

$$1MW = 10^6 W, 1kW = 10^3 W, 1mW = 10^{-3} W$$

在国际单位制中，电能的单位为焦[耳]，符号为 J。此外，电能还有一个常用单位为千瓦·时（kW·h），即

$$1kW \cdot h = 10^3 W \times 3600s = 3.6 \times 10^6 J$$

能量转换与守恒定律是自然界的基本规律之一，电路当然也遵守这一规律。在一个电路的每一瞬间，各元器件吸收功率的总和等于其他元器件发出功率的总和，或者说，所有元器件吸收的功率的总和为零，这个结论称为"电路的功率平衡"。

【例1-1】 图1-5所示为直流电路图，$U_1 = 4V$，$U_2 = -8V$，$U_3 = 6V$，$I = 4A$，求各元件吸收或发出的功率 P_1、P_2 和 P_3，并求整个电路的功率 P。

解：P_1 的电压参考方向与电流参考方向相关联，故

$$P_1 = U_1 I = 4V \times 4A = 16W（吸收 16W）$$

P_2 和 P_3 的电压参考方向与电流参考方向非关联，故

$$P_2 = -U_2 I = -(-8)V \times 4A = 32W（吸收 32W）$$

$$P_3 = -U_3 I = -6V \times 4A = -24W（发出 24W）$$

整个电路的功率 P 为

$$P = 16W + 32W - 24W = 24W$$

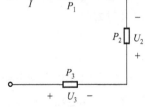

图1-5 直流电路图

1.4 电阻元件

电阻元件

电阻元件是最常见的电路元件之一，它是从实际电阻器抽象出来的理想化电路元件。实际电阻器由电阻材料制成，如线绕电阻、碳膜电阻和金属电阻等。电阻元件简称为电阻，它是一种对电流呈现阻碍作用的耗能元件。在电路中，电阻器、白炽灯和电炉等在一定条件下可以用二端电阻作为其模型。电阻可分为时变电阻和非时变电阻。如果电阻的阻值不随时间 t 变化，就称其为非时变电阻；反之，称其为时变电阻。如不加说明，本书只讨论线性非时变电阻。

1.4.1 线性非时变电阻

由欧姆定律可知，施加于电阻元件上的电压与流过它的电流成正比，在电压与电流关联的参考方向下可写成

$$u = Ri \qquad (1-8)$$

如果取电流为横坐标，电压为纵坐标，就可在 $u-i$ 平面上绘出一条曲线，这条曲线称为电阻的伏安特性曲线。若伏安特性是通过坐标原点的直线，则称为线性电阻；若伏安特性是通过坐标原点的曲线，则称为非线性电阻。线性非时变电阻的电路符号和伏安特性如图 1-6 所示。其伏安特性的斜率即为电阻的阻值。

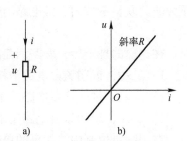

图 1-6　线性非时变电阻的
电路符号和伏安特性

a）电阻的电路符号　b）伏安特性

式(1-8) 是在电压、电流取关联参考方向时的欧姆定律形式。如果电压和电流为非关联参考方向，就应改写为

$$u = -Ri \qquad (1-9)$$

电阻的倒数叫作电导，用符号 G 表示，即

$$G = \frac{1}{R} \qquad (1-10)$$

当电压 u 的单位为伏（V）、电流 i 的单位为安（A）时，电阻的单位是欧[姆]，符号为 Ω，电导的单位是西[门子]，符号为 S。当用电导来表示电压和电流之间的关系时，欧姆定律可写为

$$i = Gu（u、i 为关联参考方向）$$
$$i = -Gu（u、i 为非关联参考方向）$$

线性电阻元件有两种特殊情况值得注意：一种情况是电阻值 R 为无限大，电压为任何有限值时，其电流总是零，这时把它称为开路；另一种情况是电阻为零，电流为任何有限值时，其电压总是零，这时把它称为短路。

1.4.2 电阻元件吸收的功率

当电阻元件上电压 u 与电流 i 为关联参考方向时，由欧姆定律 $u = Ri$、元件的功率 $p = ui$

可得

$$p = ui = Ri^2 = Gu^2 \qquad (1-11)$$

若电阻元件上电压 u 与电流 i 为非关联参考方向，这时 $u = -Ri$，元件的功率为 $p = -ui$，代入整理，得

$$p = -ui = -(-Ri^2) = Gu^2 \qquad (1-12)$$

由式(1-11) 和式(1-12) 可知，p 恒大于等于零，这说明实际的电阻元件总是吸收功率的。

对于一个实际的电阻元件，其元件参数主要有两个：一个是电阻值，另一个是功率。如果在使用时超过其额定功率，元件就将被烧毁。

【例1-2】　如图1-7所示，已知 $R = 100\mathrm{k\Omega}$，$u = 50\mathrm{V}$，求电流 i 和 i'。

解：因为电压 u 和电流 i 为关联参考方向，所以

$$i = \frac{u}{R} = \frac{50\mathrm{V}}{100 \times 10^3\,\Omega} = 0.5\mathrm{mA}$$

图1-7　例1-2图

而电压 u 和电流 i' 为非关联参考方向，所以

$$i' = -\frac{u}{R} = -\frac{50\mathrm{V}}{100 \times 10^3\,\Omega} = -0.5\mathrm{mA}$$

或

$$i' = -i = -0.5\mathrm{mA}$$

$u > 0$，说明电压的实际方向与参考方向相同；$i > 0$，说明电流 i 的实际方向与参考方向相同；$i' < 0$，说明电流 i' 的实际方向与参考方向相反。因此，电流 i 与 i' 的实际方向相同，这说明电流实际方向是客观存在的，与参考方向的选取无关。

1.5　电容元件

电容元件

1.5.1　电容元件的概念

电容元件简称为电容，是实际电容器的理想化模型。电容器由两个导体中间隔以介质（如空气、云母和陶瓷等）组成。这两个导体就是电容器的两个极板。在电容两个极板间加上一定电压后，两个极板上就会分别聚集起等量异性电荷，并在介质中形成电场。去掉电容两个极板上的电压，电荷能长久储存，电场仍然存在。因此，电容器是一种能储存电场能量的元件。电容器是电子设备中最常用的元件之一，在调谐、耦合、滤波和脉冲等电路中常常用到。

1. 线性电容

电容元件按其特性可分为时变的和时不变的、线性的和非线性的，本书主要介绍线性时不变电容。线性时不变电容的电路符号如图1-8a 所示。线性时不变电容元件的外特性（库伏特性）是 $q - u$ 平面上一条通过原点的直线，如图1-8b 所示。

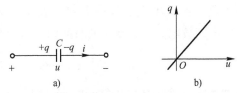

图1-8　线性时不变电容的电路符号及其库伏特性

a）电路符号　b）库伏特性

直线的斜率就是电容器的电容量 C，即

$$C = \frac{q}{u} \tag{1-13}$$

式中，电容量 C 简称为电容，对于线性时不变电容元件来说，C 为正实数。在国际单位制中，电容的单位为法 [拉]，符号为 F，由于法拉这个单位比较大，所以在实际中常使用微法（μF）或皮法（pF），它们之间的换算关系为

$$1\mu F = 10^{-6}F, 1pF = 10^{-12}F$$

一般情况下，当说"电容"一词及其符号 C 时，既表示电容元件，也表示电容量的大小。

2. 电容元件的伏安关系

电路理论关心的是元件两端电压与电流的关系。电容的 u、i 关系如图 1-9 所示，其中电压 u 的参考方向由正极板指向负极板，这时 $q = Cu$。当电流 i 与电压 u 参考方向一致时，由 $i = dq/dt$ 可得

$$i = \frac{dq}{dt} = C\frac{du}{dt} \tag{1-14}$$

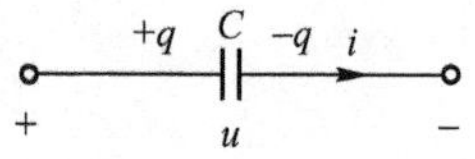

图 1-9 电容的 u、i 关系

式（1-14）称为电容电压与电流的约束关系。由式（1-14）可知：

1）当 $du/dt > 0$ 时，即 $dq/dt > 0$，$i > 0$，说明电容极板上电荷量增加，电容器充电。

2）当 $du/dt = 0$ 时，即 $dq/dt = 0$，$i = 0$，说明电容两端电压不变，电流为零，则电容在直流稳态电路中相当于开路，故电容有隔直流的作用。

3）当 $du/dt < 0$ 时，即 $dq/dt < 0$，$i < 0$，说明电容极板上电荷量减少，电容器放电。

若电容上电压 u 与电流 i 为非关联参考方向，则

$$i = -C\frac{du}{dt} \tag{1-15}$$

3. 电容元件的储能

如前所述，在电容器两极板间加上电源后，极板间产生电压，介质中建立起电场，并储存电场能量。因此，电容是一种储能元件。

在电压和电流关联的参考方向下，电容吸收的功率为

$$p = ui = uC\frac{du}{dt} \tag{1-16}$$

由式（1-16）可见，电容上电压电流的实际方向可能相同，也可能不同，因此瞬时功率可正可负。当 $p > 0$ 时，表明电容在吸收功率，即电容充电；当 $p < 0$ 时，表明电容发出功率，即电容放电。从 t_0 到 t 的时间内，电容吸收的电能为

$$W_C = \int_{t_0}^{t} p \, dt = \int_{t_0}^{t} Cu\frac{du}{dt} dt = C\int_{u(t_0)}^{u(t)} u \, du = \frac{1}{2}Cu^2(t) - \frac{1}{2}Cu^2(t_0)$$

若选取 t_0 为电压等于零的时刻，即 $u(t_0) = 0$，经过时间 t 电压升至 $u(t)$，则电容吸收的电能以电场能量的形式储存在电场中。此时它吸收的电能可写为

$$W_C = \frac{1}{2}Cu^2(t)$$

从时间 t_1 到 t_2，电容吸收的能量为

$$W_C = C\int_{u(t_1)}^{u(t_2)} u\,du = \frac{1}{2}Cu^2(t_2) - \frac{1}{2}Cu^2(t_1)$$

$$= W_C(t_2) - W_C(t_1)$$

即电容吸收的能量等于电容在 t_2 和 t_1 时刻的电场能量之差。

充电时，$|u(t_2)| > |u(t_1)|$，$W_C(t_2) > W_C(t_1)$，电容吸收能量；放电时，$|u(t_2)| < |u(t_1)|$，$W_C(t_2) < W_C(t_1)$，电容释放电场能量。如果元件原先没有充电，那么它在充电时吸收并储存起来的能量一定又会在放电完毕时完全释放，它本身并不消耗能量，故电容是一种储能元件。同时，它不会释放出多于它所吸收或储存的能量，所以它又是一种无源元件。

【例1-3】　电容及其参考方向如图1-10所示，已知 $u(t) = -60\sin$ $100t\,\mathrm{V}$，电容储存能量的最大值为18J，求电容 C 的值及 $t = 2\pi/300\mathrm{s}$ 时的电流。

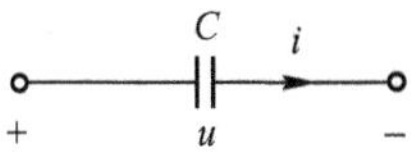

图 1-10　例 1-3 图

解：电压的最大值为60V，所以

$$W_C = \frac{1}{2}Cu^2(t)$$

$$\frac{1}{2} \times 60^2 C = 18$$

即

$$C = \frac{36}{60^2}\mathrm{F} = \frac{36}{3600}\mathrm{F} = 10^{-2}\mathrm{F} = 0.01\mathrm{F}$$

$$i = C\frac{\mathrm{d}u}{\mathrm{d}t} = 0.01\frac{\mathrm{d}(-60\sin100t)}{\mathrm{d}t}\mathrm{A}$$

$$= -0.01 \times 60 \times 100\cos100t\,\mathrm{A} = -60\cos100t\,\mathrm{A}$$

当 $t = \dfrac{2\pi}{300}\mathrm{s}$ 时，有

$$i = -60\cos\left(100 \times \frac{2\pi}{300}\right)\mathrm{A} = 30\mathrm{A}$$

1.5.2　电容元件的串并联

为了满足所需的电容量和工作电压，在电路中常将不同容量和不同额定电压的电容组合起来使用。

1. 电容元件的串联

图1-11a是 n 个电容的串联电路，因为只有最外面的两块极板与电源相连接，电源对这两块极板充以相等的异号电荷 q，中间极板因静电感应也出现等量异号电荷 q，所以有

$$q = q_1 = q_2 = \cdots = q_n$$

各电容极板间的电压分别为

$$u_1 = \frac{q}{C_1}, u_2 = \frac{q}{C_2}, \cdots, u_n = \frac{q}{C_n}$$

$$u = u_1 + u_2 + \cdots + u_n = \frac{q}{C_1} + \frac{q}{C_2} + \cdots + \frac{q}{C_n} = q\left(\frac{1}{C_1} + \frac{1}{C_2} + \cdots + \frac{1}{C_n}\right)$$

等效电容如图1-11b所示。由串联电容的等效电容的电压与电量的关系知

$$u = \frac{q}{C}$$

则等效条件为

$$\frac{1}{C} = \frac{1}{C_1} + \frac{1}{C_2} + \cdots + \frac{1}{C_n} \tag{1-17}$$

式中，C为n个电容串联的等效电容，即电容串联时，等效电容的倒数等于各电容倒数之和。

各电容的电压之比为

$$u_1 : u_2 : \cdots : u_n = \frac{1}{C_1} : \frac{1}{C_2} : \cdots : \frac{1}{C_n} \tag{1-18}$$

即当将电容串联时，各电容两端的电压与其电容量成反比。

需要注意的是，对于电容元件，电容量和耐压值是非常重要的两个参数。所谓耐压值是指电容元件安全使用的最大电压。当外加电压超过耐压值时，电容元件将被击穿。

【例1-4】 如图1-12所示，有两个电容串联。已知$C_1 = 4\mu F$，耐压值$U_{M1} = 150V$；$C_2 = 12\mu F$，耐压值$U_{M2} = 360V$。求等效电容及安全使用时a、b两端允许加的最大电压。

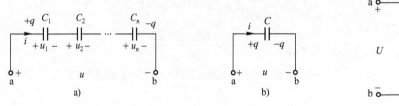

图1-11 n个电容的串联电路及其等效电容

a) n个电容的串联电路 b) 等效电容

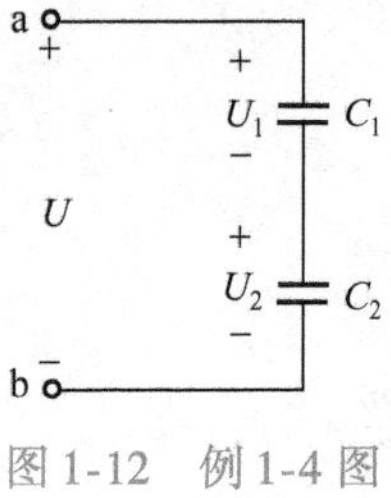

图1-12 例1-4图

解：等效电容为

$$C = \frac{C_1 C_2}{C_1 + C_2} = \frac{4 \times 12}{4 + 12}\mu F = 3\mu F$$

在求a、b两端允许加的最大电压U_M时，可分以下两个步骤计算。

1）求电量的限额。

$$q_1 = C_1 U_{M1} = 4 \times 10^{-6}F \times 150V = 6 \times 10^{-4}C$$

$$q_2 = C_2 U_{M2} = 12 \times 10^{-6}F \times 360V = 43.2 \times 10^{-4}C$$

所以电量限额为

$$q_M = \left\{ C_1 U_{M1}, C_2 U_{M2} \right\}_{min} = 6 \times 10^{-4}C$$

2）求最大电压。

$$U_{\mathrm{M}} = \frac{q_{\mathrm{M}}}{C} = \frac{6 \times 10^{-4}\mathrm{C}}{3 \times 10^{-6}\mathrm{F}} = 200\mathrm{V}$$

2. 电容的并联

图 1-13a 所示为 n 个电容的并联电路。所有电容处在同一电压 u 之下，根据电容的定义，各电容极板上的电量为

$$q_1 = C_1 u, \quad q_2 = C_2 u, \quad \cdots, \quad q_n = C_n u$$

因此

$$q_1 : q_2 : \cdots : q_n = C_1 : C_2 : \cdots : C_n \tag{1-19}$$

即并联电容所带的电量与各电容的电容量成正比。

n 个电容极板上所充的总电量为

$$q = q_1 + q_2 + \cdots + q_n = C_1 u + C_2 u + \cdots + C_n u = (C_1 + C_2 + \cdots + C_n) u$$

其等效电容为（见图 1-13b）

$$C = C_1 + C_2 + \cdots + C_n \tag{1-20}$$

即电容并联的等效电容等于并联的各电容的电容之和。并联电容的数目越多，总电容就越大。

当将电容并联时，为了使各个电容都能安全工作，其工作电压不得超过它们中的最低耐压值（额定电压）。

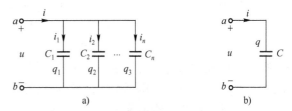

图 1-13　n 个电容的并联电路及其等效电容

a）n 个电容的并联电路　b）等效电容

1.6　电感元件

电感元件

1.6.1　电感元件的概念

电感元件是理想化的电路元件，它是由实际电感线圈抽象而来的。把金属良导体绕在一骨架上，就构成一个实际的电感器。实际的电感线圈总是有电阻的，为了突出研究电磁感应现象及其规律，假想它是由没有电阻的导线绕制而成的。电感元件是储存磁场能量的理想元件。

在线圈内有电流 i 流过时，电流在该线圈内产生的磁通为自感磁通。线圈的磁通和磁链示意图如图 1-14 所示。其中，Φ_L 表示电流 i 产生的自感磁通，其中 Φ_L 与 i 的参考方向符合右手螺旋定则。把电流与磁通这种参考方向叫作关联参考方向。如果线圈的匝数为 N，且穿过每一匝线圈的自感磁通都为 Φ_L，那么有

$$\Psi_L = N\Phi_L \tag{1-21}$$

式中，Ψ_L 是电流 i 产生的自感磁链。

电感元件是一种理想的二端元件，它是实际线圈的理想化模型。当实际线圈通入电流

时，线圈内及周围都会产生磁场，并储存磁场能量。电感元件就是体现实际线圈基本电磁性能的理想化模型。图 1-15 所示为电感元件的图形符号。当磁通 Φ_L 与电流 i 方向为关联参考方向时，任何时刻电感元件的自感磁链与元件电流 i 的比为

$$L = \frac{\Psi_L}{i_L} \tag{1-22}$$

式（1-22）称为电感元件的自感系数，或电感系数，简称为电感。

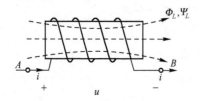
图 1-14 线圈的磁通和磁链示意图

图 1-15 电感元件的图形符号

电感的国际单位为亨［利］，符号为 H（1H = 1Wb/A）。通常还用毫亨（mH）和微亨（μH）作为其单位，它们之间的换算关系为

$$1\text{mH} = 10^{-3}\text{H}, 1\mu\text{H} = 10^{-6}\text{H}$$

如果电感元件的电感为常量，不随通过其电流的改变而变化，就称该电感元件为线性电感元件。除非特别指出，本书中所涉及的电感元件都是指线性电感元件。

电感元件和电感线圈都称为电感。因此，电感一词有时指电感元件，有时则是指电感线圈或电感线圈的电感系数。

1.6.2 电感元件的伏安关系

当电感元件的电流变化时，其自感磁链也会随之改变，由电磁感应定律可知，在其元件两端会产生自感电压。若选择 u、i 的参考方向都和 Φ_L 关联，如图 1-14 所示，则 u、i 的参考方向也彼此关联。此时，自感磁链为 $\Psi_L = Li$，而自感电压为

$$u = \frac{\mathrm{d}\Psi_L}{\mathrm{d}t} = \frac{\mathrm{d}(Li)}{\mathrm{d}t}$$

即

$$u = L\frac{\mathrm{d}i}{\mathrm{d}t} \tag{1-23}$$

这就是关联参考方向下电感元件的电压与电流的约束关系。

由式（1-23）可知，电感元件的电压与其电流的变化率成正比。只有当元件的电流发生变化时，其两端才会有电压。因此，电感元件也称为动态元件。电流变化越快，自感电压越大；电流变化越慢，自感电压越小。当电流不随时间变化时，自感电压为零。因此，在直流电路中，电感元件相当于短路。

1.6.3 电感元件的储能

当电感元件电压和电流的方向为关联参考方向时，任一时刻电感元件吸收的功率为

$$p = ui = iL\frac{\mathrm{d}i}{\mathrm{d}t}$$

与电容一样，电感元件上的瞬时功率可正可负。当 $p>0$ 时，表明电感从电路吸收功率，储存磁场能量；当 $p<0$ 时，表明电感向电路发出功率，释放磁场能量。

从 t_0 到 t 时间内，电感元件吸收的电能为

$$W_L = \int_{t_0}^{t} p\mathrm{d}t = \int_{t_0}^{t} Li\frac{\mathrm{d}i}{\mathrm{d}t}\mathrm{d}t = L\int_{i(t_0)}^{i(t)} i\mathrm{d}i$$

$$= \frac{1}{2}Li^2(t) - \frac{1}{2}Li^2(t_0) \tag{1-24}$$

若选取 t_0 为电流等于零的时刻，即 $i(t_0)=0$，经过时间 t 电流升至 $i(t)$，则电感元件吸收的电能以磁场能量的形式储存在磁场中，此时它吸收的电能可写为

$$W_L = \frac{1}{2}Li^2(t) \tag{1-25}$$

从时间 t_1 到 t_2，电感元件吸收的能量为

$$W_L = L\int_{i(t_1)}^{i(t_2)} i\mathrm{d}i = \frac{1}{2}Li^2(t_2) - \frac{1}{2}Li^2(t_1) = W_L(t_2) - W_L(t_1)$$

即电感元件吸收的能量等于电感元件在 t_2 和 t_1 时刻的磁场能量之差。

当电流 $|i|$ 增加时，$W_L(t_2) > W_L(t_1)$，$W_L > 0$，电感吸收能量，并完全转换成磁场能量；当电流 $|i|$ 减小时，$W_L(t_2) < W_L(t_1)$，$W_L < 0$，电感释放磁场能量。可见，电感元件并不是把吸收的能量消耗掉，而是以磁场能量的形式储存在磁场中，故电感元件是一种储能元件。同时，它不会释放出多于它所吸收或储存的能量，故它又是一种无源元件。

【例1-5】 已知电感电流 $i = 100\mathrm{e}^{-0.02t}\mathrm{mA}$，$L = 0.5\mathrm{H}$，求

1）电压表达式。

2）$t=0$ 时的电感电压。

3）$t=0$ 时的磁场能量（u、i 参考方向一致）。

解：1）u、i 参考方向一致时，有

$$u = L\frac{\mathrm{d}i}{\mathrm{d}t} = 0.5 \times \frac{\mathrm{d}}{\mathrm{d}t}(100\mathrm{e}^{-0.02t})\mathrm{mV} = -\mathrm{e}^{-0.02t}\mathrm{mV}$$

2）$t=0$ 时的电感电压为

$$u(0) = -1\mathrm{mV}$$

3）$t=0$ 时的磁场能量为

$$W_L(0) = \frac{1}{2}Li^2(0) = \frac{1}{2} \times 0.5(100\mathrm{e}^{-0.02\times0})^2 \mu\mathrm{J} = 2.5 \times 10^{-3}\mathrm{J}$$

需要指出的是，以上计算只考虑电感线圈具有参数 L，但实际电感线圈通常由金属导线绕制而成，具有一定的电阻，因而一般用 R、L 串联组合作为模型。当电流流过线圈时，不可避免地会产生电能转换为热能的过程。当电流过大时，产生的热量也过大，可能会烧坏线圈，因此，工程上的线圈都标出其额定工作电流，该电流是电感线圈长期工作时允许通过的最大电流。

1.7 电路中的独立电源

电源是一种将其他形式的能量转换成电能的装置或设备。独立电源是指其外特性由电源本身的参数决定，而不受电源之外的其他参数控制，这里的"独立"二字是相对于后面要介绍的受控电源的"受控"二字而言的。常见的直流电源有干电池、蓄电池、直流发电机、直流稳压电源和直流稳流电源等。常见的交流电源有交流发电机、交流稳压电源和各种信号发生器等。实际工作时，在一定条件下，有的电源端电压基本不随外电路而变化，如新的干电池、大型电网等；有的电源提供的电流基本不随外部电路而变化，如光电池、晶体管稳流电源等，因而得出两种电源模型，即电压源和电流源。

1.7.1 理想电压源和理想电流源

电压源与电流源

1. 理想电压源

理想电压源是从实际电源抽象出来的理想化二端电路器件。凡端电压为恒定值，或端电压按照某种给定的规律变化而与其电流无关的电源，都称为理想电压源，简称为电压源。图1-16a、b分别给出了直流电压源和一般电压源的电路符号。

理想电压源具有如下两个特点：①它的端电压 $u_s(t)$ 是某一固定的时间函数，与外接电路无关；②流过它的电流取决于它所连接的外电路，电流的大小和方向都随与之连接的外电路的不同而改变。

直流电压源的伏安特性如图1-17所示，它是一条平行于 i 轴的直线，表明其端电压的大小与电流的大小、方向无关。直流电压源也称为恒压源。

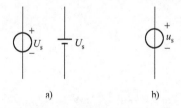

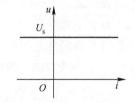

图1-16 电压源电路符号

a）直流电压源电路符号 b）一般电压源电路符号

图1-17 直流电压源的伏安特性

由理想电压源的特点可知，其两端电压 U_s 为定值，不随端口电流 I 改变，所以，当电压源与任何二端元件并联时，都可以等效为电压源，如图1-18所示。

等效是对图1-18中点画线框以外的外电路而言，点画

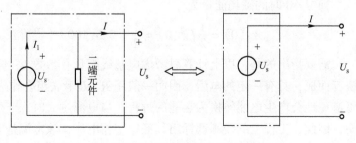

图1-18 电压源与二端元件并联的等效电路

线框以内的电路是不等效的。根据理想电压源的端电压与外接电路无关的特点，当理想电压源开路和接通外电路时，其端电压（即输出电压）是相同的。但将端电压不为零的电压源短路是不允许的，这会产生很大的短路电流从而使电压源烧毁。

2. 理想电流源

理想电流源也是一种从实际电源中抽象出来的理想电路器件，简称为电流源。有些电子器件或设备在一定范围内工作时能产生恒定电流，例如光电池在一定光线照射下，能被激发产生定值的电流，此电流值与光照强度成正比，它的特性比较接近电流源。

理想电流源具有的特点是：①电流源的电流是定值或是某一固定的时间函数 $i_s(t)$，与其端电压无关；②电流源两端的电压取决于它所连接的外电路，并随着与之连接的外电路的不同而改变。图1-19a、b 分别为电流源的电路符号和直流电流源的伏安特性。图1-19a 中箭头表示输出电流的参考方向，i_s 表示一般电流源，I_s 表示直流电流源。

由图1-19b 可见，直流电流源提供的电流是一恒定的 I_s，其伏安特性是一条平行于 u 轴的直线，表明电流的大小与电压的大小和极性无关。直流电流源也称为恒流源。

由理想电流源的特点可知，其输出电流 I_s 为定值，不随端电压 U 而改变。所以，电流源与任何二端元件串联，可以等效为电流源，如图1-20 所示。

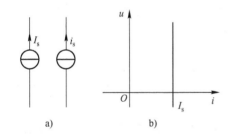
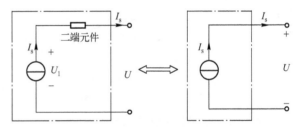

图 1-19　电流源的电路符号和　　　　　图 1-20　电流源与二端元件串联的等效电路
　　　　直流电流源的伏安特性

a）电流源的电路符号　b）直流电流源的伏安特性

电流源的等效也是对图1-20 中点画线框以外的外电路而言，点画线框以内的电路是不等效的。

1.7.2　实际电压源模型和实际电流源模型

1. 实际电压源模型

实际上，理想电压源是不存在的。实际电压源在对外电路提供功率的同时，在其电源内部也会有功率损耗，即实际电压源存在内阻。对于一个实际电压源，可用一个理想电压源 U_s 和内阻 R_s 串联的模型来等效，此模型称为实际电压源模型，如图1-21a 所示。其中，U_s 是电源的开路电压，内阻 R_s 有时也称为输出电阻。因此，对实际电压源的参数可用开路电压 U_s 和内阻 R_s 来表示。

实际电压源的端电压为

$$U = U_s - R_s I \tag{1-26}$$

实际电压源的伏安特性如图 1-21b 所示。可见，电源的内阻 R_s 越小，其端电压 U 越接近于 U_s，实际电压源就越接近于理想电压源。

2. 实际电流源模型

与理想电压源一样，理想电流源也是不存在的，实际电流源的输出电流是随着端电压的变化而变化的。例如光电池，它被光激发而产生的电流并不是全部流出，而是有一部分在光电池内部流动。因此，对于一个实际电流源，可用一个理想电流源 I_s 和内阻 R_s 并联的模型来表示，此模型称为实际电流源模型，如图 1-22a 所示。其中，I_s 是电源的短路电流，内阻 R_s 表明了电源内部的分流效应。实际电流源可用它的短路电流 I_s 和内阻 R_s 这两个参数来表征。

实际电流源的输出电流为

$$I = I_s - \frac{U}{R_s} \tag{1-27}$$

实际电流源的伏安特性如图 1-22b 所示。可见，电源的内阻 R_s 越大，其输出电流 I 越接近于 I_s，实际电流源就越接近于理想电流源。

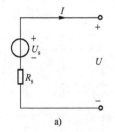
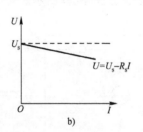
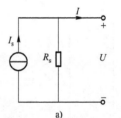
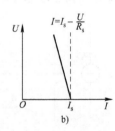

图 1-21 实际电压源模型及其伏安特性 　　　　图 1-22 实际电流源模型及其伏安特性

a）实际电压源模型 b）实际电压源的伏安特性 　　a）实际电流源模型 b）实际电流源的伏安特性

1.7.3 两种电源模型的等效变换

以上两种电源模型之间是可以等效互换的。对外电路来说，任何一个含有内阻的电源都可以等效成一个理想电压源和电阻的串联电路，或者等效为一个理想电流源和电阻的并联电路。

这里所说的等效变换是指对外电路的等效，就是变换前后端口处的电压电流关系不变，即图 1-23 所示的 a、b 端口电压 U、电流 I 相同。

对于图 1-23a 所示的电压源模型有 $U = U_s - R_s I$，可改写为

$$I = \frac{U_s}{R_s} - \frac{U}{R_s}$$

对于图 1-23b 所示的电流源模型，其输出电流为

$$I = I_s - \frac{U}{R_s'}$$

因此，两种电源模型等效的条件是

$$I_{\mathrm{s}} = \frac{U_{\mathrm{s}}}{R_{\mathrm{s}}}, R_{\mathrm{s}} = R'_{\mathrm{s}} \tag{1-28}$$

由式(1-28) 可知，如果已知图 1-23a
所示的电压源模型，那么其等效电流源模
型如图 1-23b 所示，并且其 $I_{\mathrm{s}} = \dfrac{U_{\mathrm{s}}}{R_{\mathrm{s}}}$，$R'_{\mathrm{s}} =$
R_{s}；如果已知图 1-23b 所示的电流源模型，
那么其等效的电压源模型如图 1-23a 所示，
并且 $U_{\mathrm{s}} = R'_{\mathrm{s}} I_{\mathrm{s}}$，$R_{\mathrm{s}} = R'_{\mathrm{s}}$。

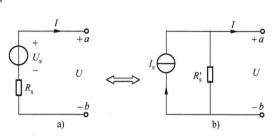

图 1-23 两种电源模型的等效变换
a) 电压源模型 b) 电流源模型

变换前后电压源电压的参考极性与电
流源电流的参考方向之间应满足：电流源
I_{s} 的方向保持从电压源的"＋"极性端流出。另外，"等效"
是指对外电路的等效，对电源内部是不等效的，并且没有串联
电阻的电压源和没有并联电阻的电流源之间没有等效关系。

电压源与电
流源的等效
变换仿真

注意：当将电流源与任何线性元器件串联时，都可等效成
电流源；当将电压源与任何线性元器件并联时，都可等效成电压源。

【例1-6】 求图 1-24a 所示电路中的电流 I 和电压 U。

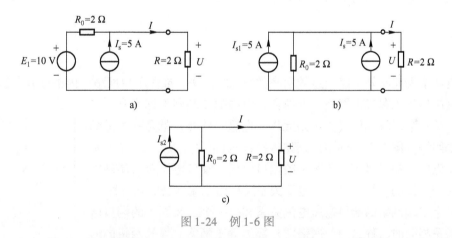

图 1-24 例 1-6 图

解：根据电压源与电流源相互转换的原理，由 E_1 与 R_0 组成的电压源可以转换为电流
源，转换后的电路如图 1-24b 所示。在图 1-24b 中，有

$$I_{\mathrm{s1}} = \frac{E_1}{R_0} = \frac{10\mathrm{V}}{2\Omega} = 5\mathrm{A}$$

可以将两个并联的电流源合并成一个等效电流源，如图 1-24c 所示。在图 1-24c 中，有

$$I_{\mathrm{s2}} = I_{\mathrm{s1}} + I_{\mathrm{s}} = 5\mathrm{A} + 5\mathrm{A} = 10\mathrm{A}$$

$$R_0 = 2\Omega$$

故电路中的电流和电压分别为

$$I = \frac{R_0}{R_0 + R}I_{s2} = \frac{2\Omega}{(2+2)\Omega} \times 10\text{A} = 5\text{A}$$

$$U = RI = 2\Omega \times 5\text{A} = 10\text{V}$$

【例1-7】　将图1-25a所示电路简化成电压源和电阻的串联组合。

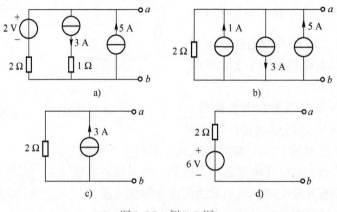

图1-25　例1-7图

解：利用电源的串、并联和等效变换的方法，按图1-25b、c、d所示的顺序逐步化简，便可得到等效电压源和电阻的串联组合。

1.8　无源网络的等效化简

　　具有两个端钮与外电路相连的网络称为二端网络，或称单口网络。内部没有电源的电阻性二端网络称为无源二端网络，内部含有电源的二端网络称为有源二端网络。每一个二端元件（如电阻元件、电感元件等）就是一个最简单的二端网络。图1-26所示为二端网络的一般符号，其中U、I分别称为端口电压、端口电流。该图中的端口电压、端口电流对二端网络来说是关联一致的。端口的电压电流关系又称为二端网络的外特性。

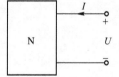

图1-26　二端网络的一般符号

　　当一个二端网络的端口电压电流关系和另一个二端网络的端口电压电流关系相同时，称这两个网络对外部为等效网络。等效网络的内部结构虽然不同，但它们对外电路而言，影响是相同的。

　　一个内部无源的电阻性二端网络，总可以用一个电阻元件与之等效。这个电阻元件的阻值称为该网络的等效电阻或输入电阻，它等于该网络在关联参考方向下端口电压与端口电流的比值。

1.8.1　电阻的串并联

1. 电阻的串联

将几个电阻首尾依次相连，中间没有分支，电路中通过同

电阻的串并联

一电流，这种连接方式称为电阻的串联。图 1-27a 表示为 n 个电阻串联形成的二端网络。该网络的端口电压为 u，各电阻元件上流过的电流为 i，电压与电流参考方向如图 1-27 所示。根据串联电路的特点，可列出

$$u = u_1 + u_2 + \cdots + u_n$$

由于每个电阻上的电流均为 i，所以有

$$u_1 = R_1 i, u_2 = R_2 i, \cdots, u_n = R_n i$$

代入上式得

$$u = R_1 i + R_2 i + \cdots + R_n i = (R_1 + R_2 + \cdots + R_n) i = Ri$$

$$R = \frac{u}{i} = R_1 + R_2 + \cdots + R_n = \sum_{k=1}^{n} R_k \tag{1-29}$$

式中，R 称为 n 个电阻串联的等效电阻，它等于各个串联电阻之和，其等效电阻电路如图 1-27b 所示。

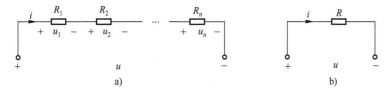

图 1-27 电阻的串联

a）n 个电阻串联形成的二端网络 b）等效电阻电路

各电阻上的电压关系为

$$\left. \begin{aligned}
u_1 &= R_1 i = R_1 \frac{u}{R} = \frac{R_1}{R_1 + R_2 + \cdots + R_n} u \\
u_2 &= R_2 i = R_2 \frac{u}{R} = \frac{R_2}{R_1 + R_2 + \cdots + R_n} u \\
&\vdots \quad \vdots \quad \vdots \quad \vdots \\
u_n &= R_n i = R_n \frac{u}{R} = \frac{R_n}{R_1 + R_2 + \cdots + R_n} u
\end{aligned} \right\} \tag{1-30}$$

式（1-30）即为电阻串联的分压公式。由此可以看出，当多个电阻串联时，电压的分配与电阻成正比。也就是说，电阻越大，分得的电压也越大；电阻越小，分得的电压也越小。

【例 1-8】 如图 1-28 所示的电路，一个内阻 R_g 为 $1k\Omega$、电流灵敏度 I_g 为 $10\mu A$ 的表头，今欲将其改装成量程为 10V 的电压表，问需串联一个多大的电阻？

解：由图 1-28 可知，因为

$$U = (R_g + R) I_g$$

所以

$$R = \frac{U}{I_g} - R_g = \frac{10V}{10 \times 10^{-6}A} - 1000\Omega = 999k\Omega$$

2. 电阻的并联

将几个电阻的一端连在一起，另一端也连在一起，电阻两端电压相同，这种连接方式称为电阻的并联。图1-29a 所示为 n 个电阻并联的二端网络。并联电路的基本特点是各并联电阻上电压相同，端口电流等于各电阻上的电流之和，电压与电流参考方向如图1-29 所示。

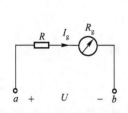

图 1-28 例 1-8 图

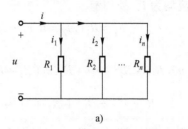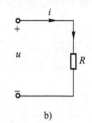

图 1-29 n 个电阻并联的二端网络和等效电阻电路

a) n 个电阻并联的二端网络 b) 等效电阻电路

在图1-29a 中，有

$$i = i_1 + i_2 + \cdots + i_n$$

由于电流 i, i_1, $\cdots$, i_n 均与电压 u 成关联方向，故有

$$i_1 = \frac{u}{R_1}, i_2 = \frac{u}{R_2}, \cdots, i_n = \frac{u}{R_n}$$

将其代入上式，得

$$i = \frac{u}{R_1} + \frac{u}{R_2} + \cdots + \frac{u}{R_n} = \left(\frac{1}{R_1} + \frac{1}{R_2} + \cdots + \frac{1}{R_n}\right)u$$
$$= (G_1 + G_2 + \cdots + G_n)u = Gu$$

式中，G_1, G_2, $\cdots$, G_n 分别为 n 个电阻 R_1, R_2, $\cdots$, R_n 的电导，G 为 n 个电阻并联的等效电导，即

$$G = \frac{i}{u} = G_1 + G_2 + \cdots + G_n = \sum_{k=1}^{n} G_k \qquad (1\text{-}31)$$

并联后的等效电阻 R 为

$$\frac{1}{R} = \frac{1}{R_1} + \frac{1}{R_2} + \cdots + \frac{1}{R_n} = \sum_{k=1}^{n} G_k \qquad (1\text{-}32)$$

并联后各电阻上的电流关系为

$$R_1 i_1 = R_2 i_2 = \cdots = R_n i_n = Ri \qquad (1\text{-}33)$$

由此可以看出，当多个电阻并联时，电流的分配与电阻阻值成反比，即电阻越大，其分得的电流越小；而电阻越小，其分得的电流越大。

由式 (1-32) 所确定的 n 个电阻并联的等效电阻电路如图1-29b 所示。

只有当两个电阻 R_1、R_2 并联时，其等效电阻 R 才为

$$R = \frac{R_1 R_2}{R_1 + R_2} \qquad (1\text{-}34)$$

既有电阻的串联又有电阻并联的电路称为混联电路。电阻混联的二端网络仍可等效为一个电阻。

【例1-9】　在图1-30所示电路中，求ab端口的等效电阻。

解：为便于判断串并联关系，在图1-30中标出节点c、d，先求出c、d两点间的等效电阻。经过分析可以得出，R_{cd}是2Ω的电阻先与4Ω的电阻串联，再与3Ω的电阻并联后的等效电阻，故

$$R_{cd} = \frac{3 \times 6}{3 + 6}\Omega = 2\Omega$$

R_{ab}可以看作R_{cd}先与1Ω电阻串联，再与5Ω电阻并联的等效电阻，因此a、b之间的等效电阻为

$$R_{ab} = \frac{5 \times 3}{5 + 3}\Omega = 1.875\Omega$$

1.8.2　电阻星形联结和三角形联结的等效变换

将3个电阻元件首尾相连，连成一个三角形，称为三角形联结，简称为△联结，如图1-31a所示。将3个电阻元件的一端连在一起，另一端分别连接到电路的3个节点上，这种连接方式称为星形联结，简称为丫联结，如图1-31b所示。

电阻的△联结与丫联结都通过3个端钮与外部联系，构成一个最简单的三端电阻网络。所谓等效仍然指对外部等效，即当它们对应端钮间的电压相同、流过对应端钮的电流分别相同时，两种联结的电阻网络等效。可以证明△联结与丫联结电路的等效变换公式如下。

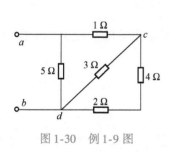

图1-30　例1-9图

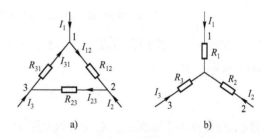

图1-31　电阻的△联结与丫联结

a）电阻的△联结　b）电阻的丫联结

将△联结变换为丫联结时，有

$$
\left.
\begin{aligned}
R_1 &= \frac{R_{12}R_{31}}{R_{12} + R_{23} + R_{31}} \\
R_2 &= \frac{R_{23}R_{12}}{R_{12} + R_{23} + R_{31}} \\
R_3 &= \frac{R_{31}R_{23}}{R_{12} + R_{23} + R_{31}}
\end{aligned}
\right\}
\tag{1-35}
$$

由式(1-35) 可知，当 $R_{12} = R_{23} = R_{31} = R_{\triangle}$ 时，有 $R_1 = R_2 = R_3 = R_{\curlyvee}$，并有

$$R_{\curlyvee} = \frac{1}{3}R_{\triangle}$$

将 $\curlyvee$ 联结变换为 $\triangle$ 联结时，有

$$
\left.
\begin{aligned}
R_{12} &= \frac{R_1 R_2 + R_2 R_3 + R_3 R_1}{R_3} = R_1 + R_2 + \frac{R_1 R_2}{R_3} \\
R_{23} &= \frac{R_1 R_2 + R_2 R_3 + R_3 R_1}{R_1} = R_2 + R_3 + \frac{R_2 R_3}{R_1} \\
R_{31} &= \frac{R_1 R_2 + R_2 R_3 + R_3 R_1}{R_2} = R_3 + R_1 + \frac{R_3 R_1}{R_2}
\end{aligned}
\right\}
\tag{1-36}
$$

由式(1-36) 可知，当 $R_1 = R_2 = R_3 = R_{\curlyvee}$ 时，有 $R_{12} = R_{23} = R_{31} = R_{\triangle}$，并且

$$R_{\triangle} = 3R_{\curlyvee} \tag{1-37}$$

【例 1-10】　求图 1-32a 所示桥形电路的总电阻 R_{ab}。

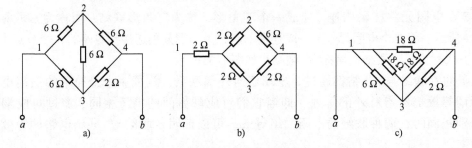

图 1-32　例 1-10 图

a) 桥形电路　b) 变换成 $\curlyvee$ 联结　c) 变换成 $\triangle$ 联结

解：（方法一）将连接到节点 1、2、3 上的 3 个 $\triangle$ 联结的电阻等效变换成 $\curlyvee$ 联结。由于 $R_{\triangle} = 6\Omega$，所以可得

$$R_{\curlyvee} = \frac{1}{3}R_{\triangle} = \frac{1}{3} \times 6\Omega = 2\Omega$$

等效电路如图 1-32b 所示，对应等效电阻为

$$R_{\text{ab}} = 2\Omega + \frac{(2+6) \times (2+2)}{(2+6) + (2+2)}\Omega = \frac{14}{3}\Omega$$

（方法二）将连接到节点 2 上的 3 个电阻等效变换成 $\triangle$ 联结。

由于 $R_{\curlyvee} = 6\Omega$，所以可得 $R_{\triangle} = 3R_{\curlyvee} = 3 \times 6\Omega = 18\Omega$，等效电路如图 1-32c 所示，对应等效电阻为

$$R_{\text{ab}} = \frac{\left(\dfrac{6 \times 18}{6 + 18} + \dfrac{2 \times 18}{2 + 18}\right) \times 18}{\left(\dfrac{6 \times 18}{6 + 18} + \dfrac{2 \times 18}{2 + 18}\right) + 18}\Omega = \frac{14}{3}\Omega$$

1.9　基尔霍夫定律

电路是一些元器件互联而成的整体。由不同元器件构成的电路整体中，各元器件之间的互联使得各元器件电流之间及各元器件电压间遵循一定的规律。基尔霍夫定律就是反映这方面规律的，它包括电流定律和电压定律。为了便于讨论，先介绍以下几个名词。

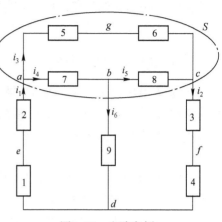

1）支路。电路中流过同一电流的一个分支（至少包含一个元器件）称为支路。图 1-33 中有 6 条支路，即 *aed*、*cfd*、*agc*、*ab*、*bc*、*bd*。

2）节点。3 条或 3 条以上支路的连接点称为节点。图 1-33 中有 4 个节点，即 *a*、*b*、*c*、*d*。

3）回路。电路中任一闭合路径称为回路。图 1-33 中有 7 个回路，即 *abdea*、*bcfdb*、*abcga*、*abdfcga*、*agcbdea*、*abcfdea*、*agcfdea*。

图 1-33　电路实例

4）网孔。网孔是回路的一种，内部不含有支路的回路称为网孔。图 1-33 中有 3 个网孔，即 *abdea*、*bcfdb*、*abcga*。

1.9.1　基尔霍夫电流定律

基尔霍夫电流定律是关于电路中节点处支路电流间关系的一个定律，简称为 KCL。它指出：在集中参数电路中，任何时刻，流出（或流入）一个节点的所有支路电流的代数和恒等于零。

对图 1-33 中的节点 *a*，应用 KCL 则有

$$-i_1 + i_3 + i_4 = 0 \tag{1-38}$$

写成一般式子，即

$$\sum i = 0 \tag{1-39}$$

把式(1-38) 改写成下式，即

$$i_1 = i_3 + i_4$$

上式表明：在集中参数电路中，任何时刻，流入一个节点电流之和等于流出该节点电流之和。

在式(1-38) 中，流出节点的电流前取 "+" 号，流入节点的电流前取 "−" 号。这里的流入或流出指的是电流参考方向指向或离开节点。

KCL 的运用也可以推广到电路的任一假设的封闭面。例如，图 1-33 所示封闭面 *S* 所包围的电路，有 3 条支路与电路的其余部分连接，其电流为 i_1、i_6、i_2，则

$$i_6 + i_2 = i_1$$

因为对一个封闭面来说，电流仍然是连续的，所以通过该封闭面的电流的代数和也等于零。也就是说，流出封闭面的电流等于流入封闭面的电流。基尔霍夫电流定律也是电荷守恒定律的体现。

应用 KCL 还可以判断两个电路之间的某种电流关系。在两个电路之间只有一根导线连接，该导线中电流必然为零，这是因为电流只能在闭合电路中流通。

KCL 是对汇集于一节点的各支路电流的一种约束。

1.9.2 基尔霍夫电压定律

基尔霍夫电
压定律

基尔霍夫电压定律是确定闭合回路内电压间关系的一个定律，简称为 KVL。它指出：在集中参数电路中，任何时刻，沿着任一个回路绕行一周，所有支路电压的代数和恒等于零。用数学表达式表示为

$$\sum u = 0 \tag{1-40}$$

式(1-40) 取和时，对电阻电压和电压源电压的正负规定如下。①电阻电压：任意规定回路绕行的方向，若电流参考方向与绕行方向一致，则取" + "号，反之取" – "号；②电压源电压：任意规定回路绕行的方向，若电压源电压的参考方向与回路绕行方向一致，则此电压取" + "号，反之取" – "号。回路绕行的方向可用箭头或节点序列来表示。

在图 1-33 中，对回路 $abcga$ 应用 KVL，有

$$u_{ab} + u_{bc} + u_{cg} + u_{ga} = 0$$

即使一个闭合节点序列不构成回路，例如图 1-33 中的节点序列 $acga$，在节点 a、c 之间没有支路，但节点 a、c 之间有开路电压 u_{ac}，KVL 也同样适用，即有

$$u_{ac} + u_{cg} + u_{ga} = 0 \tag{1-41}$$

因此，在集中参数电路中，任何时刻，沿任何闭合节点序列，全部电压之代数和恒等于零，这是 KVL 的另一种形式。

不论元器件是线性的还是非线性的，电流、电压是直流的还是交流的，只要是集中参数电路，KCL 和 KVL 都是成立的。

【例 1-11】 如图 1-34 所示的电路，电流 $I_1 = 1\text{A}$，$I_2 = 5\text{A}$，试求电流 I_3。

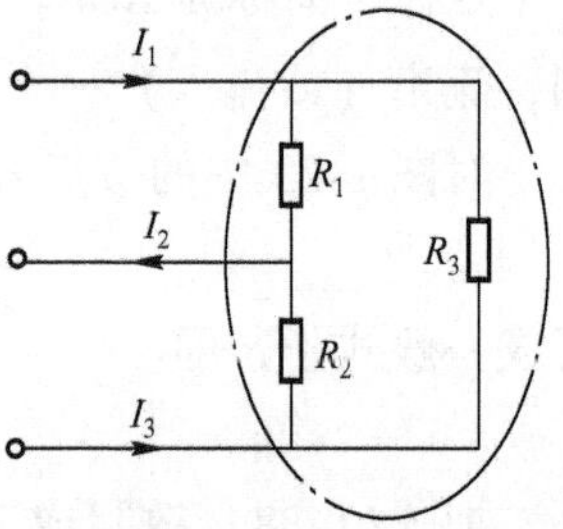

解：假设一闭合面将 3 个电阻包围起来，如图 1-34 所示，由 KCL 可列出

图 1-34 例 1-11 图

$$I_1 - I_2 + I_3 = 0$$

所以

$$I_3 = -I_1 + I_2 = -1\text{A} + 5\text{A} = 4\text{A}$$

【例 1-12】 有一闭合回路如图 1-35 所示，各支路上的元件是任意的，已知 $U_{AB} = 5\text{V}$，$U_{BC} = -4\text{V}$，$U_{DA} = -3\text{V}$。试求：1）U_{CD}；2）U_{CA}。

解：1）由 KVL 可列出

$$U_{AB} + U_{BC} + U_{CD} + U_{DA} = 0$$

即 $\qquad 5 + (-4) + U_{CD} + (-3) = 0$

得 $\qquad U_{CD} = 2V$

2）*ABCA* 不是闭合回路，也可应用 KVL 列出

$$U_{AB} + U_{BC} + U_{CA} = 0$$

即 $\qquad 5 + (-4) + U_{CA} = 0$

得 $\qquad U_{CA} = -1V$

【例1-13】　在图1-36所示的电路中，已知 $R_1 = 10k\Omega$，$R_2 = 20k\Omega$，$U_{s1} = 6V$，$U_{s2} = 6V$，$U_{AB} = -0.3V$。试求电流 I_1、I_2 和 I_3。

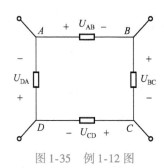

图1-35　例1-12图

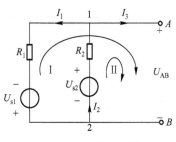

图1-36　例1-13图

解：对回路 II 应用 KVL，得

$$-U_{s2} + R_2 I_2 + U_{AB} = 0$$

即 $\qquad -6 + 20 I_2 + (-0.3) = 0$

故 $\qquad I_2 = 0.315mA$

对回路 I 应用 KVL，得

$$U_{s1} - R_1 I_1 + U_{AB} = 0$$

即 $\qquad 6 - 10 I_1 + (-0.3) = 0$

故 $\qquad I_1 = 0.57mA$

对节点 1 应用 KCL，得

$$-I_1 + I_2 - I_3 = 0$$

即 $\qquad -0.57 + 0.315 - I_3 = 0$

故 $\qquad I_3 = -0.255mA$

本 章 小 结

1. 电路模型

理想电路元器件是从实际电路元器件中抽象出来的理想化模型。由理想电路元器件构成的电路称为电路模型。

2. 电路的基本物理量

1）电流。电荷的定向移动形成电流。电流的大小为 $i = dq/dt$。规定电流的实际方向为

正电荷运动的方向，在电路分析中可任意假定电流的参考方向。

2）电压。电路中 a、b 两点间的电压等于电场力把单位正电荷从 a 点移动到 b 点所做的功，即 $u_{ab} = dW/dq$。电路中 a、b 两点之间的电压又等于 a、b 两点的电位之差。规定电压的实际方向是从高电位点指向低电位点，在电路分析中可任意假定电压的参考方向。通常取同一元器件上电压与电流的参考方向一致，即为相关联的参考方向。

3）电功率。电功率是电路在单位时间内吸收或产生的能量，即 $p = dW/dt$。当电压与电流取关联参考方向时，电路吸收的功率为 $p = ui$；当电压与电流为非关联参考方向时，电路吸收的功率为 $p = -ui$。$p > 0$，表示吸收功率；$p < 0$，表示发出功率。

3. 基本电路元件

线性无源二端元件电阻、电容、电感的定义式分别为

$$R = \frac{u}{i}, \quad C = \frac{q}{u}, \quad L = \frac{\Psi}{i}$$

在电压与电流关联参考方向下，这 3 个元件的电压、电流关系分别为

$$u_R = Ri_R, \quad i_C = C\frac{du_C}{dt}, \quad u_L = L\frac{di_L}{dt}$$

4. 独立电源

理想电压源输出的电压是一定值或一定的时间函数，与流过它的电流大小、方向无关。在复杂电路的分析中，电压源可对外提供能量，也可从外电路吸收能量。理想电流源输出的电流是一定值或一定的时间函数，与加在它两端的电压大小、极性无关。与电压源一样，电流源既可对外提供能量，又可从外电路吸收能量。

实际电压源模型可等效为一个电压源 U_s 与内阻 R_s 的串联，其端口伏安关系式为 $U = U_s - R_sI$；实际电流源模型可等效为一个电流源 I_s 与内阻 R_s 的并联，其端口伏安关系式为 $I = I_s - U/R$。在端口伏安关系保持不变的前提下，在两种电源模型之间可以进行等效变换。

5. 无源二端电路的化简

运用电阻的串并联和电阻的 $\curlyvee-\triangle$ 等效变换知识，可对无源电阻网络进行等效化简，即任何一个无源二端网络都可等效为一个电阻。

6. 基尔霍夫定律

1）基尔霍夫电流定律：任一瞬间，流入任一节点的电流代数和恒为零，即 $\sum i = 0$。基尔霍夫电流定律可推广应用于任一闭合封闭面。

2）基尔霍夫电压定律：任一瞬间，沿任一闭合回路绕行一周，所有电压降代数和恒为零，即 $\sum u = 0$。基尔霍夫电压定律可推广应用于任一开口电路。

习　题

1-1　若将一个 220V、1000W 的电热器接到 110V 的电源上，则其吸收的功率为多少？若把它误接到 380V 的电源上，则其吸收的功率又为多少？是否安全？

1-2　有 220V、100W 的白炽灯一个，其灯丝电阻是多少？每天用 5h，一个月（按 30

天计算）消耗的电能是多少千瓦·时？

1-3 已知图 1-37 所示的电路，则

1）$i = 2A$，$u = 4V$，求元件吸收的功率。

2）$i = 2A$，$u = -4V$，求元件吸收的功率。

3）$i = 2A$，元件吸收的功率 $p = 100W$，求电压 u。

4）$u = 4V$，元件提供的功率 $p = 100W$，求电流 i。

1-4 在图 1-38 所示电路中，5 个元器件代表电源或负载。今测得 $I_1 = -4A$，$I_2 = 6A$，$I_3 = 10A$，$U_1 = 140V$，$U_2 = -90V$，$U_3 = 60V$，$U_4 = -80V$，$U_5 = 30V$。

1）判断哪些元器件是电源？哪些是负载？

2）计算各元器件的功率，并说明电源发出的功率和负载吸收的功率是否平衡。

1-5 求图 1-39 所示两个电路中电压源、电流源和电阻消耗的功率。

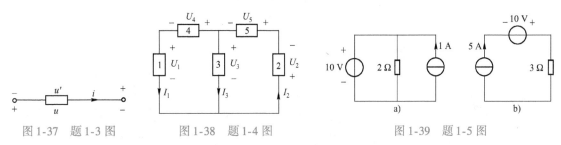

图 1-37 题 1-3 图　　　图 1-38 题 1-4 图　　　图 1-39 题 1-5 图

1-6 某电容器容量 $C = 5\mu F$，所加电压 $u = 200e^{-1000t}V$，设电压、电流为关联参考方向，求流过电容器的电流 i。

1-7 已知当 0.5F 电容器上的电压 u_C 分别为 $20\cos50tV$、$20tV$ 和 $50V$ 时，求通过电容器的电流（设电压、电流为关联参考方向）。

1-8 已知电感 $L = 0.2H$，通过电流 $i = 100(1 - e^{-200t})A$，且电压、电流参考方向一致，求电压 u。

1-9 已知电感 $L = 2H$，电压 $u = 100\sin50tV$，且 $i(0) = 0$，u、i 参考方向一致，求电流 $i(t)$，及 $t = \dfrac{\pi}{300}s$ 时的电流值。

1-10 求图 1-40 中各电路的等效电阻 R_{ab}。

1-11 图 1-41 所示电路是直流电动机的一种调速电阻电路，它由 4 个固定电阻串联而成。利用几个开关的闭合和断开，可以得到多种电阻值。设 4 个电阻都是 10Ω，试求在下列 3 种情况下，a、b 两点间的电阻值。

1）S_1 和 S_5 闭合，其他开关断开。

2）S_2、S_3 和 S_5 闭合，其他开关断开。

3）S_1、S_3 和 S_4 闭合，其他开关断开。

1-12 利用 丫-△ 等效变换的方法，求图 1-42 中电桥的等效电阻 R_{ab}。

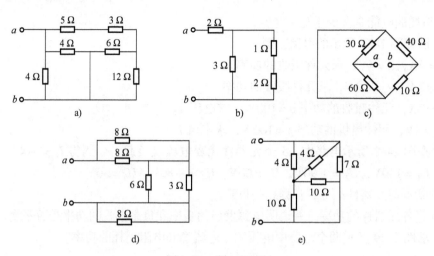

图 1-40　题 1-10 图

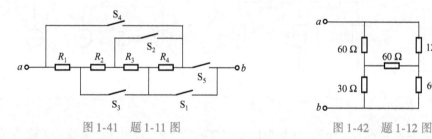

图 1-41　题 1-11 图　　　　　　　　　图 1-42　题 1-12 图

1-13　已知图 1-43a、b 中的电容均为 200pF，试分别求两电路的等效电容。

1-14　图 1-44 所示的电路，试求单口网络的等效电路。

1-15　如图 1-45 所示，试用电源等效变换法求电流 i。已知 $u_{s1} = 128V$，$u_{s2} = 124V$，$i_s = 1A$，$R_1 = 8\Omega$，$R_2 = 4\Omega$，$R_L = 4\Omega$。

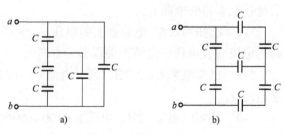

图 1-43　题 1-13 图

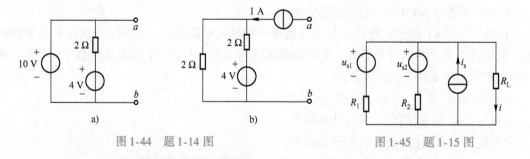

图 1-44　题 1-14 图　　　　　　　　　图 1-45　题 1-15 图

1-16　求图 1-46 所示电路中 A 点的电位。

1-17　用基尔霍夫定律求图 1-47 所示电路各支路的电流。

1-18　在图1-48所示电路中，已知 $I_1 = 0.01\text{A}$，$I_2 = 0.3\text{A}$，$I_5 = 9.61\text{A}$。试求电流 I_3、I_4 和 I_6。

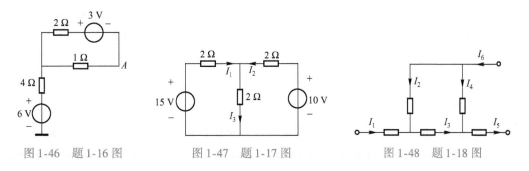

图1-46　题1-16图　　　　图1-47　题1-17图　　　　图1-48　题1-18图

1-19　在图1-49所示电路中，已知 $R_1 = 30\Omega$，$R_2 = 40\Omega$，$R_3 = 10\Omega$，$R_4 = 20\Omega$，$U = 10\text{V}$，则

1）求回路电流 I。

2）以 E 点为参考点，分别求回路上 A、B、C、D、E 各点的电位。

1-20　电路如图1-50所示。将图1-50a所示变换成图1-50b所示，分别求 U_{ab} 和 R。

1-21　电路如图1-51所示，已知 $R_1 = 12\Omega$，$R_2 = 6\Omega$，$R_3 = 4\Omega$，电源电压 $U = 24\text{V}$，分别求各支路电流 I_1、I_2、I_3。

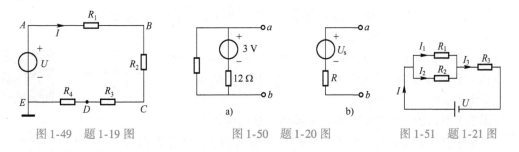

图1-49　题1-19图　　　　图1-50　题1-20图　　　　图1-51　题1-21图

1-22　半导体产业已经成为我们国家重点发展的基础产业，请同学们思考一下，国家对半导体的发展提出了哪些政策？具有什么样的意义？作为半导体产业发展的基础学科——电工基础，该如何去学好它？

第2章　直流电路的分析计算

❖内容导入

直流电路的分析计算是电路学习的关键知识，掌握电路的各种分析方法并能熟练应用，这对于学好电路，并能进一步独立分析设计电路是至关重要的，本章主要介绍支路电流法、网孔电流法、节点电压法、叠加定理、戴维南定理等内容。

2.1　支路电流法

支路电流法

第1章中，我们分析了简单电路。对简单电路可以用等效变换的方法化简成一个回路（即单回路），电路的分析与计算可应用欧姆定律。但是在实际中遇到的电路往往不是这种形式的，有时是含有一个或多个电源的多回路电路。对于这样的复杂电路，一般不能用串并联的方法进行化简，即使能化简也是相当繁杂的。本节介绍一种对这种复杂电路的分析方法，即支路电流法。

支路电流法以每条支路的电流作为求解的未知量。设电路有 b 条支路，n 个节点。可以证明，由 KCL 可列出 $n-1$ 个独立的电流方程，由 KVL 可列出 $b-(n-1)$ 个独立的电压方程，联立可得 b 个独立方程。

支路电流法
仿真

以图 2-1 所示的电路为例来说明支路电流法的应用。

在电路中支路数 $b=3$，节点数 $n=2$，回路数为 3，网孔为两个，3 个未知电流，需要 3 个独立方程才能求解。列方程前，指定各支路电流的参考方向如图 2-1 所示。

首先，根据电流的参考方向，对节点 A 列写 KCL 方程，即

$$-I_1 - I_2 + I_3 = 0 \tag{2-1}$$

对节点 B 列写 KCL 方程，即

$$I_1 + I_2 - I_3 = 0 \tag{2-2}$$

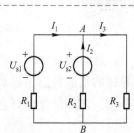

图 2-1　支路电流法示例

上面两个方程是一样的。这一结果可以推广到一般电路：在节点数为 n 的电路中，按 KCL 列出的节点电流方程只有 $n-1$ 个是独立的，并将 $n-1$ 个节点称为一组独立节点。至于哪个节点不独立，则是任选的。

其次，选择回路，应用 KVL 列出其余 $b-(n-1)$ 个方程。每次列出的 KVL 方程与已经列写过的 KVL 方程必须是互相独立的。通常，可取网孔来列 KVL 方程。图 2-1 中有两个网孔，按顺时针方向绕行，对左面的网孔列写 KVL 方程，即

$$R_1 I_1 - R_2 I_2 = U_{s1} - U_{s2}$$

按顺时针方向绕行，对右面的网孔列写 KVL 方程，即

$$R_2 I_2 + R_3 I_3 = U_{s2}$$

网孔的数目恰好等于 $b - (n-1) = 3 - (2-1) = 2$。因为每个网孔都包含一条互不相同的支路，所以每个网孔都是一个独立回路，可以列出一个独立的 KVL 方程。

应用 KCL 和 KVL 一共可列出 $(n-1) + [b-(n-1)] = b$ 个独立方程，它们都是以支路电流为变量的方程，因而可以解出 b 个支路电流。

综上所述，支路电流法分析计算电路的一般步骤如下。

1）在电路图中选定各支路（b 条）电流的参考方向，设出各支路电流。

2）对独立节点列出 $n-1$ 个 KCL 方程。

3）通常取网孔列写 KVL 方程，设定各网孔绕行方向，列出 $b - (n-1)$ 个 KVL 方程。

4）联立求解上述 b 个独立方程，便得出待求的各支路电流。

【例 2-1】 电路如图 2-2 所示。已知 $U_1 = 4\text{V}$，$R_1 = 10\Omega$，$U_2 = 2\text{V}$，$R_2 = 10\Omega$，$I_s = 1\text{A}$，求电路中各电源的功率及两电阻吸收的功率。

解：假定各支路电流及电流源端电压的参考方向如图 2-2 所示。

根据 KCL，得

$$I_1 + I_s - I_2 = 0 \qquad ①$$

选定回路 1 和回路 2 的绕行方向如图 2-2 所示。

根据 KVL，得

回路 1：$\qquad R_1 I_1 + U = U_1 \qquad ②$

回路 2：$\qquad R_2 I_2 + U_2 = U \qquad ③$

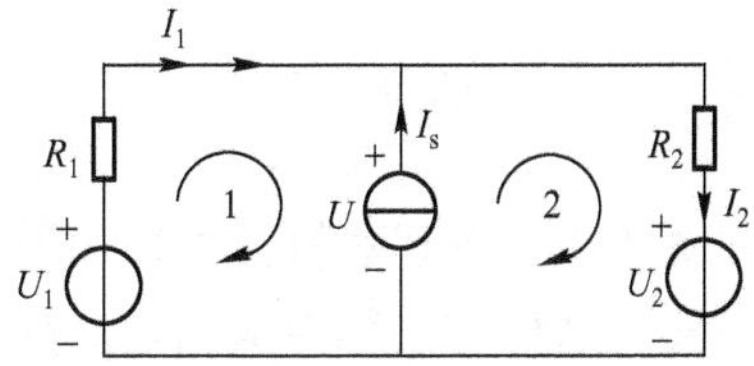

图 2-2 例 2-1 图

联立方程①、②、③，代入数据后，得

$$I_1 + 1 - I_2 = 0$$
$$10 I_1 + U = 4$$
$$10 I_2 + 2 = U$$

解方程组，得

$$I_1 = -0.4\text{A}, I_2 = 0.6\text{A}, U = 8\text{V}$$

电压源 U_1 吸收的功率为

$$P_1 = -U_1 I_1 = -4\text{V} \times (-0.4)\text{A} = 1.6\text{W} \quad （接受功率）$$

电压源 U_2 吸收的功率为

$$P_2 = U_2 I_2 = 2\text{V} \times 0.6\text{A} = 1.2\text{W} \quad （接受功率）$$

电流源 I_s 吸收的功率为

$$P_s = -U I_s = -8\text{V} \times 1\text{A} = -8\text{W} \quad （发出功率）$$

两电阻吸收的功率为

$$P_R = I_1^2 R_1 + I_2^2 R_2 = (-0.4)^2 \times 10\text{W} + 0.6^2 \times 10\text{W} = 5.2\text{W}$$

可见，$P_s = P_1 + P_2 + P_R$，整个电路中发出的功率等于吸收的功率。

【例 2-2】 对图 2-3 所示电路列出求各支路电流所需的方程。

解：这个电路的支路数 $b = 6$，节点数 $n = 4$。各支路电流参考方向如图 2-3 所示，因此应用基尔霍夫定律可列出下列 6 个方程，即

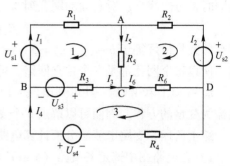

对节点 A　　$I_1 + I_2 - I_5 = 0$ ①

对节点 B　　$-I_1 - I_3 + I_4 = 0$ ②

对节点 C　　$I_3 + I_5 - I_6 = 0$ ③

对回路 1

$$I_1 R_1 + I_5 R_5 - I_3 R_3 = U_{s1} - U_{s3} \qquad ④$$

对回路 2

$$I_2 R_2 + I_5 R_5 + I_6 R_6 = U_{s2} \qquad ⑤$$

图 2-3　例 2-2 图

对回路 3

$$I_3 R_3 + I_6 R_6 + I_4 R_4 = U_{s3} + U_{s4} \qquad ⑥$$

由本例可见，应用支路电流法所列的方程比较直观，但必须联立求解 b 个方程。当电路比较复杂、支路数较多时，手算求解很费时间。

2.2　网孔电流法

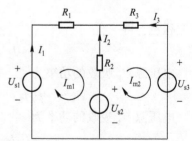

网孔电流法

为了减少方程数目，可采用网孔电流为电路的变量来列写方程，这种方法称为网孔电流法。网孔电流法仅适用于平面电路。下面通过图 2-4 所示的电路加以说明。

图 2-4 中共有 3 条支路，两个网孔。设想在每个网孔中，都有一个电流沿网孔边界环流，其参考方向如图 2-4 所示，这种在一个网孔内环行的假想电流称为网孔电流。网孔电流法的基本思想是选网孔为独立回路，并以网孔电流作为未知量，根据基尔霍夫电压定律列出网孔回路的 KVL 方程，联立求解方程得出各网孔电流。

从图 2-4 中可以看出，各网孔电流与各支路电流之间的关系为

$$I_1 = I_{m1}$$
$$I_2 = -I_{m1} + I_{m2}$$
$$I_3 = -I_{m2}$$

即所有支路电流都可以用网孔电流线性表示。

图 2-4　网孔电流法示例

由于每一个网孔电流在流经电路的某一节点时，流入该节点之后，又同时从该节点流出，所以各网孔电流都能自动满足 KVL 方程，就不必对各独立节点另列 KCL 方程，省去了 $n - 1$ 个方程。这样，只要列出 KVL 方程，使方程数目减少为 $b - (n-1)$ 个即可。电路的变量——网孔电流也是 $b - (n-1)$ 个。

原则上讲，用网孔电流法列写 KVL 方程与用支路电流法列写 KVL 方程是一样的。但这时是用网孔电流来表示各电阻上的电压降的，有些电阻中会有几个网孔电流同时流过，列写方程时应该把各网孔电流引起的电压降都计算进去。通常，选取网孔的绕行方向与网孔电流的参考方向一致。于是，对于图 2-4 所示电路，有

$$\left.\begin{array}{l} R_1 I_{m1} + R_2 I_{m1} - R_2 I_{m2} = U_{s1} - U_{s2} \\ R_2 I_{m2} - R_2 I_{m1} + R_3 I_{m2} = U_{s2} - U_{s3} \end{array}\right\}$$

经过整理后，得

$$\left.\begin{array}{l} (R_1 + R_2)I_{m1} - R_2 I_{m2} = U_{s1} - U_{s2} \\ -R_2 I_{m1} + (R_2 + R_3)I_{m2} = U_{s2} - U_{s3} \end{array}\right\} \tag{2-3}$$

式(2-3) 是以网孔电流为未知量列写的 KVL 方程，称为网孔方程。

上面的方程组可以进一步写成

$$\left.\begin{array}{l} R_{11}I_{m1} + R_{12}I_{m2} = U_{s11} \\ R_{21}I_{m1} + R_{22}I_{m2} = U_{s22} \end{array}\right\} \tag{2-4}$$

式(2-4) 就是当电路具有两个网孔时网孔方程的一般形式。

其中，$R_{11} = R_1 + R_2$、$R_{22} = R_2 + R_3$ 分别是网孔 1、网孔 2 各自的电阻之和，称为各网孔的自电阻。因为选取自电阻的电压与电流为关联参考方向，所以自电阻都取正号。

$R_{12} = R_{21} = -R_2$ 是网孔 1 与网孔 2 公共支路的电阻，称为相邻网孔的互电阻。互电阻可以是正号，也可以是负号。当流过互电阻的两个相邻网孔电流的参考方向一致时，互电阻取正号，反之取负号。本例中，由于各网孔电流的参考方向都选取为顺时针方向，即流过互电阻的两个相邻网孔电流的参考方向相反，因而互电阻取负号。

$U_{s11} = U_{s1} - U_{s2}$、$U_{s22} = U_{s2} - U_{s3}$ 分别是各网孔中电压源电压的代数和，称为网孔电源电压。凡参考方向与网孔绕行方向一致的电源电压取负号，反之取正号，这是因为将电源电压移到等式右边要变号的缘故。

具有两个网孔的网孔方程也可以推广到具有 m 个网孔的平面电路，其网孔方程的规范形式为

$$\left.\begin{array}{l} R_{11}I_{m1} + R_{12}I_{m2} + \cdots + R_{1m}I_{mm} = U_{s11} \\ R_{21}I_{m1} + R_{22}I_{m2} + \cdots + R_{2m}I_{mm} = U_{s22} \\ R_{m1}I_{m1} + R_{m2}I_{m2} + \cdots + R_{mm}I_{mm} = U_{smm} \end{array}\right\} \tag{2-5}$$

如果电路中含有电流源与电阻并联的组合，就应先把它们等效成电压源与电阻的串联组合，再列写网孔方程。如果电路中含有电流源，且没有与其并联的电阻，这时可根据电路的结构形式采用下面两种方法处理。一种方法是，当电流源支路仅属一个网孔时，选择该网孔电流等于电流源的电流，这样可减少一个网孔方程，其余网孔方程仍按一般方法列写；另一种方法是，在建立网孔方程时，可将电流源的电压作为一个未知量。每引入这样一个未知量，同时应增加一个网孔电流与该电流源电流之间的约束关系，从而列出一个补充方程。这样一来，独立方程数与未知量仍然相等，可解出各未知量。

【例 2-3】 用网孔电流法求图 2-5 所示电路的各支路电流。

解：1）选择各网孔电流的参考方向，如图 2-5
所示。计算各网孔的自电阻和相关网孔的互电阻及每
一网孔的电源电压，即

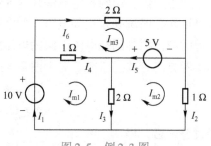

图 2-5 例 2-3 图

$$R_{11} = 1\Omega + 2\Omega = 3\Omega, R_{12} = R_{21} = -2\Omega$$
$$R_{22} = 1\Omega + 2\Omega = 3\Omega, R_{23} = R_{32} = 0$$
$$R_{33} = 1\Omega + 2\Omega = 3\Omega, R_{13} = R_{31} = -1\Omega$$
$$U_{s11} = 10\text{V}, U_{s22} = -5\text{V}, U_{s33} = 5\text{V}$$

2）列网孔方程组为

$$3I_{m1} - 2I_{m2} - I_{m3} = 10$$
$$-2I_{m1} + 3I_{m2} = -5$$
$$-I_{m1} + 3I_{m3} = 5$$

3）求解网孔方程组，得

$$I_{m1} = 6.25\text{A}, I_{m2} = 2.5\text{A}, I_{m3} = 3.75\text{A}$$

4）任选各支路电流的参考方向，如图 2-5 所示。由网孔电流求出各支路电流分别为

$$I_1 = I_{m1} = 6.25\text{A}, I_2 = I_{m2} = 2.5\text{A}$$
$$I_3 = I_{m1} - I_{m2} = 3.75\text{A}, I_4 = I_{m1} - I_{m3} = 2.5\text{A}$$
$$I_5 = I_{m3} - I_{m2} = 1.25\text{A}, I_6 = I_{m3} = 3.75\text{A}$$

【例 2-4】 电路如图 2-6a 所示，已知 $R_1 = 20\Omega$，$R_2 = 2\Omega$，$R_3 = 4\Omega$，$R_4 = 6\Omega$，$i_{s1} = 2\text{A}$，$u_{s3} = 26\text{V}$。求各支路电流。

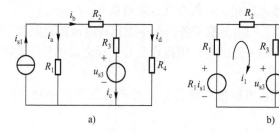

a)   b)

图 2-6 例 2-4 图

a）原电路图 b）等效变换后的电路

解：根据电源等效变换，可将图 2-6a 所示的电路等效变换成图 2-6b 所示的电路。在
图 2-6b 中，假设回路电流为 i_1 和 i_2，绕行方向如图 2-6b 所示，其回路电流方程组为

$$(R_1 + R_2 + R_3)i_1 - R_3 i_2 = R_1 i_{s1} - u_{s3}$$
$$-R_3 i_1 + (R_3 + R_4)i_2 = u_{s3}$$

将已知条件代入后，得

$$(20 + 2 + 4)i_1 - 4i_2 = 20 \times 2 - 26$$
$$-4i_1 + (4 + 6)i_2 = 26$$

解得

$$i_1 = 1\text{A}, i_2 = 3\text{A}$$

在图 2-6a 中，有

$$i_d = i_2 = 3A$$
$$i_c = i_1 - i_2 = 1A - 3A = -2A$$
$$i_b = i_1 = 1A$$
$$i_a = i_{s1} - i_b = 2A - 1A = 1A$$

2.3 节点电压法

节点电压法

节点电压法是采用节点电压为电路变量（未知量）来列写方程的一种方法，它不仅适用于平面电路，而且适用于非平面电路，对节点较少的电路尤其适用。鉴于这一优点，在计算机辅助电路分析中，一般采用节点电压法求解电路。

在电路的 n 个节点中，任选一个为参考点，把其余 $n-1$ 个节点对参考点的电压叫作该节点的节点电压。电路中所有支路电压都可以用节点电压来表示。电路中的支路分成两种：一种是被接在独立节点和参考节点之间，其支路电压就是节点电压；另一种是被接在各独立节点之间，其支路电压则是两个节点电压之差。

如能求出各节点电压，就能求出各支路电压及其他待求量。要求 $n-1$ 个节点电压，需列写 $n-1$ 个独立方程。用节点电压代替支路电压，已经满足 KVL 方程的约束，只需列 KCL 方程的约束方程即可，而所能列出的独立的 KCL 方程正好是 $n-1$ 个。

以图 2-7 所示电路为例列写方程。首先，选定参考点，设定各支路电流的参考方向，并对节点 1、2 列 KCL 方程，得

$$\left. \begin{array}{l} I_1 + I_2 = I_{s1} - I_{s2} \\ -I_2 + I_3 = I_{s2} - I_{s3} \end{array} \right\} \qquad (2\text{-}6)$$

运用电阻元件的欧姆定律，得

$$\left. \begin{array}{l} I_1 = G_1 U_1 \\ I_2 = G_2 (U_1 - U_2) \\ I_3 = G_3 U_2 \end{array} \right\} \qquad (2\text{-}7)$$

把式（2-7）代入式（2-6）整理后，得

$$\left. \begin{array}{l} (G_1 + G_2) U_1 - G_2 U_2 = I_{s1} - I_{s2} \\ -G_2 U_1 + (G_2 + G_3) U_2 = I_{s2} - I_{s3} \end{array} \right\} \qquad (2\text{-}8)$$

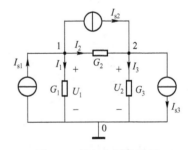

图 2-7 节点电压法示例

这就是以节点电压 U_1、U_2 为未知量的节点电压方程。

将式（2-8）改写成规范形式，即

$$\left. \begin{array}{l} G_{11} U_1 + G_{12} U_2 = I_{s11} \\ G_{21} U_1 + G_{22} U_2 = I_{s22} \end{array} \right\} \qquad (2\text{-}9)$$

式（2-9）中的 G_{11} 为节点 1 的自电导，是与节点 1 相连接的各支路电导的总和（$G_{11} = G_1 + G_2$）；G_{22} 为节点 2 的自电导，是与节点 2 相连接的各支路电导的总和（$G_{22} = G_2 + G_3$）；$G_{12} = G_{21}$ 为节点 1、2 间的互电导，是连接在节点 1 和节点 2 之间的各支路电导之和的负值（$G_{12} = G_{21} = -G_2$）。由于假设节点电压的参考方向总是由独立节点指向参考节点的，所以各

节点电压在自电导中所引起的电流总是流出该节点的，在节点方程左边流出节点的电流取"+"号，因而自电导总是正的；但是另一节点电压通过互电导所引起的电流总是流入本节点的，在节点方程左边流入节点的电流取"–"号，因而互电导总是负的。

式(2-9)中的 I_{s11} 和 I_{s22} 分别表示电流源流入节点1和节点2的电流代数和，即流入节点的电流取"+"号，流出节点的电流取"–"号。本例中，$I_{s11} = I_{s1} - I_{s2}$，$I_{s22} = I_{s2} - I_{s3}$。

应用节点电压法的解题步骤如下。

1）确定参考节点及节点电压。

2）确定各节点的自电导和互电导，列出节点电压方程。

3）解方程求各节点电压。

4）指出各支路电流的参考方向，求各支路电流或电压。

【例2-5】 试用节点电压法求图2-8所示电路中的各支路电流。

解：取节点 O 为参考节点，节点1、2的节点电压分别为 U_1、U_2，按式(2-8)，得

$$\left(\frac{1}{1} + \frac{1}{2}\right)U_1 - \frac{1}{2}U_2 = 3$$

$$-\frac{1}{2}U_1 + \left(\frac{1}{2} + \frac{1}{3}\right)U_2 = 7$$

解之，得

$$U_1 = 6\text{V}, U_2 = 12\text{V}$$

取各支路电流的参考方向，如图2-8所示。根据支路电流与节点电压的关系，有

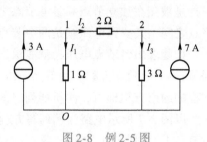

图2-8 例2-5图

$$I_1 = \frac{6\text{V}}{1\Omega} = 6\text{A}$$

$$I_2 = \frac{(6-12)\text{V}}{2\Omega} = -3\text{A}$$

$$I_3 = \frac{12\text{V}}{3\Omega} = 4\text{A}$$

2.4 叠加定理

叠加定理

叠加定理是线性电路的一个基本定理。叠加定理可表述如下：在线性电路中，当有两个或两个以上的独立电源共同作用时，任意支路的电流或电压都可以被认为是电路中各个电源单独作用而其他电源不作用时，在该支路中产生的各电流分量或电压分量的代数和。

下面以图2-9a中 R_2 支路电流 I 为例说明叠加定理在线性电路中的应用。

叠加定理
仿真

图2-9b是电流源 I_s 单独作用下的情况。此情况下电压源的作用为零，零电压源相当于零电阻（即短路）。在 I_s 单

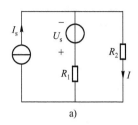 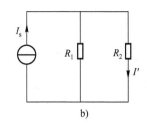 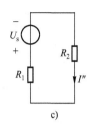

图2-9 叠加定理示例

a）原电路图 b）电流源 I_s 单独作用的情况 c）电压源 U_s 单独作用的情况

独作用下，R_2 支路电流为

$$I' = \frac{R_1}{R_1 + R_2} I_s$$

图2-9c是电压源 U_s 单独作用下的情况。此情况下电流源的作用为零，零电流源相当于无限大电阻（即开路）。在 U_s 单独作用下，R_2 支路电流为

$$I'' = -\frac{U_s}{R_1 + R_2}$$

故所有独立源共同作用下，R_2 支路的电流 I 为

$$I = I' + I'' = \frac{R_1}{R_1 + R_2} I_s + \left(-\frac{U_s}{R_1 + R_2} \right)$$

对 I'、I'' 取正号相加，是因为它们的参考方向与 I 的参考方向一致；若它们的参考方向与 I 的参考方向相反，则取负号。

使用叠加定理时，应注意以下几点。

1）叠加定理只能用来计算线性电路的电流和电压，而对非线性电路，叠加定理不适用。

2）叠加时要注意电流和电压的参考方向，求其代数和。

3）当化为几个单独电源的电路来进行计算时，所谓电压源不作用，就是在该电压源处可用短路代替；电流源不作用，就是在该电流源处用开路代替。

4）不能用叠加定理来直接计算功率。

叠加定理在线性电路分析中起重要作用，它是分析线性电路的基础。线性电路的许多定理可由叠加定理导出。

【例2-6】 用叠加定理求图2-10a所示电路中的电流 I_1 和 I_2。已知 $R_1 = 12\Omega$，$R_2 = 6\Omega$，$U_s = 9V$，$I_s = 3A$。

解：电路由两个电源 U_s 和 I_s 共同作用。当电压源 U_s 单独作用时，电流源 I_s 开路，电路如图2-10b所示，由此可求得

$$I_1' = I_2' = \frac{U_s}{R_1 + R_2} = \frac{9}{12 + 6}A = 0.5A$$

当电流源 I_s 单独作用时，则电压源 U_s 短路，电路如图2-10c所示，由此可求得

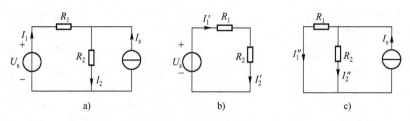

图 2-10 例 2-6 图

a）原电路图 b）电流源开路 c）电压源短路

$$I_1'' = \frac{R_2}{R_1 + R_2} I_s = \frac{6}{12 + 6} \times 3\text{A} = 1\text{A}$$

$$I_2'' = \frac{R_1}{R_1 + R_2} I_s = \frac{12}{12 + 6} \times 3\text{A} = 2\text{A}$$

叠加后，得

$$I_1 = I_1' - I_1'' = (0.5 - 1)\text{A} = -0.5\text{A}$$

$$I_2 = I_2' + I_2'' = (0.5 + 2)\text{A} = 2.5\text{A}$$

2.5 戴维南定理

戴维南定理

戴维南定理是阐明线性有源二端网络外部性能的一个重要
定理。若只需分析计算某一支路的电流或电压，则戴维南定理具有特殊的优越性。

2.5.1 戴维南定理的概念

在电路计算中，有时只需计算电路中某一支路的电流和电压。如果使用支路电流法或叠加定理来分析，就会引入一些不必要的电流，因此常使用戴维南定理来简化计算。

对于任意线性有源二端网络，对外电路的作用可以用一个理想电压源和电阻串联的电路来等效，其中电压源的电压等于该二端网络的开路电压，电阻等于有源二端网络内部全部独立电源置零后的输入电阻，这就是戴维南定理。可用图 2-11 所示的戴维南定理的应用图来描述。

图 2-11a 所示为含源二端网络（点画线内部的电路）与外电路电阻 R 串联的电路，根据戴维南定理来求 I。

戴维南定理
仿真

图 2-11a 所示含源二端网络（点画线内部的电路）对外电路
的作用可用图 2-11b 所示点画线内部电路来等效。所谓等效
仍是指对外部电路而言，即变换前后该网络的端口电压 U 和电流 I 保持不变。

图 2-11b 所示是一个简单的电路，其中电流 I 可由下式计算，即

$$I = \frac{U_{oc}}{R_o + R}$$

上式中的等效电压源电压 U_{oc} 和电阻 R_o 可通过下述方法计算。

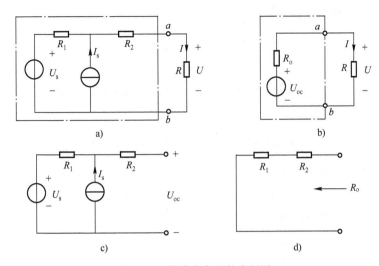

图 2-11 戴维南定理的应用图

a）电路图 b）等效电路 c）求开路电压 d）求等效电阻

电压 U_{oc} 在数值上等于把外电路断开后 a、b 两端之间的电压，即二端网络的开路电压，如图 2-11c 所示。可得该电路的开路电压为

$$U_{oc} = I_s R_1 + U_s$$

电阻 R_o 等于有源二端网络化为无源二端网络，即所有电源均除去（将各理想电压源短路，理想电流源开路）后从 a、b 两端看进去的等效电阻，如图 2-11d 所示。可得该电路的等效电阻为

$$R_o = R_1 + R_2$$

使用戴维南定理应注意：①电压源的电压为断开外电路后该含源二端网络引出端的电压；②电阻等于有源二端网络除去电源（理想电压源短路，理想电流源开路）后，所得无源二端网络的等效电阻。

2.5.2 戴维南定理的应用

【例2-7】 求图2-12a所示电路的戴维南等效电路。

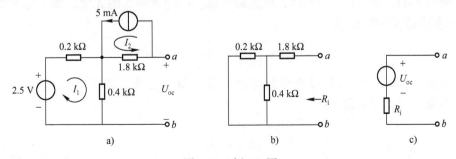

图 2-12 例 2-7 图

a）求开路电压 b）求等效电阻 c）戴维南等效电路

解：先求开路电压 U_{oc}（见图2-12a）

$$I_1 = \frac{2.5V}{(0.2+0.4)k\Omega} \approx 4.2mA$$

$$I_2 = 5mA$$

$$U_{oc} = -1.8k\Omega \times 5mA + 0.4k\Omega \times 4.2mA = -7.32V$$

然后求等效电阻 R_i（见图2-12b）

$$R_i = 1.8k\Omega + \frac{0.2 \times 0.4}{0.2+0.4}k\Omega \approx 1.93k\Omega$$

画出的戴维南等效电路如图2-12c所示，其中

$$U_{oc} = -7.32V, \quad R_i = 1.93k\Omega$$

【例2-8】 用戴维南定理求图2-13a所示电路的电流 I。

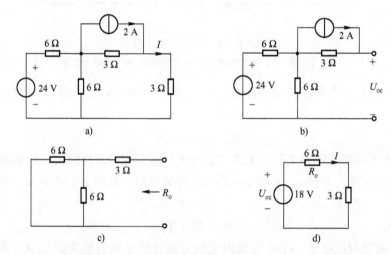

图2-13 例2-8图

a) 原电路图 b) 有源二端网络 c) 无源二端网络 d) 等效电路

解：1）断开待求支路，得有源二端网络如图2-13b所示。由图可求得开路电压 U_{oc} 为

$$U_{oc} = 2 \times 3V + \frac{6}{6+6} \times 24V = 6V + 12V = 18V$$

2）将图2-13b中的电压源短路，电流源开路，得到除源后的无源二端网络如图2-13c所示，可求得等效电阻 R_o 为

$$R_o = 3\Omega + \frac{6 \times 6}{6+6}\Omega = 3\Omega + 3\Omega = 6\Omega$$

3）根据 U_{oc} 和 R_o 画出戴维南等效电路并接上待求支路，得图2-13a的等效电路如图2-13d所示，由图可求得 I 为

$$I = \frac{18V}{(6+3)\Omega} = 2A$$

2.6 受控源及含受控源电路的分析

受控源

2.6.1 受控源的概念

受电路另一部分中的电压或电流控制的电源，称为受控源。受控源不同于独立源，它本身不能直接起激励作用，而只是用来反映电路中某一支路电压或电流对另一支路电压或电流的控制关系，因此受控源是一种非独立源。在电路理论中，受控源主要用来描述和构成各种电子器件的模型，为电路的分析计算提供基础。

受控源有两对端钮，一对为输入端钮或控制端口，另一对为输出端钮或受控端口，所以受控源是一个二端口器件。本书的受控源在电路中用菱形符号来表示，以区别于独立源。根据控制量和受控元件的不同，受控源有 4 种类型，即电压控制的电压源（记作 VCVS）、电流控制的电压源（记作 CCVS）、电压控制的电流源（记作 VCCS）和电流控制的电流源（记作 CCCS）。图 2-14 所示为这 4 种受控源的模型。

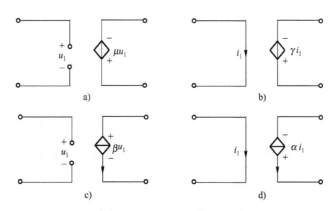

图 2-14 4 种受控源的模型

a）电压控制的电压源 b）电流控制的电压源 c）电压控制的电流源 d）电流控制的电流源

受控量与控制量成正比的受控源，即图 2-14 中 μ、γ、β、α 为常数的受控源，叫作线性受控源。以下只介绍线性受控源（简称为受控源）。

在电路图中，均不画出受控源的控制支路，只是注明控制量。

2.6.2 含受控源电路的分析

与独立电源一样，实际受控电压源可以等效成受控电压源和电阻串联的电路，实际受控电流源可以等效成受控电流源和电阻并联的电路。另外，一个实际受控电压源可以与一个实际受控电流源进行等效变换。受控电源变换的方法与独立源类似。

需要注意的是，虽然受控电压源和电阻串联组合与受控电流源和电阻并联组合可以像独立源一样进行等效变换，但在变换过程中，必须保留控制量所在的支路。在应用网络方程法分析计算含受控源的电路时，受控源按独立源对待和处理，但要将受控源的控制量用电路变量来表示，即在节点方程中，受控源的控制量用节点电压表示；在网孔方程中，受控源的控制量用网孔电流表示。在用叠加定理求每个独立源单独作用下的响应时，对受控源要像电阻那样全部保留。同样，在用戴维南定理求网络除源后的等效电阻时，也要全部保留受控源。对于含受控源的二端电阻网络，其等效电阻可能为负值，这表明该网络向外部电路发出能量。

【例2-9】 在图2-15a所示电路中，已知 $R_1 = 6\Omega$，$R_2 = 4\Omega$，$U_s = 10V$，$I_s = 4A$，$\gamma = 10\Omega$，用戴维南定理求电流源的端电压 U_3。

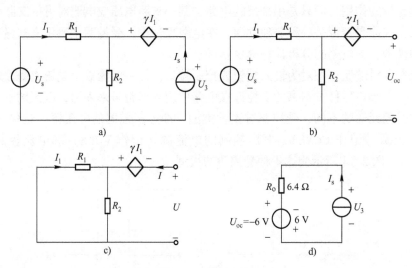

图2-15 例2-9图

a) 原电路图 b) 将电流源断开移去 c) 相应的无源二端网络 d) 戴维南等效电路与待求支路相连

解：将待求支路断开，即将电流源从原电路中断开移去，如图2-15b所示，求开路电压 U_{oc}。因为端钮电流为零，所以有

$$I_1 = \frac{U_s}{R_1 + R_2} = \frac{10}{6+4}A = 1A$$

$$U_{oc} = -\gamma I_1 + I_1 R_2 = -10 \times 1V + 1 \times 4V = -6V$$

相应的无源二端网络如图2-15c所示。注意，该图中仅将原网络中的电压源看作短路，而保留了受控电压源。用外加电源法，在端钮间外加一电压 U，端钮处电流为 I，则根据分流公式，有

$$I_1 = \frac{-R_2}{R_1 + R_2}I = -\frac{4}{6+4}I = -0.4I$$

$$U = -\gamma I_1 - R_1 I_1 = (-10-6) \times (-0.4I) = 6.4I$$

所以其等效电阻为 $$R_o = \frac{U}{I} = 6.4\Omega$$

做出戴维南等效电路，并与待求支路相连，如图2-15d所示。因为计算出的 $U_{oc} = -6V$，所以图2-15d中的等效电压源实际极性为上负下正。由图可求得

$$U_3 = I_s R_o + U_{oc} = 4 \times 6.4V - 6V = 19.6V$$

本 章 小 结

1. 网络方程法

1）支路电流法。支路电流法以 b 个支路的电流为未知数，列 $n-1$ 个节点电流方程，用支路电流表示电阻电压，列 $b-(n-1)$ 个网孔回路电压方程，共列 b 个方程联立求解。

2）网孔电流法。网孔电流法只适用于平面电路，以 m 个网孔电流为未知量，用网孔电流表示支路电流、支路电压，列 m 个网孔电压方程联立求解。

3）节点电压法。节点电压法以 $n-1$ 个节点电压为未知量，用节点电压表示支路电压、支路电流，列 $n-1$ 个节点电流方程联立求解。

2. 网络定理

1）叠加定理。在线性电路中，每一支路的响应等于各独立源单独作用下在此支路所产生的响应的代数和。

2）戴维南定理。含独立源的二端线性电阻网络，对其外部而言都可用电压源和电阻串联组合等效代替。电压源的电压等于网络的开路电压 U_{oc}，电阻 R_i 等于网络除源后的等效电阻。

3. 受控源

受控源也是一种电源器件，其输出电压或电流受电路中其他电压或电流的控制。受控源有 4 种形式，即电压控制的电压源（VCVS）、电压控制的电流源（VCCS）、电流控制的电压源（CCVS）和电流控制的电流源（CCCS）。

习　　题

2-1　电路如图 2-16 所示，试列出支路电流法，求解各支路电流的方程。

2-2　电路如图 2-17 所示，试用支路电流法求电流源两端的电压 u。

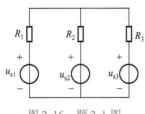

图 2-16　题 2-1 图

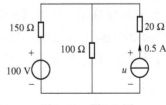

图 2-17　题 2-2 图

2-3　电路如图 2-18 所示，已知 $R_1=2\Omega$，$R_2=4\Omega$，$R_3=10\Omega$，$U_1=18V$，$U_2=6V$，$U_3=4V$，用支路电流法求出各支路的电流。

2-4　电路如图 2-19 所示，用支路电流法求电路各支路的电流。

2-5　电路如图 2-20 所示，已知 $R_1=1\Omega$，$R_2=3\Omega$，$R_3=6\Omega$，$U_s=9V$，求支路电流 I_1、I_2、I_3。

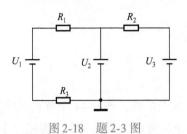

图 2-18 题 2-3 图

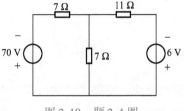

图 2-19 题 2-4 图

2-6 电路如图 2-21 所示，已知 $R_1 = 2\Omega$，$R_2 = 2\Omega$，$U_s = 12V$，$I_s = 2A$，求支路电流 I_1、I_2 和 a、b 两端的电压 U_{ab}。

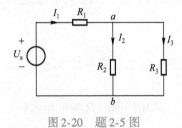

图 2-20 题 2-5 图

图 2-21 题 2-6 图

2-7 试用网孔电流法求图 2-22 所示电路的电流 i。

2-8 电路如图 2-23 所示，试用网孔电流法求 5Ω 电阻上的电流 i。

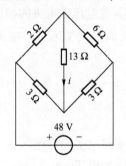

图 2-22 题 2-7 图

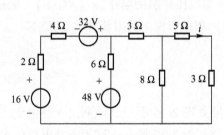

图 2-23 题 2-8 图

2-9 电路如图 2-24 所示，试用网孔电流法求电路中的电压 u。

2-10 电路如图 2-25 所示，已知 $R_1 = 1\Omega$，$R_2 = 3\Omega$，$R_3 = 6\Omega$，$U_S = 9V$，求支路电流 I_1、I_2、I_3。

2-11 试用节点电压法求图 2-26 中各支路的电流。

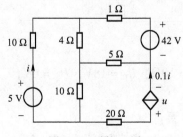

图 2-24 题 2-9 图

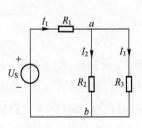

图 2-25 题 2-10 图

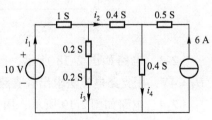

图 2-26 题 2-11 图

2-12 列出图 2-27 所示电路的节点电压方程。

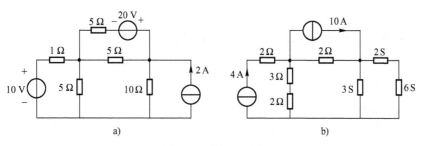

图 2-27 题 2-12 图

2-13 试用节点电压法求图 2-28 所示电路中的控制量 u。

2-14 试用叠加定理求图 2-29 所示电路中的 I_1 和 I_2。

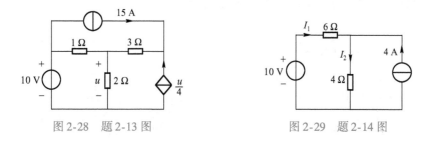

图 2-28 题 2-13 图   图 2-29 题 2-14 图

2-15 电路如图 2-30 所示，已知 $u_s = 12V$，$i_s = 3A$，试用叠加定理计算电流 i_x。

2-16 用叠加定理求图 2-31 电路中的 U。

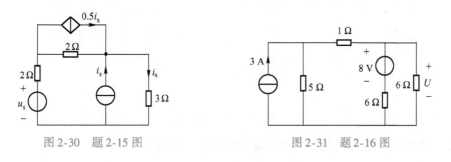

图 2-30 题 2-15 图   图 2-31 题 2-16 图

2-17 试求图 2-32 所示各网络的戴维南等效电路。

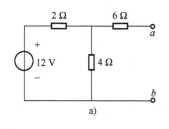
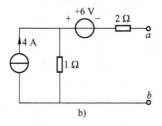
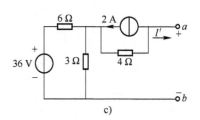

a)   b)   c)

图 2-32 题 2-17 图

2-18　电路如图 2-33 所示，用戴维南定理求图中支路电流 I 的值。

2-19　电路如图 2-34 所示，电路中含有一电流控制的电压源，试求该电路中的 I_1、I_2、U。

2-20　用戴维南定理计算图 2-35 所示电路中的电流 I。

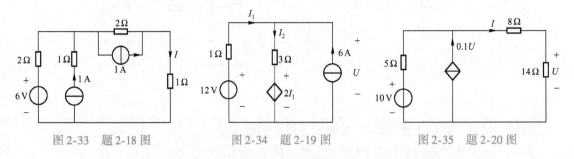

图 2-33　题 2-18 图　　　　图 2-34　题 2-19 图　　　　图 2-35　题 2-20 图

2-21　求图 2-36 所示各电路的戴维南等效电路。

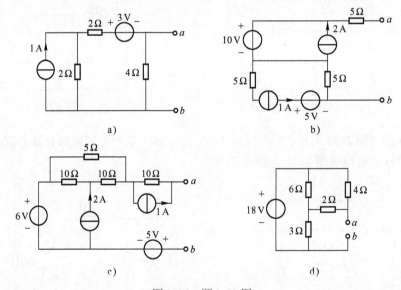

a)　　　　　　　　　　b)

c)　　　　　　　　　　d)

图 2-36　题 2-21 图

2-22　求图 2-37 所示电路中的电压 u_s 和电流 i（已知 $u_1 = 3V$）。

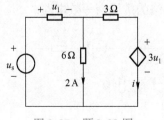

图 2-37　题 2-22 图

第3章 正弦交流电路

❖内容导入

温暖的灯光带给人们光明、温馨，电风扇带给人们凉爽，电视机让人们认识世界，各种各样的家用电器给我们带来了方便，这些装置使用的大都是交流电，本章我们来认识交流电，交流电路具有用直流电路的概念无法理解和无法分析的物理现象，在学习本章时必须建立起交流的概念，否则容易引起错误。

3.1 正弦量的基本概念

正弦量的基本概念

3.1.1 正弦交流电的三要素

确定一个正弦量必须确定 3 个要素，即最大值、角频率和初相位。如果知道了这 3 个要素，就可以完整地描述出这个正弦量了。

正弦量在每一时刻的数值叫作瞬时值，用小写字母 u、i、e 表示。以电压为例，正弦量的瞬时值解析式为

$$u = U_m \sin(\omega t + \varphi) \tag{3-1}$$

式中，U_m、ω、φ 分别称为最大值（振幅值、峰值）、角频率和初相位，它们构成正弦交流电的三要素，其波形如图 3-1 所示。

需要指出的是，正弦量的瞬时值解析式和波形图是对应于已选定的参考方向而言的。正弦量的大小和方向随时间变化，某一时刻瞬时值为正，表示其实际方向与所选定的参考方向一致；瞬时值为负，表示其实际方向与所选定的参考方向相反。

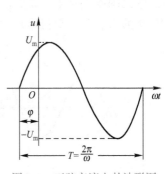

图 3-1　正弦交流电的波形图

1. 最大值（振幅值、峰值）

正弦量瞬时值中的最大值，也叫作振幅值或峰值，用大写字母带下标"m"表示，如 U_m、I_m 等。正弦量一个周期内两次达到最大值，只是方向不同，如图 3-1 所示的 U_m 和 $-U_m$，正、负号表示电流的方向不同。注意：最大值只能取绝对值，即正值。

2. 角频率

角频率 ω 表示正弦量在单位时间内变化的弧度数，即

$$\omega = \frac{\alpha}{t} \tag{3-2}$$

它反映了正弦量变化的快慢。

在一个周期 T 内，正弦量所经历的电角度为 2π 弧度。由角频率的定义可知，角频率 ω 和频率 f 及周期 T 间的关系为

$$\omega = \frac{2\pi}{T} = 2\pi f \tag{3-3}$$

我国采用 50Hz 的频率作为交流电源的工业标准频率，称为工频，周期是 0.02s，角频率 $\omega = 2\pi f = 314\text{rad/s}$。工业上除了广泛应用的工频交流电以外，在某些技术领域里还采用各种不同的频率，如航空工业用的交流电是 400Hz，工业高频电炉用的交流电频率可达 500kHz，无线电工程里的交流电频率更高，可达 2.3 ~ 23MHz。

3. 相位与初相

式(3-1) 中的 $\omega t + \varphi$ 叫作正弦量的相位角，简称相位。正弦量在不同的时刻有着不同的相位。如果已知正弦量在某一时刻的相位，就可确定正弦量在该时刻的瞬时值、方向和变化趋势。因此，相位反映了正弦量在每一时刻的状态。相位随时间而变化，相位每增加 2π 弧度，正弦量经历一个周期，又重复原来的变化规律。

$t = 0$ 时刻的相位角称为初相位或初相角，简称初相。式(3-1) 中的 φ 就是初相，初相反映了正弦量在计时起点的状态。正弦量的相位和初相都与计时起点的选择有关，计时起点选择的不同，相位和初相都不同。规定正弦量由负值向正值变化时出现的零点称为正弦量的"零值"。正弦量的初相便是由正弦量的零值到坐标原点（$t = 0$）之间的角度。

初相角的单位为弧度（rad）或度（°），其取值范围规定为 $|\varphi| \leqslant \pi$，即 $-180° \leqslant \varphi \leqslant 180°$。图 3-2 给出了几种不同计时起点的正弦电流的解析式和波形图。由波形图可以看出，若正弦量的零点在坐标原点，则初相 $\varphi = 0$；若零点在坐标原点左侧，则初相 $\varphi > 0$；若零点在坐标原点右侧，则初相 $\varphi < 0$。

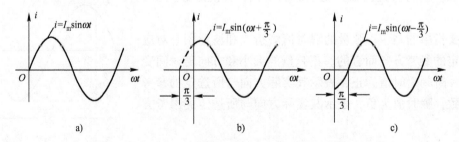

图 3-2　几种不同计时起点的正弦电流的解析式和波形图

a) $\varphi = 0$　b) $\varphi = \pi/3$　c) $\varphi = -\pi/3$

【例 3-1】　在选定的参考方向下，已知两正弦量的解析式为 $u = 200\sin(1000t + 200°)\text{V}$，$i = -5\sin(314t + 30°)\text{A}$，试求两个正弦量的三要素。

解：1) 初相应满足 $|\varphi| \leqslant \pi$，故

$$u = 200\sin(1000t + 200°)\text{V} = 200\sin(1000t - 160°)\text{V}$$

所以电压的振幅值 $U_m = 200\text{V}$，角频率 $\omega = 1000\text{rad/s}$，初相 $\varphi_u = -160°$。

2）$i = -5\sin(314t + 30°)\text{A} = 5\sin(314t + 30° + 180°)\text{A} = 5\sin(314t - 150°)\text{A}$

所以电流的振幅值 $I_m = 5\text{A}$，角频率 $\omega = 314\text{rad/s}$，初相 $\varphi_i = -150°$。

【例3-2】　已知选定参考方向下正弦量的波形图如图3-3所示，试写出正弦量的解析式。

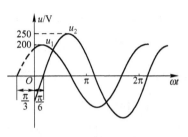

图3-3　例3-2图

解：$u_1 = 200\sin\left(\omega t + \dfrac{\pi}{3}\right)\text{V}$

$u_2 = 250\sin\left(\omega t - \dfrac{\pi}{6}\right)\text{V}$

【例3-3】　已知工频交流电流的最大值为12A，初相为45°。写出它的解析式，求 $t = 0.01\text{s}$ 时电流的瞬时值。

解：工频交流电的角频率为314rad/s，因此该电流的解析式为

$$i = 12\sin(314t + 45°)\text{A}$$

当 $t = 0.01\text{s}$ 时，$i = 12\sin(100\pi \times 0.01 + 45°)\text{A} = 12\sin225°\text{A} \approx -8.49\text{A}$。

3.1.2　同频率正弦量的相位差

两个同频率正弦量的相位之差称为相位差。设任意两个同频率的正弦量为

$$i_1 = I_{1m}\sin(\omega t + \varphi_1)$$
$$i_2 = I_{2m}\sin(\omega t + \varphi_2)$$

则 i_1 与 i_2 的相位差为

$$\varphi_{12} = (\omega t + \varphi_1) - (\omega t + \varphi_2) = \varphi_1 - \varphi_2 \tag{3-4}$$

即两个同频正弦量的相位差也是它们的初相之差。规定：φ_{12} 的取值范围为 $|\varphi_{12}| \leqslant \pi$。相位差决定了两个正弦量的相位关系。下面分别加以介绍。

1）$0 < \varphi_{12} \leqslant \pi$，$u_1$ 超前于 u_2，超前角度为 φ_{12}；或称 u_2 滞后于 u_1，滞后角度为 φ_{12}，如图3-4a所示。

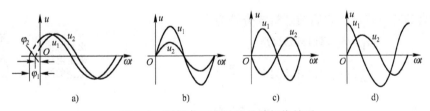

图3-4　同频率正弦量的几种相位关系

a）u_1 超前于 u_2　b）u_1 与 u_2 同相　c）u_1 与 u_2 反相　d）u_1 与 u_2 正交

2）$-\pi \leqslant \varphi_{12} < 0$，称 u_1 滞后于 u_2，滞后角度为 φ_{12}。

3）$\varphi_{12} = 0$，称这两个正弦量同相，如图3-4b所示。

4）$\varphi_{12} = \pi$，称这两个正弦量反相，如图3-4c所示。

5）$\varphi_{12} = \pi/2$，称这两个正弦量正交，如图3-4d所示。

【例3-4】 如图3-5所示，图中 i_R 为参考正弦量，试写出 i_R、u_R、u_L、u_C 的表达式，并说明各正弦量的相位关系。

解： $i_R = I_m \sin\omega t$， $u_R = U_{Rm}\sin\omega t$

$$u_L = U_{Lm}\sin\left(\omega t + \frac{\pi}{2}\right)， \quad u_C = U_{Cm}\sin\left(\omega t - \frac{\pi}{2}\right)$$

各正弦量的相位关系为 u_R 与 i_R 同相；u_L 超前 i_R 的角度为 $\frac{\pi}{2}$，为正交关系；u_C 滞后 i_R 的角度为 $\frac{\pi}{2}$，为正交关系；u_L 超前（或滞后）u_C 的角度为 π，为反相关系。

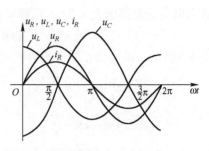

图3-5 例3-4图

【例3-5】 已知 $i_1 = 220\sqrt{2}\sin(\omega t + 120°)\text{A}$，$i_2 = 220\sqrt{2}\sin(\omega t - 90°)\text{A}$，试分析二者的相位关系。

解：i_1 的初相为 $\varphi_1 = 120°$，i_2 的初相为 $\varphi_2 = -90°$，i_1 和 i_2 的相位差为

$$\varphi_{12} = \varphi_1 - \varphi_2 = 120° - (-90°) = 210°$$

考虑到正弦量的一个周期为 $360°$，故可以将 $\varphi_{12} = 210°$ 表示为

$$\varphi_{12} = 210° - 360° = -150° < 0$$

表明 i_1 滞后于 i_2，滞后角度为 $150°$。

【例3-6】 3个正弦电压 $u_A(t) = 311\sin 314t\text{V}$，$u_B(t) = 311\sin\left(314t - \frac{2}{3}\pi\right)\text{V}$，$u_C(t) = 311\sin\left(314t + \frac{2}{3}\pi\right)\text{V}$，以 u_B 为参考正弦量，写出3个正弦电压的解析式。

解：先求出3个正弦量的相位差，由已知得

$$\varphi_{AB} = 0 - \left(-\frac{2\pi}{3}\right) = \frac{2\pi}{3}$$

$$\varphi_{BC} = -\frac{2\pi}{3} - \frac{2\pi}{3} = -\frac{4\pi}{3} + 2\pi = \frac{2\pi}{3}$$

$$\varphi_{CA} = \frac{2\pi}{3} - 0 = \frac{2\pi}{3}$$

以 u_B 为参考正弦量，它们的解析式分别为

$$u_B(t) = 311\sin 314t\text{V}$$

$$u_A(t) = 311\sin\left(314t + \frac{2\pi}{3}\right)\text{V}$$

$$u_C(t) = 311\sin\left(314t - \frac{2\pi}{3}\right)\text{V}$$

正弦交流电路中电压和电流的测试

3.2 正弦量的有效值

瞬时值是随时间变化的，不能用来表示正弦量的大小。由于最大值只是特定瞬间的数值，不能反映电压和电流做功的效

正弦量的有效值

果，所以也不用它表示正弦量的大小。工程上规定正弦量的大小用有效值来表示。

交流电的有效值是根据正弦电流和直流电流的热效应相等来确定的。如果交流电流 i 通过电阻 R 在一个周期内所产生的热量和直流电流 I 通过同一电阻 R 在相同时间内所产生的热量相等，那么这个直流电流 I 的数值就称为交流电流 i 的有效值，用大写字母表示，如 I、U 等。由此得出

$$I^2RT = \int_0^T i^2 R\mathrm{d}t$$

所以，交流电流的有效值为

$$I = \sqrt{\frac{1}{T}\int_0^T i^2 \mathrm{d}t} \tag{3-5}$$

设正弦交流电流 $i = I_\mathrm{m}\sin\omega t$，代入式（3-5）中，它的有效值为

$$I = \sqrt{\frac{1}{T}\int_0^T I_\mathrm{m}^2\sin^2\omega t\mathrm{d}t} = \sqrt{\frac{I_\mathrm{m}^2}{T}\int_0^T \frac{1-\cos2\omega t}{2}\mathrm{d}t}$$

$$= \sqrt{\frac{I_\mathrm{m}^2}{2T}\left(\int_0^T \mathrm{d}t - \int_0^T \cos2\omega t\mathrm{d}t\right)} = \sqrt{\frac{I_\mathrm{m}^2}{2T}(T-0)}$$

即

$$I = \frac{I_\mathrm{m}}{\sqrt{2}} \approx 0.707I_\mathrm{m}$$

同理，交流电压的有效值为

$$U = \frac{U_\mathrm{m}}{\sqrt{2}} \approx 0.707U_\mathrm{m}$$

通常所说的交流电的数值，如 380V 和 220V 都是指有效值。用交流电流表和交流电压表测量的电流和电压的数值也都是有效值。这样，只要知道有效值，再乘以 $\sqrt{2}$ 就可以得到它的振幅值。如我们日常所说的照明用电电压为 220V，其最大值为

$$U_\mathrm{m} = 220\sqrt{2}\,\mathrm{V} \approx 311\,\mathrm{V}$$

【例 3-7】 一正弦电压的初相为 60°，有效值为 100V，试求它的解析式。

解：因为 $U = 100$V，所以其最大值为 $100\sqrt{2}$V，则电压的解析式为

$$u = 100\sqrt{2}\sin(\omega t + 60°)\,\mathrm{V}$$

3.3 正弦量的相量表示法

复数及其运算规律

3.3.1 复数及其运算规律

在中学数学中，复数可表示成 $A = a + b\mathrm{i}$。其中 a 为实部，b 为虚部，$\mathrm{i} = \sqrt{-1}$ 称为虚单位。但由于在电路中 i 通常表征电流，所以常用 j 表示虚单位，这样复数可表示成 $A = a + \mathrm{j}b$。用来表示复数的直角坐标平面称为复平面。

复数可以在复平面内用图形表示，也可以用不同形式的表达式表示。

1. 复数的图形表示

（1）用点表示复数

任意复数在复平面内均可找到其唯一对应的点。反之，复平面上的任意一点也均代表了一个唯一的复数，用点表示复数如图 3-6 所示，即

$$A_1 = 1 + j$$
$$A_2 = -3$$
$$A_3 = -3 - j2$$
$$A_4 = 3 - j$$

（2）用矢量表示复数

在复平面内还可用其对应的矢量来表示任意复数，如图 3-7 所示。矢量的长度称为模，用 r 表示；矢量与实正半轴的夹角称为辐角，用 θ 表示。模与辐角的大小决定了该复数的唯一性。

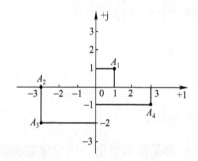

图 3-6　用点表示复数

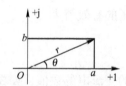

图 3-7　用矢量表示复数

由图 3-7 可知，用点表示复数与用矢量表示复数之间的换算关系为

$$\left. \begin{array}{l} r = \sqrt{a^2 + b^2} \\ \theta = \arctan \dfrac{b}{a} \end{array} \right\} \tag{3-6}$$

$$\left. \begin{array}{l} a = r\cos\theta \\ b = r\sin\theta \end{array} \right\} \tag{3-7}$$

2. 复数的 4 种形式

（1）复数的代数形式

$$A = a + jb$$

（2）复数的三角形式

$$A = r\cos\theta + jr\sin\theta$$

（3）复数的指数形式

$$A = re^{j\theta}$$

（4）复数的极坐标形式

$$A = r \underline{/\theta}$$

在以后的运算中，代数形式和极坐标形式是常用的，对它们的换算应十分熟练。

【例3-8】　写出复数 $A_1 = 4 - j3$ 和 $A_2 = -3 + j4$ 的极坐标形式。

解：A_1 的模为

$$r_1 = \sqrt{4^2 + (-3)^2} = 5$$

辐角为

$$\theta_1 = \arctan \frac{-3}{4} \approx -36.9° \qquad （在第Ⅳ象限）$$

则 A_1 的极坐标形式为

$$A_1 = 5 \underline{/-36.9°}$$

A_2 的模为

$$r_2 = \sqrt{(-3)^2 + 4^2} = 5$$

辐角为

$$\theta_2 \approx \arctan \frac{-4}{3} \approx 126.9° \qquad （在第Ⅱ象限）$$

则 A_2 的极坐标形式为

$$A_2 = 5 \underline{/126.9°}$$

【例3-9】　写出复数 $A = 100 \underline{/30°}$ 的三角形式和代数形式。

解：三角形式为

$$A = 100(\cos 30° + j\sin 30°)$$

代数形式为

$$A = 100(\cos 30° + j\sin 30°) = 86.6 + j50$$

3. 复数的四则运算

（1）加减运算

设有两个复数分别为

$$A = a_1 + jb_1 = r_1 \underline{/\theta_1}$$
$$B = a_2 + jb_2 = r_2 \underline{/\theta_2}$$

则

$$A \pm B = (a_1 \pm a_2) + j(b_1 \pm b_2)$$

故一般情况下，在进行复数的加减运算时应把复数写成代数式。

（2）乘除运算

设有两个复数

$$A = r_1 \underline{/\theta_1}, \ B = r_2 \underline{/\theta_2}$$

则

$$AB = r_1 r_2 \underline{/(\theta_1 + \theta_2)}$$

$$\frac{A}{B} = \frac{r_1}{r_2} \underline{/\theta_1 - \theta_2}$$

故一般情况下，对复数的乘除运算，应把复数写成较为简便的极坐标形式。

【例3-10】　已知复数 $A = 8 + j6$，$B = 6 - j8$，求 $A + B$ 及 AB。

解：

$$A + B = (8 + j6) + (6 - j8) = 14 - j2$$

$$AB = (8 + j6)(6 - j8) \approx 10 \underline{/36.9°} \times 10 \underline{/-53.1°} = 100 \underline{/-16.2°}$$

【例3-11】　已知 $Z_1 = 3 \underline{/0°}$，$Z_2 = 3 \underline{/-90°}$，求 $\dfrac{Z_1 Z_2}{Z_1 + Z_2}$。

解：

$$Z_1 = 3 \underline{/0°} = 3，\ Z_2 = 3 \underline{/-90°} = -j3$$

$$\frac{Z_1 Z_2}{Z_1 + Z_2} = \frac{3 \underline{/0°} \times 3 \underline{/-90°}}{3 - j3} = \frac{9 \underline{/-90°}}{3\sqrt{2} \underline{/-45°}} \approx 2.12 \underline{/-45°}$$

3.3.2 正弦量的相量表示法

当知道正弦量的最大值、角频率和初相位这3个要素时，就可以写出该正弦量的瞬时值表达。在正弦交流电路中，由于所有的激励和响应都是同频率的正弦量，所以在正弦交流电路的分析中，不需要表示出频率这一要素，只需描述出正弦量的幅值和初相位这两个要素即可。又因为一个复数也可以认为由两个要素构成，即"模"和"辐角"，所以可以用复数来表示正弦量，如正弦电流为

$$i = \sqrt{2} I \sin(\omega t + \varphi)$$

ω 作为已知量，不必用复数表示，只需要把电流的幅值和初相位这两个要素用复数来描述即可，方法是用电流的幅值对应复数的模，电流的初相位对应复数的辐角。这样正弦电流可表示成复数形式，即

$$\left.\begin{array}{l} \dot{I} = I \underline{/\varphi} \\ \dot{I}_m = I_m \underline{/\varphi} \end{array}\right\} \tag{3-8}$$

式中，$\dot{I}$ 称为有效值相量；$\dot{I}_m$ 称为最大值相量。用复数形式表示的正弦量称为正弦量的相量表示。如果知道正弦量的瞬时值表达式，就可以写出它的相量形式；反之，知道了一个正弦量的相量形式，也可以写出它的瞬时值表达式。以上用电流相量表示正弦电流的方法同样适用于正弦电压、电动势等。

相量和复数可以在复平面上用矢量表示，画在复平面上表示相量的图形称为相量图。必须注意的是，只有相同频率的正弦量才能画在同一相量图上，不同频率的正弦量一般不能画在同一个相量图上。另外，用复数表示正弦量时，复数与正弦量之间只是对应关系，不是相等关系。

只有同频率的正弦量才能相互运算，运算方法按复数的运算规则进行。用相量表示正弦量进行正弦交流电路运算的方法称为相量法。

【例3-12】　已知同频率正弦量的解析式分别为 $i = 10\sin(\omega t + 30°)\,\mathrm{A}$，$u = 220\sqrt{2}\sin(\omega t - 45°)\,\mathrm{V}$，写出电流和电压的相量 $\dot{I}$、$\dot{U}$，并绘出相量图。

解：由解析式可得

$$\dot{I} = \frac{10}{\sqrt{2}} \underline{/30°}\,\mathrm{A} = 5\sqrt{2} \underline{/30°}\,\mathrm{A}$$

$$\dot{U} = \frac{220\sqrt{2}}{\sqrt{2}} \underline{/-45°}\,\mathrm{V} = 220 \underline{/-45°}\,\mathrm{V}$$

相量图如图3-8所示。

【例3-13】　已知工频条件下两正弦量的相量分别为 $\dot{U}_1 =$

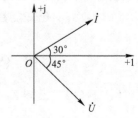

图3-8　例3-12图

$10\sqrt{2}\underline{/60°}\,\mathrm{V}$，$\dot{U}_2 = 20\sqrt{2}\underline{/-30°}\,\mathrm{V}$。试求两正弦电压的解析式。

解：由于

$$\omega = 2\pi f = 2\pi \times 50 = 100\pi\,\mathrm{rad/s}$$

$$U_1 = 10\sqrt{2}\,\mathrm{V}, \varphi_1 = 60°$$

$$U_2 = 20\sqrt{2}\,\mathrm{V}, \varphi_2 = -30°$$

所以

$$u_1 = \sqrt{2}\,U_1\sin(\omega t + \varphi_1) = 20\sin(100\pi t + 60°)\,\mathrm{V}$$

$$u_2 = \sqrt{2}\,U_2\sin(\omega t + \varphi_2) = 40\sin(100\pi t - 30°)\,\mathrm{V}$$

3.4 正弦电路中的电阻元件

电阻元件、电感元件及电容元件是交流电路的基本元件，日常生活中的交流电路都是由这 3 个元件组合而成的。只有掌握了单个元件上电压与电流的相量关系，才能用相量法进一步分析复杂的正弦稳态交流电路。

3.4.1 电阻元件上电压与电流的关系

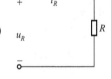

电阻元件中电压和电流的关系测试

图 3-9 所示是一个最简单的纯电阻电路。

1）电阻元件上电流和电压之间的瞬时关系为

$$i_R = \frac{u_R}{R} \tag{3-9}$$

2）电阻元件上电流和电压之间的大小关系。若 $u_R = U_{Rm}\sin(\omega t + \varphi)$，则

图 3-9 纯电阻电路

$$i_R = \frac{u_R}{R} = \frac{U_{Rm}}{R}\sin(\omega t + \varphi) = I_{Rm}\sin(\omega t + \varphi)$$

式中，$I_{Rm} = \dfrac{U_{Rm}}{R}$ 或 $U_{Rm} = I_{Rm}R$。

把上式中电流和电压的振幅各除以 $\sqrt{2}$，便可得

$$I_R = \frac{U_R}{R} \tag{3-10}$$

3）电阻元件上电流和电压之间的相位关系。电阻阻值是实数，在电压和电流为关联参考方向时，电流和电压同相，图 3-10a 所示是电阻元件上电流和电压的波形图。

在关联参考方向下，流过电阻元件的电流为

$$i_R = I_{Rm}\sin(\omega t + \varphi)$$

对应的相量为

$$\dot{I}_R = I_R\underline{/\varphi}$$

加在电阻元件两端的电压为

$$u_R = U_{Rm}\sin(\omega t + \varphi)$$

所以有

$$\dot{U}_R = \dot{I}_R R \tag{3-11}$$

式(3-11) 就是电阻元件上电压与电流的相量关系，也就是相量形式的欧姆定律。图 3-10b 是电阻元件上电流和电压的相量图，二者是同相关系。

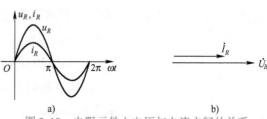

3.4.2 电阻元件的功率

1. 瞬时功率

在交流电路的任一瞬间，元件上电压瞬时值与电流瞬时值的乘积称为该元件的瞬时功率，即有

$$p_R = i_R u_R$$

令 $i_R = I_{Rm}\sin(\omega t + \varphi)$，则 $u_R = U_{Rm}\sin(\omega t + \varphi)$，代入上式得

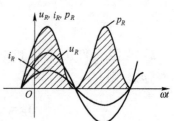

电阻元件的功率

$$p_R = U_{Rm}I_{Rm}\sin^2(\omega t + \varphi) = U_{Rm}I_{Rm}\frac{1 - \cos 2(\omega t + \varphi)}{2}$$

$$= U_R I_R - U_R I_R \cos 2(\omega t + \varphi) \tag{3-12}$$

电阻元件上电压、电流及功率的波形如图 3-11 所示。从图 3-11 中可以看出，任何时候 p_R 都不为负值，即电阻始终吸收功率，说明电阻元件是耗能元件，在电路中只能作为负载消耗电能。

2. 平均功率

瞬时功率在一个周期内的平均值称为平均功率。

$$P_R = \frac{1}{T}\int_0^T p_R \mathrm{d}t = \frac{1}{T}\int_0^T \left[U_R I_R - U_R I_R \cos 2(\omega t + \varphi) \right] \mathrm{d}t$$

解得

$$P_R = U_R I_R \tag{3-13}$$

所以

$$P_R = I_R^2 R = \frac{U_R^2}{R}$$

图 3-11 电阻元件上电压、电流及功率的波形图

平均功率又称为有功功率，习惯上常把"平均"或"有功"二字省略，简称为功率。例如，60W 的白炽灯、1000W 的电炉等，都是指平均功率。

当 u_R 和 i_R 都取基本单位时，功率 P_R 的单位为瓦［特］，用符号 W 表示。平均功率越大，表明该电路所消耗的功率也越大。

【例 3-14】 一电阻 $R = 100\Omega$，R 两端的电压 $u_R = 100\sqrt{2}\sin(\omega t - 30°)\mathrm{V}$，求：

1) 通过电阻 R 的电流 I_R 和 i_R。

2) 电阻 R 接受的功率 P_R。

解：1) 因为 $\qquad i_R = \dfrac{u_R}{R} = \dfrac{100\sqrt{2}\sin(\omega t - 30°)}{100}\mathrm{A} = \sqrt{2}\sin(\omega t - 30°)\mathrm{A}$

所以
$$I_R = \frac{\sqrt{2}}{\sqrt{2}}\text{A} = 1\text{A}$$

2)
$$P_R = U_R I_R = 100\text{V} \times 1\text{A} = 100\text{W}$$

或
$$P_R = I_R^2 R = 1^2 \times 100\text{W} = 100\text{W}$$

3.5　正弦电路中的电感元件

正弦电路中的电感元件

3.5.1　电感元件上电压与电流的关系

纯电感电路如图 3-12 所示。当 u_L、i_L 取关联参考方向时，则有

$$u_L = L\frac{\mathrm{d}i_L}{\mathrm{d}t}$$

若
$$i_L = I_{Lm}\sin(\omega t + \varphi_i)$$

则
$$u_L = LI_{Lm}\frac{\mathrm{d}\sin(\omega t + \varphi_i)}{\mathrm{d}t} = \omega LI_{Lm}\cos(\omega t + \varphi_i)$$

$$= \omega LI_{Lm}\sin\left(\omega t + \varphi_i + \frac{\pi}{2}\right)$$

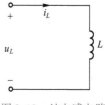

图 3-12　纯电感电路

令 $U_{Lm} = \omega LI_{Lm}$，则

$$u_L = U_{Lm}\sin\left(\omega t + \varphi_i + \frac{\pi}{2}\right)$$

由以上推导过程可得出如下结论。

1）u_L、i_L 为同频率的正弦量。

2）令 $X_L = \omega L = 2\pi fL$，则 u_L、i_L 的大小关系可以写成

$$U_L = I_L X_L \text{ 或 } U_{Lm} = I_{Lm}X_L \tag{3-14}$$

式中，X_L 叫作感抗，基本单位为欧［姆］，符号为 Ω，它表明电感元件对电流的一种阻碍作用。应注意 X_L 不仅与电感本身的 L 有关，还与电源频率 f 成正比，f 越大这种阻碍作用也越大。所以说电感元件具有通低频、阻高频的作用。对直流电路来说 $f = 0$，感抗也就为零，因而电感元件在直流电路中相当于短路。

3）u_L、i_L 的相位关系为 u_L 比 i_L 超前90°，即

$$\varphi_u = \varphi_i = \frac{\pi}{2} \tag{3-15}$$

电感元件上电压和电流的波形图如图 3-13 所示。

在关联参考方向下，流过电感的电流为

$$i_L = I_{Lm}\sin(\omega t + \varphi_i)$$

对应的相量为
$$\dot{I}_L = I_L\underline{/\varphi_i}$$

电感元件两端的电压为

$$u_L = I_{Lm}\omega L\sin\left(\omega t + \frac{\pi}{2} + \varphi_i\right)$$

对应的相量为
$$\dot{U}_L = I_L\omega L\bigg/\!\!\left(\varphi_i + \frac{\pi}{2}\right) = \mathrm{j}\omega L I_L\underline{/\varphi_i}$$

所以
$$\dot{U}_L = \mathrm{j}\omega L\dot{I}_L = \mathrm{j}X_L\dot{I}_L \tag{3-16}$$

电感元件上电压和电流的相量图如图 3-14 所示。

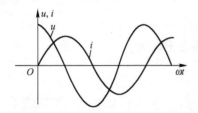

图 3-13　电感元件上电压和电流的波形图

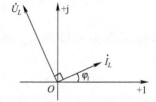

图 3-14　电感元件上电压和电流的相量图

3.5.2　电感元件的功率

电感元件的
功率

1. 瞬时功率

设通过电感元件的电流为

$$i_L = I_{Lm}\sin\omega t$$

则 $u_L = U_{Lm}\sin\left(\omega t + \dfrac{\pi}{2}\right)$

$$
\begin{aligned}
p &= u_L i_L = U_{Lm}\sin\left(\omega t + \frac{\pi}{2}\right)I_{Lm}\sin\omega t\\
&= U_{Lm}I_{Lm}\sin\omega t\cos\omega t = \frac{1}{2}U_{Lm}I_{Lm}\sin 2\omega t = U_L I_L\sin 2\omega t
\end{aligned} \tag{3-17}
$$

式(3-17) 说明电感元件的瞬时功率 p 也是随着时间按正弦规律变化的，其频率为电流频率的两倍。图 3-15 所示给出了电感元件电压、电流及功率的波形图。

2. 平均功率

$$P = \frac{1}{T}\int_0^T p\,\mathrm{d}t = \frac{1}{T}\int_0^T u_L i_L\sin 2\omega t\,\mathrm{d}t = 0 \tag{3-18}$$

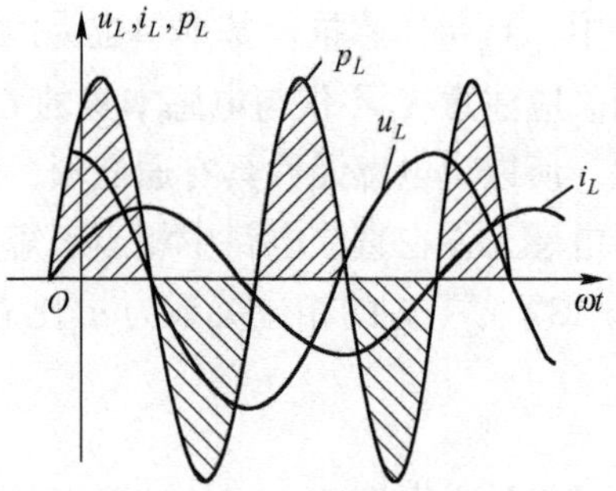

由图 3-15 可看到，在第一及第三个 1/4 周期内，瞬时功率为正值，电感元件从电源吸收功率；在第二及第四个 1/4 周期内，瞬时功率为负值，电感元件释放功率。在一个周期内，吸收功率和释放功率是相等的，即平均功率为零。这说明电感元件不是耗能元件，而是储能元件。

图 3-15　电感元件电压、电流及功率的波形图

3. 无功功率

电感元件上电压的有效值与电流的有效值的乘积称为无功功率，用 Q_L 表示。由式(3-14)可知

$$Q_L = U_L I_L = I_L^2 X_L = \frac{U_L^2}{X_L} \tag{3-19}$$

当电感上的电压和电流均取基本单位时，其无功功率 Q_L 的单位为乏尔，简称乏（var）。无功功率体现了储能元件能量交换的最大速率。

4. 电感元件储存的能量

如图 3-12 所示，若 $u_L = L\dfrac{\mathrm{d}i_L}{\mathrm{d}t}$，则

$$p_L = u_L i_L = L i_L \frac{\mathrm{d}i_L}{\mathrm{d}t}$$

任意 t 时刻电感中储存的能量为

$$W_L = \int_0^t p_L \mathrm{d}i = \int_0^{i_L} L i_L \mathrm{d}i_L = \frac{1}{2} L i_L^2 \tag{3-20}$$

电感元件储存的能量的单位为焦（J）。

注意：式(3-20) 中的 i_L 为 t 时刻所对应的电感电流瞬时值，由此可知，电感中储存的最大能量为

$$W_{Lm} = \frac{1}{2} L I_{Lm}^2 \tag{3-21}$$

【例 3-15】　已知一个电感 $L = 2\mathrm{H}$，接在 $u_L = 220\sqrt{2}\sin(314t - 60°)$ V 的电源上，求：

1）X_L。

2）通过电感的电流 i_L。

3）电感上的无功功率 Q_L。

解：1）
$$X_L = \omega L = 314 \times 2\Omega = 628\Omega$$

2）
$$\dot{I}_L = \frac{\dot{U}_L}{jX_L} = \frac{220\ \underline{/-60°}}{628\mathrm{j}}\mathrm{A} \approx 0.35\ \underline{/-150°}\ \mathrm{A}$$

则
$$i_L = 0.35\sqrt{2}\sin(314t - 150°)\mathrm{A}$$

3）
$$Q_L = UI = 220 \times 0.35\mathrm{var} = 77\mathrm{var}$$

【例 3-16】　已知流过电感元件中的电流为 $i_L = 10\sqrt{2}\sin(314t + 30°)\mathrm{A}$，测得其无功功率 $Q_L = 500\mathrm{var}$，求：

1）X_L 和 L。

2）电感元件中储存的最大磁场能量 W_{Lm}。

解：1）
$$X_L = \frac{Q_L}{I_L^2} = \frac{500}{10^2}\Omega = 5\Omega$$

$$L = \frac{X_L}{\omega} = \frac{5}{314}\mathrm{H} \approx 15.9\mathrm{mH}$$

2）
$$W_{Lm} = \frac{1}{2} L I_{Lm}^2 = \frac{1}{2} \times 15.9 \times 10^{-3} \times (10\sqrt{2})^2\mathrm{J} = 1.59\mathrm{J}$$

3.6 正弦电路中的电容元件

正弦电路中的电容元件

3.6.1 电容元件上电压与电流的关系

纯电容电路如图3-16所示。当 u_C、i_C 取关联参考方向时，则有

$$i_C = C\frac{\mathrm{d}u_C}{\mathrm{d}t}$$

若 $u_C = U_{Cm}\sin(\omega t + \varphi_u)$，则

$$i_C = CU_{Cm}\frac{\mathrm{d}\sin(\omega t + \varphi_u)}{\mathrm{d}t}$$

$$= \omega CU_{Cm}\cos(\omega t + \varphi_u) = \omega CU_{Cm}\sin\left(\omega t + \varphi_u + \frac{\pi}{2}\right)$$

令 $I_{Cm} = \omega CU_{Cm}$，$\varphi_i = \varphi_u + \dfrac{\pi}{2}$，则

$$i_C = I_{Cm}\sin\left(\omega t + \varphi_u + \frac{\pi}{2}\right) = I_{Cm}\sin(\omega t + \varphi_i)$$

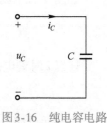

图3-16 纯电容电路

由以上推导过程可得出如下结论。

1）u_C、i_C 为同频率正弦量。

2）令 $X_C = \dfrac{1}{\omega C} = \dfrac{1}{2\pi f C}$，则 u_C、i_C 的大小关系可写成

$$U_C = I_C X_C \ \text{或}\ U_{Cm} = I_{Cm} X_C \tag{3-22}$$

式中，X_C 叫作容抗，基本单位为欧[姆]，符号为 Ω，它表明电容元件对电流的一种阻碍作用。从 X_C 的定义中可以看出，X_C 不仅与电容本身的电容量 C 有关，而且与电源频率 f 成反比，f 越大，这种阻碍作用越小。所以说电容元件具有通高频、阻低频的作用。

3）u_C、i_C 的相位关系为 u_C 滞后于 i_C 90°，电容元件上电压和电流的波形图如图3-17所示。

加在电容两端的电压为

$$u_C = U_{Cm}\sin(\omega t + \varphi_u)$$

即

$$\dot{U}_C = U_C \underline{/\varphi_u}$$

通过电容上的电流为

$$i_C = I_{Cm}\sin\left(\omega t + \varphi_u + \frac{\pi}{2}\right)$$

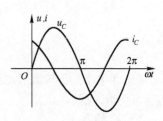

图3-17 电容元件上电压和电流的波形图

对应的相量为

$$\dot{I}_C = I_C\underline{\left/\left(\varphi_u + \frac{\pi}{2}\right)\right.} = \frac{U_C}{X_C}\underline{\left/\left(\varphi_u + \frac{\pi}{2}\right)\right.} = \omega CU_C\underline{\left/\left(\varphi_u + \frac{\pi}{2}\right)\right.}$$

即
$$\dot{U}_C = -jX_C\dot{I}_C \text{ 或 } \dot{I}_C = \frac{\dot{U}_C}{-jX_C} \qquad (3-23)$$

电容元件上电压和电流的相量图如图 3-18 所示。$\dot{I}_C$ 比 $\dot{U}_C$ 超前 90°。

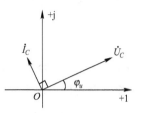

图3-18　电容元件上电压和电流的相量图

3.6.2　电容元件的功率

1. 瞬时功率

$$p = u_C i_C = U_{Cm}\sin\omega t I_{Cm}\sin\left(\omega t + \frac{\pi}{2}\right)$$
$$= U_C I_C \sin 2\omega t \qquad (3-24)$$

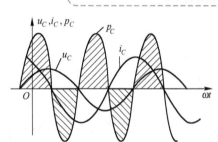

电容元件的
功率

由式(3-24) 可知，电容元件上的瞬时功率也是随时间而变化的正弦函数，其频率为电流频率的两倍。图 3-19 所示给出了电容元件电压、电流及功率的波形图。

2. 平均功率

$$P = \frac{1}{T}\int_0^T p\,dt = \frac{1}{T}\int_0^T u_C i_C \sin 2\omega t\, dt = 0 \qquad (3-25)$$

与电感元件一样，电容元件也不是耗能元件，而是储能元件。

图 3-19　电容元件电压、电流及功率的波形图

$$Q_C = -U_C I_C = -I_C^2 X_C = -\frac{U_C^2}{X_C} \qquad (3-26)$$

$Q_C < 0$，表示电容元件是发出无功功率的，Q_C 和 Q_L 一样，单位也是乏尔，简称乏（var）。

$$W_C = \frac{1}{2}Cu_C^2 \qquad (3-27)$$

式中，u_C 为任意 t 时刻所对应的电容电压瞬时值，则电容中储存的最大能量为

$$W_{Cm} = \frac{1}{2}Cu_{Cm}^2 \qquad (3-28)$$

【例 3-17】　已知一电容 $C = 50\mu\text{F}$，将其接到 220V、50Hz 的正弦交流电源上，求：

1）X_C。

2）电路中的电流 I_C 和无功功率 Q_C。

3）当电源频率变为 1000Hz 时的容抗。

解：1)
$$X_C = \frac{1}{\omega C} = \frac{1}{2\pi fC} = \frac{1}{2 \times 3.14 \times 50 \times 10^{-6} \times 50}\Omega \approx 63.7\Omega$$

2)
$$I_C = \frac{U_C}{X_C} = \frac{220\text{V}}{63.7\Omega} \approx 3.45\text{A}$$

$$Q_C = -U_C I_C = -220 \times 3.45\text{var} = -759\text{var}$$

3）当 $f = 1000\text{Hz}$ 时，

$$X_C = \frac{1}{2\pi fC} = \frac{1}{2 \times 3.14 \times 1000 \times 50 \times 10^{-6}}\Omega \approx 3.18\Omega$$

【例 3-18】　一电容 $C = 100\mu\text{F}$，将其接于电源 $u = 220\sqrt{2}\sin(1000t - 45°)\text{V}$ 上，求：

1）流过电容的电流 i_C。

2）电容元件的有功功率 P_C 和无功功率 Q_C。

3）电容中储存的最大电场能量 W_{Cm}。

解：1）

$$X_C = \frac{1}{\omega C} = \frac{1}{1000 \times 100 \times 10^{-6}}\Omega = 10\Omega$$

$$\dot{U}_C = 220 \underline{/-45°}\,\text{V}$$

$$\dot{I}_C = \frac{\dot{U}_C}{-jX_C} = \frac{220\underline{/-45°}}{10\underline{/-90°}}\text{A} = 22\underline{/45°}\,\text{A}$$

所以

$$i_C = 22\sqrt{2}\sin(1000t + 45°)\,\text{A}$$

2）

$$P_C = 0$$

$$Q_C = -U_C I_C = -220\text{V} \times 22\text{A} = -4840\text{var}$$

3）

$$W_{Cm} = \frac{1}{2}Cu_{Cm}^2 = \frac{1}{2} \times 100 \times 10^{-6} \times (220\sqrt{2})^2\text{J} = 4.84\text{J}$$

电阻元件、电感元件和电容元件上电压与电流的比较表见表 3-1。

表 3-1　电阻元件、电感元件和电容元件上电压与电流的比较表

电　路	电压和电流的大小关系	相位关系	电　抗	功　率	相量关系
	$U = IR$ $I = \dfrac{U}{R}$		电阻 R	$P = UI$ $= I^2 R$ $= \dfrac{U^2}{R}$	$\dot{U} = \dot{I}R$
	$U = I\omega L = IX_L$ $I = \dfrac{U}{\omega L} = \dfrac{U}{X_L}$		感抗 $X_L = \omega L$	$P = 0$ $Q_L = I^2 X_L$ $= \dfrac{U^2}{X_L}$	$\dot{U} = jX_L\dot{I}$
	$U = I\dfrac{1}{\omega C} = IX_C$ $I = U\omega C = \dfrac{U}{X_C}$		容抗 $X_C = \dfrac{1}{\omega C}$	$P = 0$ $Q_C = -I^2 X_C$ $= -\dfrac{U^2}{X_C}$	$\dot{U} = -jX_C\dot{I}$

3.7　基尔霍夫定律的相量形式

基尔霍夫定律的相量形式

通过前面对正弦电路中的电阻、电感、电容元件上伏安关系的分析可知，当用相量表示正弦量后，可使计算过程简化。而电路元件的伏安关系和

KCL、KVL 是分析各种电路的基本依据，为了系统地使用相量法，本节给出 KCL、KVL 定律的相量形式。

3.7.1　相量形式的基尔霍夫电流定律

基尔霍夫电流定律的实质是电流的连续性原理。在交流电路中，任一瞬间，电流总是连续的。因此，基尔霍夫电流定律也适用于交流电路的任一瞬间，即任一瞬间流过电路的一个节点（闭合面）的各电流瞬时值的代数和等于零，即

$$\Sum i = 0 \tag{3-29}$$

$$\sum i = 0 \tag{3-29}$$

既然适用于瞬时值，解析式也同样适用，即流过电路中的一个节点的各电流解析式的代数和等于零。

在正弦交流电路中，各电流都是与电源同频率的正弦量，把这些同频率的正弦量用相量表示即得

$$\sum \dot{I} = 0 \tag{3-30}$$

电流前的正、负号是由其参考方向决定的。若支路电流的参考方向流出节点取正号，流入节点取负号，式(3-30) 就是相量形式的基尔霍夫电流定律（KCL）。

3.7.2　相量形式的基尔霍夫电压定律

根据能量守恒定律，基尔霍夫电压定律也同样适用于交流电路的任一瞬间，即任一瞬间，电路的任一个回路中各元件电压瞬时值的代数和等于零，即

$$\sum u = 0 \tag{3-31}$$

在正弦交流电路中，各段电压都是同频率的正弦量，表示一个回路中各段电压相量的代数和等于零，即

$$\sum \dot{U} = 0 \tag{3-32}$$

这就是相量形式的基尔霍夫电压定律（KVL）。

【例 3-19】　在图 3-20a、b 所示电路中，已知电流表 A_1、A_2、A_3 都是 10A，求电路中电流表 A 的读数。

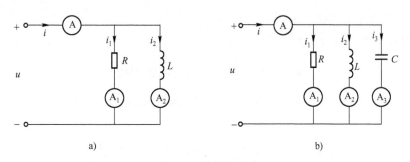

图 3-20　例 3-19 图

解：设端电压 $\dot{U} = U \underline{/0°}$ V。

1）选定电流的参考方向如图3-20a所示，则

$$\dot{I}_1 = 10 \underline{/0°} A \qquad （与电压同相）$$

$$\dot{I}_2 = 10 \underline{/-90°} A \qquad （滞后于电压90°）$$

由 KCL，得

$$\dot{I} = \dot{I}_1 + \dot{I}_2 = 10 \underline{/0°} A + 10 \underline{/-90°} A = 10A - j10A = 10\sqrt{2} \underline{/-45°} A$$

所以电流表 A 的读数为 $10\sqrt{2}$A。（注意：这与直流电路是不同的，总电流并不是20A。）

2）选定电流的参考方向如图3-20b所示，则

$$\dot{I}_1 = 10 \underline{/0°} A$$

$$\dot{I}_2 = 10 \underline{/-90°} A$$

$$\dot{I}_3 = 10 \underline{/90°} A \qquad （超前于电压90°）$$

由 KCL，得

$$\dot{I} = \dot{I}_1 + \dot{I}_2 + \dot{I}_3 = 10 \underline{/0°} A + 10 \underline{/-90°} A + 10 \underline{/90°} A = 10A$$

所以电流表 A 的读数为10A。

【例3-20】　在图3-21a、b所示电路中，电压表 V₁、V₂、V₃ 的读数都是50V，试分别求各电路中电压表 V 的读数。

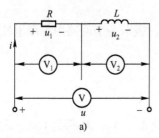 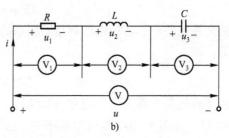

图3-21　例3-20 图

解：设电流为参考相量，即 $\dot{I} = I \underline{/0°}$ A。

1）选定参考方向如图3-21a所示，则

$$\dot{U}_1 = 50 \underline{/0°} V \qquad （与电流同相）$$

$$\dot{U}_2 = 50 \underline{/90°} V \qquad （超前于电流90°）$$

由 KVL，得

$$\dot{U} = \dot{U}_1 + \dot{U}_2 = 50 \underline{/0°} V + 50 \underline{/90°} V = 50\sqrt{2} \underline{/45°} V$$

所以电压表 V 的读数为 $50\sqrt{2}$V。

2）选定的参考方向如图3-21b所示，则

$$\dot{U}_1 = 50 \angle 0° \text{ V}$$

$$\dot{U}_2 = 50 \angle 90° \text{ V}$$

$$\dot{U}_3 = 50 \angle -90° \text{ V} \qquad (\text{滞后于电流}90°)$$

由 KVL，得

$$\dot{U} = \dot{U}_1 + \dot{U}_2 + \dot{U}_3 = 50 \angle 0° \text{ V} + 50 \angle 90° \text{ V} + 50 \angle -90° \text{ V} = 50\text{V}$$

所以电压表 V 的读数为50V。

3.8 复阻抗与复导纳

复阻抗与复导纳

3.8.1 *RLC* 串联电路与复阻抗

1. 复阻抗

我们把电路中所有元件对电流的阻碍作用用一复数形式体现，称为复阻抗。在图 3-22a 所示无源二端网络中，在电压、电流关联参考方向下，定义复阻抗为端口电压相量与端口电流相量的比值，即

$$Z = \frac{\dot{U}}{\dot{I}} \qquad (3-33)$$

式中，复阻抗 Z 也简称为阻抗，单位是欧［姆］，符号为 Ω，它是电路的一个复数参数，而不是正弦量的相量。由式(3-33) 可将图 3-22a 所示的无源二端网络等效为图 3-22b 所示的等效电路。

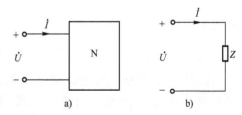

图 3-22 阻抗的定义

a）无源二端网络　b）等效电路

由阻抗定义式，即式(3-33) 可得阻抗 Z 的极坐标形式为

$$Z = \frac{U \angle \varphi_u}{I \angle \varphi_i} = \frac{U}{I} \angle (\varphi_u - \varphi_i) = |Z| \angle \varphi_Z \qquad (3-34)$$

式中，$|Z|$ 称为阻抗模，它等于电压有效值与电流有效值之比。φ_Z 称为阻抗角，它等于电路中电压与电流的相位差，即

$$\left. \begin{array}{l} |Z| = \dfrac{U}{I} \\[2mm] \varphi_Z = \varphi_u - \varphi_i \end{array} \right\} \qquad (3-35)$$

由阻抗的定义可得，R、L、C 元件的阻抗分别为

$$\left. \begin{array}{l} Z_R = R \\[1mm] Z_L = \mathrm{j}\omega L = \mathrm{j}X_L \\[1mm] Z_C = -\mathrm{j}\dfrac{1}{\omega C} = -\mathrm{j}X_C \end{array} \right\} \qquad (3-36)$$

2. RLC 串联电路的阻抗

RLC 串联电路如图 3-23 所示。设各元件电压 u_R、u_L、u_C 的参考方向与电流的参考方向关联，由 KVL 得串联电路的电压为

$$u = u_R + u_L + u_C$$

其相应的相量形式为

$$\dot{U} = \dot{U}_R + \dot{U}_L + \dot{U}_C \tag{3-37}$$

图 3-23　*RLC* 串联电路

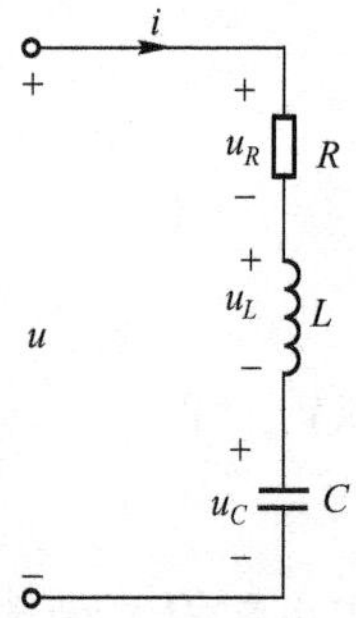

式中，$\dot{U}_R = R\dot{I}$，$\dot{U}_L = \mathrm{j}X_L\dot{I}$，$\dot{U}_C = -\mathrm{j}X_C\dot{I}$，将它们代入式(3-37)，得

$$\begin{aligned}\dot{U} &= \dot{U}_R + \dot{U}_L + \dot{U}_C = \dot{I}R + \mathrm{j}X_L\dot{I} - \mathrm{j}X_C\dot{I} \\ &= [R + \mathrm{j}(X_L - X_C)]\,\dot{I} = (R + \mathrm{j}X)\,\dot{I} = Z\dot{I}\end{aligned} \tag{3-38}$$

式中，Z 为 *RLC* 串联电路的总阻抗，其值为

$$Z = \frac{\dot{U}}{\dot{I}} = R + \mathrm{j}(X_L - X_C) = R + \mathrm{j}X \tag{3-39}$$

式(3-39) 是复阻抗的复数形式，它的数值等于电路中各元件（R、L、C）阻抗之和。其中，$X = X_L - X_C$ 称为电路的电抗。由式(3-39) 可得阻抗的模为

$$|Z| = \frac{U}{I} = \sqrt{R^2 + X^2} \tag{3-40}$$

阻抗角为

$$\varphi_Z = \varphi_u - \varphi_i = \arctan\frac{X}{R} = \arctan\frac{X_L - X_C}{R} \tag{3-41}$$

由式(3-41) 可见，阻抗模 $|Z|$、电阻 R 和电抗 X 可以构成一个直角三角形，这个直角三角形称为阻抗三角形，如图 3-24 所示。由此可得，阻抗的实部和虚部分别为 $R = |Z|\cos\varphi_Z$，$X = |Z|\sin\varphi_Z$。

由式(3-41) 可知，当 $\varphi_Z > 0$ 时，$X_L > X_C$，$\varphi_u > \varphi_i$，电压比电流超前，电路是电感性的；当时 $\varphi_Z < 0$ 时，$X_L < X_C$，$\varphi_u < \varphi_i$，电压比电流滞后，电路是电容性的；当 $\varphi_Z = 0$ 时，则 $X_L = X_C$，$\varphi_u = \varphi_i$，电压与电流同相，电路是电阻性的，此时电路发生串联谐振。

图 3-25 所示为 *RLC* 串联电路的相量图。由图 3-25 可见，电压 $\dot{U}_R$、$\dot{U}_X$ 和 $\dot{U}$ 组成一直角三角形，这个直角三角形称为电压三角形。电压三角形与阻抗三角形为相似三角形。

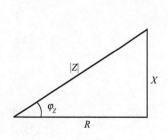

图 3-24　阻抗三角形

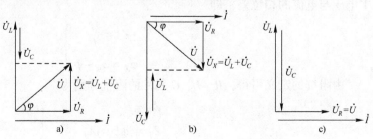

图 3-25　*RLC* 串联电路的相量图

a）电感性电路　b）电容性电路　c）电阻性电路

3. 复阻抗串联电路

在图 3-26a 所示的多阻抗串联电路中，有

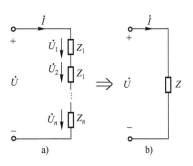

图 3-26 复阻抗串联及其等效电路

a) 多阻抗串联电路　b) 等效电路

$$\dot{U}_1 = \dot{I}Z_1 = \dot{I}(R_1 + jX_1)$$

$$\dot{U}_2 = \dot{I}Z_2 = \dot{I}(R_2 + jX_2)$$

$$\dot{U}_n = \dot{I}Z_n = \dot{I}(R_n + jX_n)$$

$$\dot{U} = \dot{U}_1 + \dot{U}_2 + \cdots + \dot{U}_n = \dot{I}(Z_1 + Z_2 + \cdots + Z_n) = \dot{I}Z$$

式中，Z 为串联电路的等效复阻抗，原电路可等效为图 3-26b 所示的等效电路，则

$$Z = R + jX = |Z| \underline{/\varphi}$$

式中，$R = R_1 + R_2 + \cdots + R_n$ 为串联电路的等效电阻；$X = X_1 + X_2 + \cdots + X_n$ 为串联电路的等效电抗；$|Z| = \sqrt{R^2 + X^2}$ 为串联电路的阻抗；$\varphi = \arctan(X/R)$ 为串联电路的阻抗角。

注意：$\qquad |Z| \neq |Z_1| + |Z_2| + \cdots + |Z_n|, \varphi \neq \varphi_1 + \varphi_2 + \cdots + \varphi_n$

【例 3-21】 有一 RLC 串联电路，其中 $R = 30\Omega$，$L = 382\text{mH}$，$C = 39.8\mu\text{F}$，外加电压 $u = 220\sqrt{2}\sin(314t + 60°)\text{V}$，试求：

1) 复阻抗 Z，并确定电路的性质。

2) $\dot{I}$、$\dot{U}_R$、$\dot{U}_L$、$\dot{U}_C$。

3) 绘出相量图。

解：1)
$$Z = R + j(X_L - X_C) = R + j\left(\omega L - \frac{1}{\omega C}\right)$$

$$= 30\Omega + j\left(314 \times 0.382 - \frac{10^6}{314 \times 39.8}\right)\Omega$$

$$\approx 30\Omega + j(120 - 80)\Omega \approx 50\underline{/53.1°}\ \Omega$$

$\varphi = 53.1° > 0$，此电路为电感性电路。

2)
$$\dot{I} = \frac{\dot{U}}{Z} = \frac{220\underline{/60°}\ \text{V}}{50\underline{/53.1°}\ \Omega} = 4.4\underline{/6.9°}\ \text{A}$$

$$\dot{U}_R = \dot{I}R = 4.4\underline{/6.9°}\ \text{A} \times 30\Omega = 132\underline{/6.9°}\ \text{V}$$

$$\dot{U}_L = j\dot{I}X_L$$
$$= 4.4\underline{/6.9°}\ \text{A} \times 120\underline{/90°}\ \Omega = 528\underline{/96.9°}\ \text{V}$$

$$\dot{U}_C = -j\dot{I}X_C$$
$$= 4.4\underline{/6.9°}\ \text{A} \times 80\underline{/-90°}\ \Omega = 352\underline{/-83.1°}\text{V}$$

3) 相量图如图 3-27 所示。

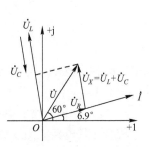

图 3-27 例 3-21 图

【例 3-22】 两个负载 $Z_1 = (5 + j5)\Omega$ 和 $Z_2 = (6 - j8)\Omega$ 相串联，接在 $u = 220\sqrt{2}\sin(314t + 30°)\text{V}$ 的电源上，试求等效阻抗 Z

和电路电流 i。

解： $$Z = Z_1 + Z_2 = (5 + \text{j}5)\,\Omega + (6 - \text{j}8)\,\Omega \approx 11.4\ \underline{/-15.3°}\ \Omega$$

电压 u 的相量形式为

$$\dot{U} = 220\ \underline{/30°}\ \text{V}$$

电流相量为

$$\dot{I} = \frac{\dot{U}}{Z} = \frac{220\ \underline{/30°}\ \text{V}}{11.4\ \underline{/-15.3}\ \Omega} \approx 19.3\ \underline{/45.3°}\ \text{A}$$

所以，电流的表达式为

$$i = 19.3\sqrt{3}\sin(314t + 45.3°)\ \text{A}$$

3.8.2 RLC 并联电路与复导纳

1. 复导纳

在关联参考方向下，复导纳等于端口电流相量与端口电压相量的比值，即

$$Y = \frac{\dot{I}}{\dot{U}} \qquad (3\text{-}42)$$

式中，Y 称为复导纳，简称为导纳，单位是西［门子］，符号为 S。与阻抗一样，它也是一个复数，而不是正弦量的相量。

由导纳定义式(3-42) 可得导纳 Y 的极坐标形式为

$$Y = \frac{I\ \underline{/\varphi_i}}{U\ \underline{/\varphi_u}} = \frac{I}{U}\underline{/(\varphi_i - \varphi_u)} = |Y|\ \underline{/\varphi_Y} \qquad (3\text{-}43)$$

式中，$|Y|$ 称为导纳模，它等于电流有效值与电压有效值之比；φ_Y 称为导纳角，它等于电路中电流与电压的相位差，即

$$\left.\begin{array}{l} |Y| = \dfrac{I}{U} \\[2mm] \varphi_Y = \varphi_i - \varphi_u \end{array}\right\} \qquad (3\text{-}44)$$

由导纳的定义可得，R、L、C 的导纳分别为

$$\left.\begin{array}{l} Y_R = G \\[2mm] Y_L = \dfrac{1}{\text{j}X_L} = -\text{j}B_L \\[2mm] Y_C = -\dfrac{1}{\text{j}X_C} = \text{j}B_C \end{array}\right\} \qquad (3\text{-}45)$$

式中，B_L 称为感纳，它等于感抗的倒数，即 $B_L = 1/X_L$；B_C 称为容纳，它等于容抗的倒数，即 $B_C = 1/X_C$。

2. RLC 并联电路的导纳

RLC 并联电路如图 3-28 所示。设各元件电流 i_R、i_L、i_C 的参考方向与电压参考方向关联，由 KCL 得并联电路的电流为

$$i = i_R + i_L + i_C$$

相应地有

$$\dot{I} = \dot{I}_R + \dot{I}_L + \dot{I}_C \tag{3-46}$$

其中

$$\left.\begin{aligned} \dot{I}_R &= \frac{\dot{U}}{R} = G\dot{U} \\[2mm] \dot{I}_L &= \frac{\dot{U}}{jX_L} = -jB_L\dot{U} \\[2mm] \dot{I}_C &= \frac{\dot{U}}{-jX_C} = jB_C\dot{U} \end{aligned}\right\} \tag{3-47}$$

把式(3-4) 代入 (3-46)，得

$$\dot{I} = \dot{I}_R + \dot{I}_L + \dot{I}_C = G\dot{U} - jB_L\dot{U} + jB_C\dot{U} = \left[G + j(B_C - B_L)\right]\dot{U} = (G + jB)\dot{U} \tag{3-48}$$

式中，$B = B_C - B_L$ 称为电路的电纳。由式(3-48) 可得 RLC 并联电路的复导纳为

$$Y = \frac{\dot{I}}{\dot{U}} = (G + jB) = G + j(B_C - B_L) \tag{3-49}$$

式(3-49) 为导纳的复数形式，导纳的模为

$$|Y| = \frac{I}{U} = \sqrt{G^2 + B^2} \tag{3-50}$$

由式(3-50) 可见，导纳模 $|Y|$、电导 G 和电纳 B 可以组成一直角三角形，这个直角三角形称为导纳三角形。导纳角为

$$\varphi_Y = \angle(\varphi_i - \varphi_u) = \arctan\frac{B}{G} = \arctan\frac{B_C - B_L}{G} \tag{3-51}$$

由式(3-51) 可知，当 $\varphi_Y > 0$ 时，$B_C > B_L$，$\varphi_i > \varphi_u$，电流比电压超前，电路是电容性的；当 $\varphi_Y < 0$ 时，$B_C < B_L$，$\varphi_i < \varphi_u$，电流比电压滞后，电路是电感性的；当 $\varphi_Y = 0$ 时，$B_C = B_L$，$\varphi_i = \varphi_u$，电流与电压同相，电路是电阻性的，此时电路发生并联谐振。

图 3-29 所示为 RLC 并联电路的相量图。由图 3-29a、b 可见，电流 $\dot{I}_B$、$\dot{I}_R$ 和 $\dot{I}$ 组成一直角三角形，这个直角三角形称为电流三角形。

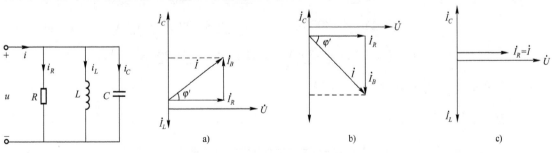

图 3-28　RLC 并联电路　　　　　　　　图 3-29　RLC 并联电路的相量图

a) 电容性电路　b) 电感性电路　c) 电阻性电路

3. 复导纳并联电路

图 3-30 所示给出了多个复导纳并联电路，电流和电压的参考方向如图 3-30 所示。由 KCL 可得

$$\dot{I} = \dot{I}_1 + \dot{I}_2 + \cdots + \dot{I}_n$$

$$= (Y_1 + Y_2 + \cdots + Y_n)\dot{U} = Y\dot{U}$$

式中，Y 为并联电路的等效导纳，由上式可得

$$Y = Y_1 + Y_2 + \cdots + Y_n \tag{3-52}$$

即并联电路的等效复导纳等于各并联复导纳之和。

【例 3-23】 在图 3-31 所示并联电路中，已知端电压 $u = 220\sqrt{2}\sin(314t - 30°)\,\text{V}$，$X_L = X_C = 8\Omega$，$R = 6\Omega$，试求：

1）总导纳 Y。

2）各支路电流 $\dot{I}_1$、$\dot{I}_2$ 和总电流 $\dot{I}$。

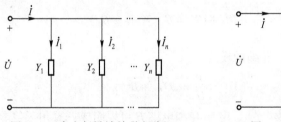
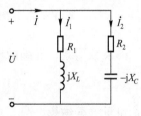

图 3-30　多个复导纳并联电路　　图 3-31　例 3-23 图

解：选 u、i、i_1、i_2 的参考方向如图 3-31 所示。已知 $\dot{U} = 220\,\angle{-30°}\,\text{V}$，有

1）
$$Y_1 = \frac{1}{R_1 + jX_L} = \frac{1}{6 + j8}\,\text{S} = (0.06 - j0.08)\,\text{S}$$

$$Y_2 = \frac{1}{R_2 - jX_C} = \frac{1}{6 - j8}\,\text{S} = (0.06 + j0.08)\,\text{S}$$

$$Y = Y_1 + Y_2 = (0.06 - j0.08)\,\text{S} + (0.06 + j0.08)\,\text{S} = 0.12\,\text{S}$$

2）
$$\dot{I}_1 = \dot{U}Y_1 = 220\,\angle{-30°}\,\text{V} \times 0.1\,\angle{-53.1°}\,\text{S} = 22\,\angle{-83.1°}\,\text{A}$$

$$\dot{I}_2 = \dot{U}Y_2 = 220\,\angle{-30°}\,\text{V} \times 0.1\,\angle{53.1°}\,\text{S} = 22\,\angle{23.1°}\,\text{A}$$

$$\dot{I} = \dot{U}Y = 220\,\angle{-30°}\,\text{V} \times 0.12\,\text{S} = 26.4\,\angle{-30°}\,\text{A}$$

3.8.3　复阻抗与复导纳的等效变换

1. 复阻抗与复导纳的关系

$$Y = \frac{1}{Z} = \frac{1}{|Z|\,\angle\varphi} = \frac{1}{|Z|}\,\angle{-\varphi}$$

又

$$Y = |Y|\,\angle{\varphi'}$$

可以看出

$$|Y| = \frac{1}{|Z|} \tag{3-53}$$

$$\varphi' = -\varphi \tag{3-54}$$

即复导纳的模等于对应复阻抗模的倒数，导纳角等于对应阻抗角的相反数。

当电压和电流的参考方向一致时，用复导纳表示的欧姆定律为

$$\dot{I} = \dot{U} Y$$

2. 复阻抗与复导纳的等效变换

若已知负载的等效阻抗 $Z = R + \mathrm{j}X$，则它的等效导纳为

$$Y = \frac{1}{|Z|} = \frac{1}{R + \mathrm{j}X} = \frac{R}{R^2 + X^2} + \mathrm{j}\frac{-X}{R^2 + X^2} = G + \mathrm{j}B$$

即

$$\left. \begin{array}{l} G = \dfrac{R}{R^2 + X^2} \\[2mm] B = \dfrac{-X}{R^2 + X^2} \end{array} \right\} \tag{3-55}$$

同理，若已知负载的等效导纳 $Y = G + \mathrm{j}B$，则它的等效阻抗为

$$Z = \frac{1}{Y} = \frac{1}{G + \mathrm{j}B} = \frac{G}{G^2 + B^2} + \mathrm{j}\frac{-B}{G^2 + B^2} = R + \mathrm{j}X$$

即

$$\left. \begin{array}{l} R = \dfrac{G}{G^2 + B^2} \\[2mm] X = \dfrac{-B}{G^2 + B^2} \end{array} \right\} \tag{3-56}$$

式(3-55)、式(3-56)就是负载串联电路与并联电路等效互换的条件。

从以上两式看出，等效电导 G 并不等于电阻 R 的倒数，并且与电抗 X 及频率有关；等效电纳 B 也不是电抗 X 的倒数，并且也与电阻 R 及频率有关。这就是说，按某一频率由式(3-55)、式(3-56) 算出的等效参数，只有在该频率电源作用下才是正确的。还应注意的是，B 与 X 的符号总是相反的。

3.9 正弦交流电路中的功率

正弦交流电路中的功率

3.9.1 瞬时功率

通过介绍 R、L、C 各元件对交流电流的作用可以得出，电阻是耗能元件，它的平均功率 $P = UI = I^2R = U^2/R$；电感、电容是储能元件，它们不消耗功率，即平均功率 $P = 0$，只与外电路进行能量交换。在一个无源二端网络中，既含有电阻元件，又含有电容和电感元件，因此，二端网络中既有能量损耗，又有能量交换，它吸收的瞬时功率，等于它的输入端的瞬

时电压与瞬时电流的乘积，即

$$p = ui$$

功率如图 3-32 所示。设通过负载的电流为

$$i = \sqrt{2}I\sin\omega t$$

加在负载两端的电压为

$$u = \sqrt{2}U\sin(\omega t + \varphi)$$

式中，φ 为阻抗角，$\varphi = \varphi_u - \varphi_i$，则在 u、i 取关联参考方向时，负载吸收的瞬时功率为

$$
\begin{aligned}
p = ui &= \sqrt{2}U\sin(\omega t + \varphi)\,\sqrt{2}I\sin\omega t \\
&= 2UI\sin(\omega t + \varphi)\sin\omega t \\
&= 2UI \cdot \frac{1}{2}\big[\cos(\omega t - \omega t - \varphi) - \cos(\omega t + \omega t + \varphi)\big] \\
&= UI\big[\cos\varphi - \cos(2\omega t + \varphi)\big]
\end{aligned}
$$

可见，瞬时功率有恒定分量 $UI\cos\varphi$ 和正弦分量 $UI\cos(2\omega t + \varphi)$ 两部分，正弦分量的频率是电源频率的两倍。

图 3-33 所示为正弦电流、电压和瞬时功率的波形图。当 $\varphi \neq 0$ 时，每一个周期里有两段时间 u 和 i 的方向相反。这时，瞬时功率 $p < 0$，说明电路不从外电路吸收电能，而是发出电能。这主要是由于负载中有储能元件存在。

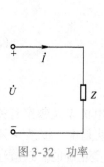

图 3-32　功率

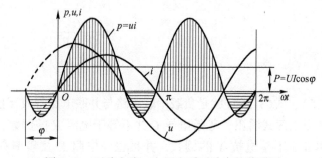

图 3-33　正弦电流、电压和瞬时功率的波形图

3.9.2　平均功率和功率因数

前面介绍的瞬时功率是一个随时间变化的量，它的计算和测量都不方便。瞬时功率是研究交流电路功率的基础，通常也不需要对它进行计算和测量。

一个周期内瞬时功率的平均值称为平均功率或有功功率，用字母 "P" 表示，即

$$
\begin{aligned}
P &= \frac{1}{T}\int_0^T UI\big[\cos\varphi - \cos(2\omega t + \varphi)\big]\mathrm{d}t \\
&= \frac{1}{T}\int_0^T (UI\cos\varphi)\,\mathrm{d}t - \frac{1}{T}\int_0^T \big[UI\cos(2\omega t + \varphi)\big]\mathrm{d}t = UI\cos\varphi
\end{aligned}
$$

令 $\lambda = \cos\varphi$，则有

$$P = UI\cos\varphi = UI\lambda \tag{3-57}$$

式（3-57）表明，有功功率等于这个负载的电流、电压的有效值和 $\cos\varphi$ 的乘积，这里的 φ 是该负载的阻抗角，$\lambda = \cos\varphi$ 称为负载的功率因数。

对于单一 R、L、C 元件，其消耗的平均功率如下。

1）电阻元件。阻抗角 $\varphi = \varphi_u - \varphi_i = 0$，因此其平均功率为

$$P_R = UI\cos\varphi = U_R I_R \tag{3-58}$$

式（3-58）表明，电阻元件的有功功率等于电阻两端电压与流过电阻电流的有效值的乘积，也可写成

$$P_R = U_R I_R = R I_R^2 = \frac{U_R^2}{R} \tag{3-59}$$

2）电感元件。阻抗角 $\varphi = \varphi_u - \varphi_i = 90°$，因此其平均功率为

$$P_L = U_L I_L \cos\varphi = 0 \tag{3-60}$$

式（3-60）表明，电感元件在一个周期的时间内消耗的平均功率为零。电感元件是储能元件，它在电路中只储存和释放能量，而不消耗能量。

3）电容元件。阻抗角 $\varphi = \varphi_u - \varphi_i = -90°$，因此其平均功率为

$$P_C = U_C I_C \cos\varphi = 0 \tag{3-61}$$

式（3-61）表明，电容元件与电感元件一样，也是储能元件，不消耗能量，它的平均功率也为零。

3.9.3　无功功率

无功功率的定义为

$$Q = UI\sin\varphi \tag{3-62}$$

对于电感性电路，阻抗角 φ 为正值，无功功率为正值；对于电容性电路，阻抗角 φ 为负值，无功功率为负值。在既有电感又有电容的电路中，总的无功功率等于两者的代数和，即

$$Q = Q_L + Q_C \tag{3-63}$$

式中，Q 为代数量，Q 为正代表接受无功功率，为负则代表发出无功功率。无功功率的单位是乏尔，简称乏（var）。

3.9.4　视在功率

视在功率的定义为

$$S = UI \tag{3-64}$$

即视在功率为电路中的电压和电流有效值的乘积。视在功率的单位是伏安（V·A），工程上也常用千伏安（kV·A）表示。两者的换算关系为

$$1kV·A = 1000V·A$$

电机和变压器的容量是由它们的额定电压和额定电流决定的，往往可以用视在功率来表示。

3.10 功率因数的提高

功率因数

1. 提高功率因数的意义

在交流电路中，一般负载多为电感性负载，例如常用的交流感应电动机、荧光灯等，通常它们的功率因数都比较低。交流感应电动机在额定负载时，功率因数为 0.8 ~ 0.85，轻载时只有 0.4 ~ 0.5，空载时更低，仅为 0.2 ~ 0.3。不装电容器的荧光灯的功率因数为 0.45 ~ 0.60。在电力系统中，功率因数是一个重要的指标，功率因数过低会在电力系统中产生下述不良后果。

1）电源设备容量不能被充分利用。通常电源设备，如发电机、变压器都有一个额定容量，但能否全部为负载所利用就取决于负载的性质。如果负载是纯电阻，即功率因数等于 1，那么负载所获得的有功功率就等于电源的额定容量。而在实际电路中电感性负载居多（即功率因数小于 1），此时电源必须把一部分功率作为与储能元件间的能量交换，而供给负载的有功功率只能是电源功率的一部分。功率因数值越低，供给负载的有功功率 P 就越小，电源设备就越不能被充分利用。

2）线路的电压损失和功率损耗过大。在传输一定有功功率时，功率因数越低，电流 I 会越大，因此输电线路上电阻的功率损耗会越大，造成供电效率降低。同时输电线路上阻抗的电压损失增大，从而使负载电压降低，影响负载的正常工作。

由此可见，负载的功率因数不能太低，提高用户的功率因数对国民经济有着极为重要的意义。

2. 提高功率因数的方法

一般可以从两方面来考虑提高功率因数。一方面是提高自然功率因数，主要办法有改进电动机的运行条件，合理选择电动机的容量，或采用同步电动机等措施；另一方面是采用人工补偿，也称为无功补偿，就是在通常广泛应用的电感性电路中，人为地并联电容性负载，利用电容性负载的超前电流来补偿滞后的电感性电流，以达到提高功率因数的目的。

下面通过一个具体的例子来说明如何提高功率因数。

【例 3-24】 在图 3-34a 所示的电路中，将一感性负载接在 380V 的工频电源上，负载吸收的功率 $P = 20kW$，功率因数 $\cos\varphi_1 = 0.6$。若要使功率因数提高到 0.9，则需在负载两端并联多大的电容？

解：并联电容前，有

$$I = \frac{P}{U\cos\varphi_1} = \frac{20 \times 10^3}{380 \times 0.6}A \approx 87.72A$$

因为 $\cos\varphi_1 = 0.6$，所以电流 $\dot{I}_1$（此时的 $\dot{I}_1$ 就是电路中的总电流 $\dot{I}$）落后电压 $\dot{U}$ 的角度为 $\varphi_1 = 53.1°$。若令电压为参考相量，即 $\dot{U} = 380 \underline{/0°}$ V，则 $\dot{I}_1 = \dot{I} = 87.72 \underline{/53.1°}$ A。据此画出的相量图如图 3-34b 实线所示。

在并联电容前后，由于负载本身没变，负载的端电压也没变，所以此时负载上的电流仍

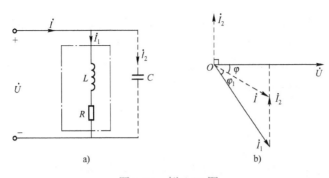

图 3-34 例 3-24 图

a) 原电路图 b) 相量图

为 $\dot{I}_1$，即并联电容前后对原负载的工作状态没有影响，负载本身的有功功率和无功功率也没有改变，但此时电路总电流 $\dot{I}$ 不再等于 $\dot{I}_1$ 了，而满足 $\dot{I} = \dot{I}_1 + \dot{I}_2$，其相量关系如图 3-34b 虚线所示。显然，在并联电容后，$\dot{U}$ 与 $\dot{I}$ 的夹角变小了，即 $\cos\varphi$ 值增大了。这就是并联电容可以提高负载功率因数的原理。

下面来计算所需要的并联电容器的电容值。

首先，计算并联电容器上的电流 I_2，由图 3-34b 可知

$$I_1\cos\varphi_1 = I\cos\varphi$$

所以

$$I = \frac{I_1\cos\varphi_1}{\cos\varphi} = \frac{87.72 \times 0.6}{0.9}\text{A} \approx 58.5\text{A}$$

当 $\cos\varphi = 0.9$ 时，$\varphi = 25.84°$，于是

$$I_2 = I_1\sin\varphi_1 - I\sin\varphi = 87.72\sin53.1°\text{A} - 58.5\sin25.84°\text{A} \approx 44.7\text{A}$$

最后，求得电容为

$$C = \frac{I_2}{\omega U} = \frac{44.7}{314 \times 380}\text{F} \approx 375\mu\text{F}$$

实际上，如果把这个电容选得足够大，使整个电路变成容性，那么同样可得到一个能满足题目要求的容性电路。但出于经济上的考虑，使用这样一个更大的电容来实现提高功率因数的方法并不可取。

在实际生产中，并不要求功率因数提高到1，因为这样做将大大增加电容设备的投资，而带来的经济效益也并不显著。功率因数提高到什么值为宜，只能在做具体的技术经济指标综合比较后才能决定。

3.11 谐振

谐振现象是正弦交流电路中的一种特殊现象，它在无线电和电工技术中得到了广泛的应用。例如，收音机和电视机就是

谐振

利用谐振电路的特性来选择所需的接收信号，抑制其他干扰信号的。但在某些场合特别是在电力系统中，出现谐振会引起过电压，有可能破坏系统的正常工作。因此，对谐振现象的研究有重要的实际意义。通常采用的谐振电路是由 R、L、C 组成的串联谐振电路和并联谐振电路。下面来分析电路发生谐振的条件及特征。

3.11.1 串联谐振

1. 谐振现象

图 3-35 所示为 RLC 串联电路。在正弦激励下，该电路的复阻抗为

$$Z = R + \mathrm{j}(X_L - X_C) = R + \mathrm{j}X = |Z| \angle \varphi$$

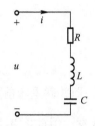

图 3-35 RLC 串联电路

由前面的介绍可知，当 $X = X_L - X_C = 0$ 时，电路相当于"纯电阻"电路，其总电压 U 和总电流 I 同相。电路出现的这种现象称为谐振。串联电路出现的谐振又称为串联谐振。

2. 串联谐振的条件

由以上分析可知，串联电路发生谐振的条件是电路电抗等于零，即

$$X_L - X_C = 0 \text{ 或 } X_L = X_C$$

即

$$\omega L = \frac{1}{\omega C} \tag{3-65}$$

因此，串联谐振时的角频率 ω_0 和频率 f_0 分别为

$$\omega_0 = \frac{1}{\sqrt{LC}} \tag{3-66}$$

$$f_0 = \frac{1}{2\pi\sqrt{LC}} \tag{3-67}$$

式中，L 的单位为 H；C 的单位为 F；f_0 的单位为 Hz。

从式(3-66) 和式(3-67) 可看出，谐振时的角频率和频率仅取决于电路的电感和电容的数值，是电路固有的，所以 f_0 和 ω_0 分别称为回路的固有频率和固有角频率。如果电路中 L 和 C 固定不变，即 f_0 或 ω_0 一定，就改变电源的频率。当电源的频率等于电路的固有频率时，电路出现谐振。当电源频率一定时，改变电容或电感，都能改变电路的固有频率 f_0。当固有频率 f_0 等于电源频率 f 时，电路就出现谐振现象。调节 L 或 C 使电路谐振的过程称为调谐。

由谐振条件可知，调电容为

$$C = \frac{1}{\omega^2 L} \tag{3-68}$$

调电感为

$$L = \frac{1}{\omega^2 C} \tag{3-69}$$

两者均可使电路谐振。

【例3-25】　图3-36所示为 RLC 串联电路，已知 $R=10\Omega$，$L=500\mu H$，C 为可变电容，变化范围为 $12\sim290pF$。若外施信号源频率为 $800kHz$，则电容应为何值才能使电路发生谐振？

解：
$$C=\frac{1}{\omega^2 L}=\frac{1}{(2\pi f)^2 L}$$
$$=\frac{1}{(2\times\pi\times800\times10^3)^2\times500\times10^{-6}}F$$
$$\approx79.2pF$$

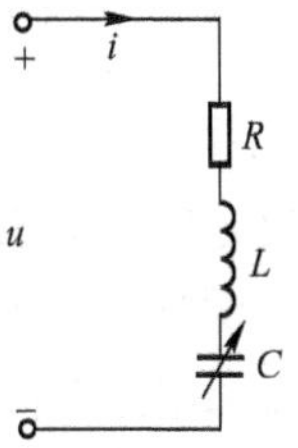

【例3-26】　某收音机的输入回路（调谐回路）可简化为 RLC 串联电路，已知电感 $L=250\mu H$，$R=20\Omega$。今欲收到频率范围为 $525\sim1610kHz$ 的中波段信号，试求电容 C 的变化范围。

图3-36　例3-25图

解：由式(3-68)可知
$$C=\frac{1}{\omega^2 L}=\frac{1}{(2\pi f)^2 L}$$

当 $f=525kHz$ 时，电路谐振，则
$$C=\frac{1}{(2\pi\times525\times10^3)^2\times250\times10^{-6}}F\approx368pF$$

当 $f=1610kHz$ 时，电路谐振，则
$$C=\frac{1}{(2\pi\times1610\times10^3)^2\times250\times10^{-6}}F\approx39.1pF$$

所以电容 C 的变化范围为 $39.1\sim368pF$。

3. 串联谐振电路的基本特征

串联谐振电路的基本特性如下。

1）串联谐振时，电路的复阻抗最小，且呈电阻特性。

由上面分析可知，串联谐振时，电抗 $X=0$，$|Z|=\sqrt{R^2+X^2}=R$，电路呈纯电阻性，且阻抗最小。当 $f<f_0$，$\omega L<\dfrac{1}{\omega C}$，电路呈电容特性；当 $f>f_0$，$\omega L>\dfrac{1}{\omega C}$，电路呈电感特性。

2）串联谐振时，回路中的电流最大，且与外加电压相位相同。

因为谐振时，复阻抗的模最小，在输入不变的情况下，电路中的电流最大；且谐振时的复阻抗为一纯电阻，所以电路中的电流与电压同相。

3）串联谐振时，电感的感抗等于电容器的容抗，且等于电路的特性阻抗 ρ，即
$$\left.\begin{array}{r}\omega_0 L=\dfrac{1}{\omega_0 C}=\rho\\[2mm]\rho=\sqrt{\dfrac{L}{C}}\end{array}\right\}\tag{3-70}$$

特性阻抗是衡量电路特性的一个重要参数。

4）串联谐振时，电感两端的电压和电容两端的电压大小相等、相位相反，其数值为输

入电压的 Q 倍, 即

$$U_{C0} = U_{L0} = I_0 X_L = \frac{U_s}{R} X_L = \frac{\omega_0 L}{R} U_s = \frac{\rho}{R} U_s = Q U_s$$

式中, $Q = \frac{\omega_0 L}{R}$, 称为串联谐振回路的品质因数, 是谐振电路的一个重要参数。Q 的值可达几十甚至几百, 一般为 $50 \sim 200$。电路在谐振状态下, 感抗或容抗比电阻要大得多, 电抗元件上的电压通常是外加电压的几十倍甚至几百倍, 因此, 串联谐振也称为电压谐振。在串联谐振时, 即使外加电源电压不高, 电路元件上的电压仍有可能很高。对于电力系统来说, 由于电源电压本身较高, 如果电路在接近于串联谐振的情况下工作, 在电感和电容两端就将出现过电压, 从而烧坏电气设备, 所以在电力系统中必须适当选择电路的参数 L 和 C, 以避免谐振的发生。

【例 3-27】 在一串联谐振电路中, $L = 50\mu H$, $C = 200pF$, 回路的品质因数 $Q = 50$, 电源电压 $U_s = 1mV$。求电路的谐振频率、电路的特性阻抗、电路的电阻值和电容上的电压 U_{C0}。

解:

$$f_0 = \frac{1}{2\pi\sqrt{LC}} = \frac{1}{2\pi\sqrt{50 \times 10^{-6} \times 200 \times 10^{-12}}} \text{Hz} \approx 1.59\text{MHz}$$

$$\rho = \sqrt{\frac{L}{C}} = \sqrt{\frac{50 \times 10^{-6}}{200 \times 10^{-12}}}\Omega = 500\Omega$$

$$R = \frac{\rho}{Q} = \frac{500}{50}\Omega = 10\Omega$$

$$U_{C0} = Q U_s = 50 \times 10^{-3}\text{V} = 50\text{mV}$$

3.11.2 并联谐振

串联谐振电路通常适用于电源内阻较小的情况。若电源内阻太大, 则会严重降低电路的品质因数, 从而使选择性变坏, 故内阻较大的电源宜采用并联谐振电路作为负载。因此, 在分析并联谐振电路时, 通常以电流源模型作为激励。在感性负载与电容并联的电路中, 关联参考方向下如果电路的总电流与端电压同相, 那么这时电路就会发生并联谐振。在工程上广泛应用电感线圈和电容器组成并联谐振电路, 其中电感线圈可用电感与其内阻相串联表示, 而电容器的损耗较小, 可略去不计。RLC 并联电路如图 3-37 所示。

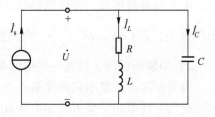

图 3-37 RLC 并联电路

1. 并联谐振的条件

采用复导纳分析和介绍并联谐振较为方便。

电感支路的复导纳为

$$Y_1 = \frac{1}{R + j\omega L} = \frac{R - j\omega L}{R^2 + (\omega L)^2} = \frac{R}{R^2 + (\omega L)^2} - \frac{j\omega L}{R^2 + (\omega L)^2}$$

电容支路的复导纳为

$$Y_2 = \frac{1}{-jX_C} = j\omega C$$

则并联电路的总导纳为

$$Y = Y_1 + Y_2 = \frac{R}{R^2 + (\omega L)^2} + j\left[\omega C - \frac{\omega L}{R^2 + (\omega L)^2}\right] = G + jB \tag{3-71}$$

当回路中总导纳的虚部（电纳）为 0 时，总电压 $\dot{U}$ 和总电流 $\dot{I}$ 同相，即电路处于谐振状态时，有

$$\omega C = \frac{\omega L}{R^2 + (\omega L)^2}$$

解得

$$\omega_0 = \sqrt{\frac{L - CR^2}{L^2 C}} = \frac{1}{\sqrt{LC}}\sqrt{1 - \frac{CR^2}{L}} \tag{3-72}$$

$$f_0 = \frac{1}{2\pi\sqrt{LC}}\sqrt{1 - \frac{CR^2}{L}} \tag{3-73}$$

由式(3-73) 可以看出，电路的谐振频率完全由电路的参数来决定，而且只有当 $1 - \frac{CR^2}{L} > 0$，即 $R < \sqrt{\frac{L}{C}}$ 时，电路才有谐振频率。

当线圈的品质因数 $Q_L = \omega\dfrac{L}{R}$ 相当高时，由于 $\omega L \gg R$，ω_0 和 f_0 就可以写成

$$\omega_0 = \frac{1}{\sqrt{LC}}\sqrt{1 - \frac{CR^2}{L}} = \frac{1}{\sqrt{LC}}\sqrt{1 - \frac{R^2}{\rho^2}} = \frac{1}{\sqrt{LC}}\sqrt{1 - \frac{1}{Q^2}}$$

即

$$\omega_0 \approx \frac{1}{\sqrt{LC}} \tag{3-74}$$

$$f_0 \approx \frac{1}{2\pi\sqrt{LC}} \tag{3-75}$$

这与串联谐振条件是一样的。

2. 并联谐振的基本特征

并联谐振电路的基本特征如下。

1）电路发生并联谐振时，导纳最小（阻抗最大），且呈电阻性。

在并联谐振时，由于 $B = 0$，所以导纳 $Y = G$ 最小，电路呈电阻性，电路的阻抗最大。由式(3-71)可得电路的谐振阻抗为

$$Z = \frac{r^2 + (\omega_0 L)^2}{r} \approx \frac{(\omega_0 L)^2}{r} = Q\omega_0 L = \frac{L}{rC} = Q^2 r = R \tag{3-76}$$

当 $f < f_0$ 时，$\omega L < \dfrac{1}{\omega C}$，电路呈电感特性；当 $f > f_0$ 时，$\omega L > \dfrac{1}{\omega C}$，电路呈电容特性。

2）并联谐振时总电流最小，且与端电压同相。

3）并联谐振时，电感支路与电容支路的电流大小近似相等，相位相反，且为输入电流

的 Q 倍。

在图 3-37 所示的电路中，有

$$\dot{I}_{L0} = \dot{U}Y_1 = \dot{I}_s Z_0 \frac{1}{R+j\omega_0 L} \approx -j\dot{I}_s Q\rho \frac{1}{\rho} = -jQ\dot{I}_s$$

$$\dot{I}_{C0} = \dot{U}Y_2 = \dot{I}_s Z_0 j\omega_0 C = j\dot{I}_s Q\rho \frac{1}{\rho} = jQ\dot{I}_s$$

即

$$I_{L0} = I_{C0} = QI_s$$

R、L、C 并联谐振的相量图如图 3-38 所示。

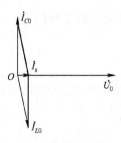

图 3-38　R、L、C 并联谐振的相量图

谐振时，电感支路和电容支路都会产生大小近似相等、相位近似相反的过电流（该电流远远大于总电流），因此并联谐振又称为电流谐振。

本 章 小 结

1. 正弦量的三要素及有效值

1）最大值：如 U_m、I_m 等，$U_m = \sqrt{2}U$，$I_m = \sqrt{2}I$。

2）角频率 ω：$\omega = 2\pi f$，$\omega = \dfrac{2\pi}{T}$。

3）初相 φ：$|\varphi| \leqslant \pi$。

4）正弦量的有效值为

$$U = \frac{U_m}{\sqrt{2}} = 0.707U_m, I = \frac{I_m}{\sqrt{2}} = 0.707I_m$$

2. 正弦量的表示法

1）解析式：如 $i = I_m\sin(\omega t + \varphi)$。

2）波形图。

3）相量表示法：如 $\dot{U}$、$\dot{I}$ 等。

以上 3 种表示法可相互转化。

3. 超前、滞后

1）$0 < \varphi_1 - \varphi_2 \leqslant \pi$：第一个正弦量超前于第二个正弦量。

2）$-\pi \leqslant \varphi_1 - \varphi_2 < 0$：第一个正弦量滞后于第二个正弦量。

3）$\varphi_1 - \varphi_2 = 0$：这两个正弦量同相。

4）$\varphi_1 - \varphi_2 = \pi$：这两个正弦量反相。

5）$\varphi_1 - \varphi_2 = \dfrac{\pi}{2}$：这两个正弦量正交。

4. 单一元件正弦交流电路

1）电阻元件基本式为

$$u_R = Ri_R$$

$$\dot{U}_R = R\dot{I}_R$$

2）电感元件正弦交流电路有

$$u_L = L\frac{\mathrm{d}i_L}{\mathrm{d}t}$$

$$\dot{U}_L = \mathrm{j}\omega L\dot{I}_L = \mathrm{j}X_L\dot{I}_L$$

3）电容元件正弦交流电路有

$$C = C_1 + C_2 + C_3,\ \frac{1}{C} = \frac{1}{C_1} + \frac{1}{C_2} + \frac{1}{C_3}$$

$$u_1 : u_2 : u_3 : = \frac{1}{C_1} : \frac{1}{C_2} : \frac{1}{C_3},\ i_C = C\frac{\mathrm{d}u_C}{\mathrm{d}t}$$

5. R、L、C 元件上电压和电流的相量关系

1）KCL：

$$\Sigma\dot{I} = 0$$

2）KVL：

$$\Sigma\dot{U} = 0$$

6. 复阻抗与复导纳的关系

$$Z = R + \mathrm{j}X = \frac{1}{Y} = \frac{1}{G + \mathrm{j}B},\ |Z| = \frac{1}{|Y|}, \varphi_Z = \varphi_Y$$

$$G = \frac{R}{|Z|^2},\ B = \frac{-X}{|Z|^2}$$

7. RLC 串联电路

1）复阻抗为

$$Z = R + \mathrm{j}(X_L - X_C) = R + \mathrm{j}X$$

$$Z = |Z| \underline{/\varphi_Z}$$

式中，$|Z| = \sqrt{R^2 + X^2}, \varphi_Z = \arctan\frac{X}{R}$。

2）电压与电流的关系为

$$\dot{U} = \dot{I}|Z|$$

式中，$|Z| = \frac{U}{I}$。

8. RLC 并联电路

1）阻抗法：

$$\dot{I}_n = \frac{\dot{U}}{Z_n},\ \dot{I} = \dot{I}_1 + \dot{I}_2 + \cdots + \dot{I}_n$$

2）导纳法：

$$\dot{I}_n = \dot{U} Y_n, \quad \dot{I} = \dot{I}_1 + \dot{I}_2 + \cdots + \dot{I}_n$$

9. 正弦交流电路的功率

1）有功功率：$P = UI\cos\varphi = I^2 R$。

2）无功功率：$Q = UI\sin\varphi = I^2 X$。

3）视在功率：$S = UI$。

10. 功率因数的提高

1）提高功率因数的意义。

2）提高功率因数的方法：在电感性电路中并联电容性负载。

11. 谐振

（1）串联谐振

串联谐振的特点是，电路的阻抗最小，电流最大，在电感和电容元件两端出现过电压现象。串联谐振发生的条件是 $\omega_0 L = \dfrac{1}{\omega_0 C}$。谐振频率为 $f = \dfrac{1}{2\pi\sqrt{LC}}$。

（2）并联谐振

并联谐振的特点是，电路呈现高阻抗特性，即 $Z = \dfrac{L}{RC}$，因此电流最小，在电感和电容支路上出现过电流现象。并联谐振频率与串联谐振的频率相似，即 $f_0 \approx \dfrac{1}{2\pi\sqrt{LC}}$。

习　题

3-1　已知一正弦电压 $u = 10\sqrt{2}\sin(314t + 60°)$ V，试写出其振幅、角频率、频率、周期和初相。

3-2　一工频正弦电压的最大值为 310V，初始值为 -155V，试求它的解析式。

3-3　已知一正弦电压振幅为 311V，频率为 50Hz，初相为 $-30°$，试写出其解析式，并画出波形图。

3-4　已知 $i_1 = 20\sqrt{2}\sin(\omega t + 50°)$ A，$i_2 = 20\sqrt{2}\sin(\omega t - 150°)$ A，问：

1）i_1 与 i_2 的相位差等于多少？

2）i_1 和 i_2 谁超前？谁滞后？

3-5　已知 $u = 311\sin(\omega t + 60°)$ V，求它的最大值和有效值。

3-6　用于整流的二极管反向击穿电压为 50V，接于 220V 市电上，需要几只二极管串联才行？

3-7　一正弦交流电的有效值为 20A，频率 $f = 50$Hz，在 $t = t_1 = 1/720$s 时，$i_{t1} = 10\sqrt{6}$ A，求电流 i 的表达式。

3-8　将下列复数写成极坐标形式。

1）$3 + j4$　　　2）$-4 + j3$　　　3）$6 - j8$

4）$-10 - j10$　　5）$10j$　　　6）$24 + j18$

3-9 将下列复数写成代数形式。

1) $10\angle 60°$　　　2) $8\angle 90°$　　　3) $10\angle -90°$

4) $100\angle 0°$　　　5) $220\angle -120°$　　　6) $5\angle 120°$

3-10 已知两复数 $Z_1 = 8 + j6$，$Z_2 = 10\angle -60°$，求 $Z_1 + Z_2$、$Z_1 Z_2$、Z_1/Z_2。

3-11 写出下列各正弦量对应的相量。

1) $u_1 = 220\sqrt{2}\sin(\omega t + 120°)\text{V}$　　　2) $i_1 = 10\sqrt{2}\sin(\omega t + 60°)\text{A}$

3) $u_2 = 311\sin(\omega t - 200°)\text{V}$　　　4) $i_2 = 7.07\sin\omega t\ \text{A}$

3-12 写出下列相量对应的正弦量（$f = 50\text{Hz}$）。

1) $\dot{U}_1 = 220\angle \dfrac{\pi}{6}\ \text{V}$　　　2) $\dot{I}_1 = 10\angle -50°\ \text{A}$

3) $\dot{U}_2 = -110j\text{V}$　　　4) $\dot{I}_2 = (6 + j8)\text{A}$

3-13 当 $C = 50\mu\text{F}$ 的电容器充电结束时，电流 $i = 0$，电容上的电压为 10V，求此时电容储存的电场能量 W_C。

3-14 求图 3-39 所示电路的等效电容。

3-15 电路如图 3-40 所示，已知 $200\mu\text{F}$ 电容的耐压为 200V，$300\mu\text{F}$ 电容的耐压为 300V，若在 a、b 两端加直流电压 500V，则电路是否安全?

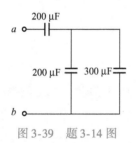

图 3-39 题 3-14 图

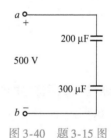

图 3-40 题 3-15 图

3-16 $L = 2\text{H}$ 的电感中流过的电流 $i_L = 2\sin 100t\ \text{A}$。求:

1) 电感两端的电压 u_L。

2) 电感中最大储能 W_{Lm}。

3-17 在一个 $R = 20\Omega$ 的电阻两端施加电压 $u = 100\sin(314t - 60°)\text{V}$，写出电阻上电流的解析式，并绘出电压和电流的相量图。

3-18 已知在 10Ω 的电阻上通过的电流为 $i_1 = 5\sin(314t - 30°)\text{A}$，试求电阻上电压的有效值和电阻接受的功率。

3-19 一个 $L = 0.15\text{H}$ 的电感，先后被接在 $f_1 = 50\text{Hz}$ 和 $f_2 = 1000\text{Hz}$、电压为 220V 的电源上，计算两种情况下的 X_L、I_L 和 Q_L。

3-20 在关联参考方向下，已知加于电感元件两端的电压为 $u_L = 100\sin(100t + 30°)\text{V}$，通过的电流为 $i_L = 10\sin(100t + \varphi_i)\text{A}$，试求电感的参数 L 及电流的初相 φ_i。

3-21 将一个 $C = 50\mu\text{F}$ 的电容接于 $u = 220\sqrt{2}\sin(314t + 60°)\text{V}$ 的电源上，求 i_C、Q_C，

并绘出电流和电压的相量图。

3-22 把一个 $C = 100\mu F$ 的电容先后接于 $f_1 = 50Hz$ 和 $f_2 = 60Hz$、电压为220V 的电源上，试计算上述两种情况下的 X_C、I_C 和 Q_C。

3-23 电路如图3-41所示。下列说法是否正确。

1）表 V 读数一定等于表 V_1 与表 V_2 的读数和。

2）表 V 读数一定大于表 V_1 与表 V_2 的读数和。

3）表 V 读数一定小于表 V_1 与表 V_2 的读数和。

4）表 V 读数一定不等于表 V_1 与表 V_2 的读数和。

5）上述情况均可能出现。

3-24 RLC 串联电路如图3-42所示。若交流电压表 V_1、V_2 和 V_3 的读数都是10V，则交流电压表 V 的读数应为多少？

3-25 在图3-43所示电路中，A_1、A_2 的读数均为20A，求电路中电流表 A 的读数。

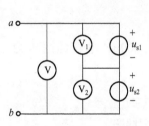

图3-41 题3-23图

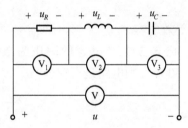

图3-42 题3-24图

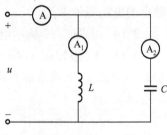

图3-43 题3-25图

3-26 已知通过一复阻抗上的电流为 $\dot{I} = 10 \underline{/60°}$ A，加在复阻抗上的电压为 $u = 220\sqrt{2} \cdot \sin(\omega t - 60°)V$，试求：

1）$|Z|$、$|Y|$。

2）阻抗角 φ_Z 及导纳角 φ_Y。

3-27 已知某电路的复阻抗 $Z = 100 \underline{/30°}\ \Omega$，求与之等效的复导纳 Y。

3-28 将由一电阻 $R = 8\Omega$、电容 $C = 167\mu F$ 所组成的串联电路接到 $u = 100\sqrt{2}\sin(1000t + 30°)V$ 的电源上，试求电流 $\dot{I}$，并绘出相量图。

3-29 由一电阻 $R = 30\Omega$ 与电感 $L = 0.2H$ 组成串联电路，电源频率为 $f = 50Hz$，求此电路的阻抗。

3-30 在 RLC 串联电路中，已知 $R = 10\Omega$，$X_L = 5\Omega$，$X_C = 15\Omega$，电源电压 $u = 200\sin(\omega t + 30°)V$。

1）求此电路的复阻抗 Z，并说明电路的性质。

2）求电流 $\dot{I}$ 和电压 $\dot{U}_R$、$\dot{U}_L$、$\dot{U}_C$。

3）分别绘出电压、电流的相量图。

3-31 在 RLC 串联电路中，已知 $R = 10\Omega$，$L = 40mH$，$C = 100\mu F$，$\omega = 1000rad/s$，

$\dot{U}_L = 10 \underline{/0°} \text{ V}$。

1）求电路的阻抗 Z。

2）求电流 $\dot{I}$ 和电压 $\dot{U}_R$、$\dot{U}_C$、$\dot{U}$。

3）分别绘出电压、电流的相量图。

3-32 RLC 串联电路如图 3-44 所示，已知 $R = 60\Omega$，$L = 80\text{mH}$，$C = 50\mu\text{F}$，电容上的电压 $u_C = 40\sqrt{2}\sin 1000t\text{V}$。求：

1）电容的容抗 X_C。

2）电感的感抗 X_L。

3）电路复阻抗 Z。

4）电流 i 的解析式。

5）电压 u 的解析式。

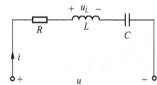

图 3-44　题 3-32 图

3-33 在 RLC 并联电路中，已知 $R = 10\Omega$，$X_L = 8\Omega$，$X_C = 15\Omega$，外加电压 $\dot{U} = 120 \underline{/0°} \text{ V}$，$f = 50\text{Hz}$。试求：

1）复导纳 Y。

2）$\dot{I}_R$、$\dot{I}_L$、$\dot{I}_C$、$\dot{I}$，并绘出相量图。

3-34 已知某电路的复阻抗 $Z = 100 \underline{/30} \Omega$，求与之等效的复导纳 Y。

3-35 已知 RLC 串联电路中，$R = 10\Omega$，$X_L = 10\Omega$，$X_C = 50\Omega$，其中电流 $\dot{I} = 2 \underline{/30} \text{ A}$，试求：

1）总电压 $\dot{U}$。

2）$\cos\varphi$。

3）该电路的功率 P、Q、S。

3-36 已知某一无源网络的等效阻抗 $Z = 10 \underline{/60°} \Omega$，外加电压 $\dot{U} = 220 \underline{/15°} \text{V}$，求该网络的功率 P、Q、S 及功率因数 $\cos\varphi$。

3-37 在一电压为 380V，频率为 50Hz 的电源上，接有一电感性负载，$P = 300\text{kW}$，$\cos\varphi = 0.65$，现需将功率因数提高到 0.9，试问应并联多大的电容？

3-38 在 RLC 串联电路中，$R = 10\Omega$，$L = 1.5 \times 10^{-4}\text{H}$，$C = 400\text{pF}$，已知电源电压 $U_s = 5\text{mV}$，试求电路在谐振时的频率、电路的品质因数及元件 L 和 C 上的电压。

3-39 在 RL 串联后和 C 并联的电路中，已知 $\omega_0 = 5 \times 10^6 \text{rad/s}$，$Q = 100$，谐振阻抗 $Z_0 = 2000\Omega$，试求参数 R、L、C。

3-40 一线圈与一电容并联，已知发生谐振时的阻抗 $Z_0 = 10000\Omega$，$L = 0.02\text{mH}$，$C = 2000\text{pF}$，试求线圈的电阻 R 和回路的品质因数 Q。

3-41 正弦电压波形如图 3-45 所示，求此正弦电压（角频率为 ω）的解析式。

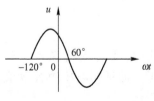

图 3-45　题 3-41 图

第4章 三相电路

❖内容导入

三相电路是电路分析课程中关于交流电路应用于生产生活的关键章节，本章结合家庭用电常识，了解安全用电知识，掌握三相电路的连接方式和分析计算方法。

4.1 三相电源

所谓三相电源一般是指将幅值相等、频率相同、相位互差120°的3个正弦电压源按一定的方式连接而成的对称电源。

4.1.1 三相对称正弦交流电压

所谓三相对称交流正弦电压，指的是幅值相等、频率相同、相位互差120°的3个正弦交流电压。三相对称交流正弦电压一般是由三相交流发电机产生的。

1. 三相正弦交流电的产生

图4-1所示是三相交流发电机的工作原理。

发电机的转子以角速度ω逆时针旋转时，在3个绕组的两端分别产生幅值相等、频率相同、相位依次相差120°的正弦交流电压。通常规定每个绕组电压的参考方向为由绕组的始端指向绕组的末端。这一组正弦交流电压叫作三相对称正弦交流电压。

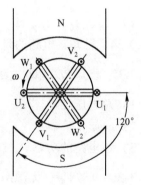

图4-1 三相交流发电机的工作原理

2. 三相正弦交流电的表示

若以U相为参考，则3个正弦量的解析式分别为

$$\left.\begin{array}{l} u_U = u_{U_1 U_2} = \sqrt{2}\,U_p \sin \omega t \\[2mm] u_V = u_{V_1 V_2} = \sqrt{2}\,U_p \sin(\omega t - 120°) \\[2mm] u_W = u_{W_1 W_2} = \sqrt{2}\,U_p \sin(\omega t + 120°) \end{array}\right\} \tag{4-1}$$

式中，U_1、V_1、W_1为3个绕组的始端；U_2、V_2、W_2为3个绕组的末端。U_p为相电压，即每相电压的有效值。对称三相正弦量的波形图和相量图分别如图4-2和图4-3所示。

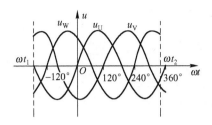

图 4-2 对称三相正弦量的波形图

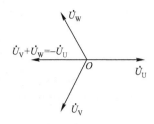

图 4-3 对称三相正弦量的相量图

其中 3 个相量分别为

$$\dot{U}_{\mathrm{U}} = U_{\mathrm{p}} \angle 0°, \quad \dot{U}_{\mathrm{V}} = U_{\mathrm{p}} \angle -120°, \quad \dot{U}_{\mathrm{W}} = U_{\mathrm{p}} \angle +120° \tag{4-2}$$

从相量图和波形图中不难看出，这组对称三相正弦电压的相量之和等于零，任意时刻的 3 个正弦电压的瞬时值之和恒等于零，即

$$\begin{aligned}
\dot{U}_{\mathrm{U}} + \dot{U}_{\mathrm{V}} + \dot{U}_{\mathrm{W}} &= U_{\mathrm{p}} \angle 0° + U_{\mathrm{p}} \angle -120° + U_{\mathrm{p}} \angle 120° \\
&= U_{\mathrm{p}} \left(1 - \frac{1}{2} - \mathrm{j}\frac{\sqrt{3}}{2} - \frac{1}{2} + \mathrm{j}\frac{\sqrt{3}}{2}\right) = 0
\end{aligned}$$

$$u_{\mathrm{U}} + u_{\mathrm{V}} + u_{\mathrm{W}} = 0 \tag{4-3}$$

能够提供以上特点的正弦电压的电源就是对称三相电源。通常所说的三相电源都是指对称三相电源。

对称三相正弦量达到最大值（或零值）的顺序称为相序，上述 U 相超前于 V 相，V 相超前于 W 相的顺序称为正相序，简称为正序，一般的三相电源都是正序对称的。工程上以黄、绿、红 3 种颜色分别作为 U、V、W 三相的标志。

三相电源的
星形联结

4.1.2 三相电源的星形联结（Ｙ联结）

三相电源星形联结的绕组接线图如图 4-4 所示。图示接线方法为有中性线的三相四线星形联结。如果去掉中性线，即为三相三线星形联结。

在星形联结中，相线与中性线间电压称为相电压，用 $\dot{U}_{\mathrm{U}}$、$\dot{U}_{\mathrm{V}}$、$\dot{U}_{\mathrm{W}}$ 表示。任意两根端线之间的电压称为线电压，表示为 $\dot{U}_{\mathrm{UV}}$、$\dot{U}_{\mathrm{VW}}$、$\dot{U}_{\mathrm{WU}}$，且有

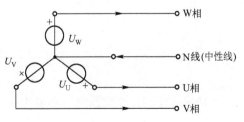

图 4-4 三相电源星形联结的绕组接线图

$$\dot{U}_{\mathrm{UV}} = \dot{U}_{\mathrm{U}} - \dot{U}_{\mathrm{V}}, \quad \dot{U}_{\mathrm{VW}} = \dot{U}_{\mathrm{V}} - \dot{U}_{\mathrm{W}}, \quad \dot{U}_{\mathrm{WU}} = \dot{U}_{\mathrm{W}} - \dot{U}_{\mathrm{U}} \tag{4-4}$$

将式(4-2)代入式(4-4)可得

$$\dot{U}_{UV} = U_p \,\angle\, 0° - U_p \,\angle\, -120° = \sqrt{3}\,\dot{U}_U \,\angle\, 30°$$

$$\dot{U}_{VW} = U_p \,\angle\,(-120°) - U_p \,\angle\,(-240°) = \sqrt{3}\,\dot{U}_V \,\angle\, 30°$$ (4-5)

$$\dot{U}_{WU} = U_p \,\angle\, -240° - U_p \,\angle\, 0° = \sqrt{3}\,\dot{U}_W \,\angle\, 30°$$

以 U_l 指代三相电压的线电压，由以上推导可知

$$U_l = \sqrt{3}\,U_p$$

$$\dot{U}_l = \sqrt{3}\,\dot{U}_p \,\angle\, 30°$$ (4-6)

三相四线制电源线电压与相电压之间的相量关系图如图 4-5 所示。

4.1.3 三相电源的三角形联结（△联结）

三相绕组始末端依次相接，形成一个闭合回路，然后从 3 个联结点引出端线，即为三相电源的三角形联结方式，如图 4-6 所示。

三相电源的
三角形联结

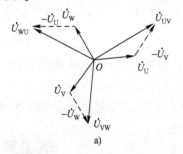 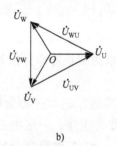 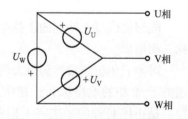

图 4-5　三相四线制电源线电压与相电压之间的相量关系图　　图 4-6　三相电源的三角形联结方式

a）相电压、线电压的相量关系　b）电压三角形的相量关系

三角形联结的三相电源的线电压就等于相应的相电压，即

$$\dot{U}_{UV} = \dot{U}_U$$

$$\dot{U}_{VW} = \dot{U}_V$$ (4-7)

$$\dot{U}_{WU} = \dot{U}_W$$

三角形联结的三相交流电源相电压与线电压的关系可用一个通式表示为

$$\dot{U}_l = \dot{U}_p$$ (4-8)

【例 4-1】　已知发电机三相绕组产生的电动势大小均为 220V，试求：

1）三相电源为丫联结时的相电压 U_p 与线电压 U_l。

2）三相电源为△联结时的相电压 U_p 与线电压 U_l。

解：1）三相电源丫联结时，相电压 $U_p = U = 220\mathrm{V}$，线电压 $U_l \approx \sqrt{3}\,U_p = 380\mathrm{V}$。

2）三相电源△联结时，相电压 $U_p = U = 220\mathrm{V}$，线电压 $U_l = U_p = 220\mathrm{V}$。

4.2　三相负载

所谓三相负载即三相电源的负载，由相互连接的 3 个负载组成，其中每个负载称为一相负载。在三相电路中，负载有两种情况：一种负载是单相负载，例如白炽灯、荧光灯等照明负载，还有电炉、电视机、电冰箱等，通过适当连接，可以组成三相负载；另一种负载是三相负载，如电动机等。但电动机三相绕组中的每一相绕组也是单相负载，故也存在将这 3 个单相绕组连接起来接入电网的问题。

三相负载的连接方法也有两种，即星形联结和三角形联结。

4.2.1　负载星形联结的三相电路

三相四线制三相电路如图 4-7 所示。流过各相负载的电流称为相电流，流过端线的电流称为线电流，其参考方向如图 4-7 所示。

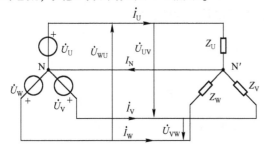

三相负载的
星形联结

图 4-7　三相四线制三相电路

当负载星形联结时，每相负载两端承受的是电源的相电压，即

$$\dot{U}_{ZU} = \dot{U}_U \qquad \dot{U}_{ZV} = \dot{U}_V \qquad \dot{U}_{ZW} = \dot{U}_W \tag{4-9}$$

即阻抗两端的电压等于电源的相电压

$$\dot{U}_Z = \dot{U}_p \tag{4-10}$$

则相电流等于线电流，即
$$\dot{I}_p = \dot{I}_1 \tag{4-11}$$

根据基尔霍夫电流定律

$$i_N = i_U + i_V + i_W \tag{4-12}$$

设电源相电压 $\dot{U}_U$ 为参考相量，则每相负载上的电压为

$$\dot{U}_{ZU} = \dot{U}_U = U_p \angle 0° \tag{4-13}$$

$$\dot{U}_{ZV} = \dot{U}_V = U_p \angle -120° \tag{4-14}$$

$$\dot{U}_{ZW} = \dot{U}_W = U_p \angle 120° \tag{4-15}$$

$$\dot{I}_U = \frac{\dot{U}_{ZU}}{Z_U} = \frac{U_p \angle 0°}{|Z_U| \angle \varphi_U} = I_U \angle -\varphi_U \tag{4-16}$$

$$\dot{I}_V = \frac{\dot{U}_{ZV}}{Z_V} = \frac{U_p \angle -120°}{|Z_V| \angle \varphi_V} = I_V \angle 120° - \varphi_V \qquad (4-17)$$

$$\dot{I}_W = \frac{\dot{U}_{ZW}}{Z_W} = \frac{U_p \angle 120°}{|Z_W| \angle \varphi_W} = I_W \angle 120° - \varphi_W \qquad (4-18)$$

式中，各相负载中的电流有效值分别为

$$I_U = \frac{U_p}{|Z_U|}, \; I_V = \frac{U_p}{|Z_V|}, \; I_W = \frac{U_p}{|Z_W|} \qquad (4-19)$$

各相负载电压与电流的相位差（即阻抗角）分别为

$$\varphi_U = \arctan\frac{X_U}{R_U}, \; \varphi_V = \arctan\frac{X_V}{R_V}, \; \varphi_W = \arctan\frac{X_W}{R_W} \qquad (4-20)$$

当负载对称（即各相阻抗相等）时，有

$$Z_U = Z_V = Z_W = Z = |Z| \angle \varphi \qquad (4-21)$$

由式(4-20)及式(4-21)可知，负载相电流也是对称的，即

$$I_U = I_V = I_W = I_p = \frac{U_p}{|Z|} \qquad (4-22)$$

则

$$\varphi_U = \varphi_V = \varphi_W = \varphi = \arctan\frac{X}{R} \qquad (4-23)$$

中性线电流为

$$\dot{I}_N = \dot{I}_U + \dot{I}_V + \dot{I}_W = 0 \qquad (4-24)$$

对称星形负载的三相三线制电路如图 4-8 所示。由于 3 个相电流对称，它们之间满足

$$i_U + i_V + i_W = 0 \qquad (4-25)$$

所以不需要中性线。

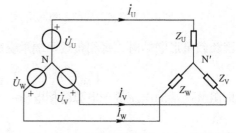

图 4-8　对称星形负载的三相三线制电路

【例 4-2】　有一台三相电动机，其绕组为星形联结，接在线电压为 380V 的对称三相电源上，每相等效阻抗 $Z = 20 \angle 45°\ \Omega$，求每相电流。

解：负载对称，只需计算一相（如 U 相）即可，相电压 $U_p = 220V$，以 U 相电压为参考相量，有

$$\dot{U}_U = 220 \angle 0°\ V$$

$$\dot{I}_U = \frac{\dot{U}_U}{Z} = \frac{220 \angle 0°}{20 \angle 45°} V = 11 \angle -45°\ V$$

根据对称性，可写出 $\dot{I}_V$ 和 $\dot{I}_W$，即

$$\dot{I}_V = 11 \angle -165°\ A, \; \dot{I}_W = 11 \angle 75°\ A$$

4.2.2 负载三角形联结的三相电路

图 4-9 所示为负载三角形联结的三相电路。

以 $\dot{U}_{UV}$ 为参考相量，各相负载的电压为

$$\dot{U}_{ZUV} = \dot{U}_{UV} = \dot{U}_1 \underline{/0°}$$

$$\dot{U}_{ZVW} = \dot{U}_{VW} = \dot{U}_1 \underline{/-120°}$$

$$\dot{U}_{ZWU} = \dot{U}_{WU} = \dot{U}_1 \underline{/120°}$$

即阻抗两端的电压为电源的线电压

$$\dot{U}_Z = \dot{U}_1 \tag{4-26}$$

负载相电流是对称的，即

$$\left. \begin{array}{l} \dot{I}_{UV} = \dfrac{U_1}{|Z|} \underline{/-\varphi} \\[2mm] \dot{I}_{VW} = \dfrac{U_1}{|Z|} \underline{/(-120°-\varphi)} \\[2mm] \dot{I}_{WU} = \dfrac{U_1}{|Z|} \underline{/(120°-\varphi)} \end{array} \right\} \tag{4-27}$$

三角形负载电流的相量表示如图 4-10 所示。

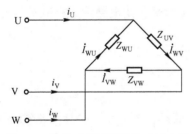

图 4-9 负载三角形联结的三相电路

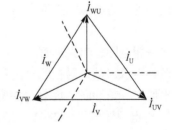

图 4-10 三角形负载电流的相量表示

由图 4-10 所示可以得出

$$\left. \begin{array}{l} \dot{I}_U = \sqrt{3}\,\dot{I}_{UV} \underline{/(-30°)} \\[2mm] \dot{I}_V = \sqrt{3}\,\dot{I}_{VW} \underline{/(-30°)} \\[2mm] \dot{I}_W = \sqrt{3}\,\dot{I}_{WU} \underline{/(-30°)} \end{array} \right\} \tag{4-28}$$

可用一个通式表示为

$$\dot{I}_1 = \sqrt{3}\,\dot{I}_p \underline{/(-30°)} \tag{4-29}$$

4.3 对称三相电路的分析计算

4.3.1 对称星形电路的特点

图4-11所示是对称三相四线制电路,其中,$U_U = U_V = U_W$,$Z_U = Z_V = Z_W = Z = |Z| \underline{/\varphi}$。由上节内容可知:

1)对称性星形电路中的中性点电压为零,即负载中性点与电源中性点等电位,$\dot{I}_N = 0$。所以,当负载对称时,将中性线断开或者短路对电路都没有影响。

2)各线电流、负载及各相电压、负载端的线电压分别对称。

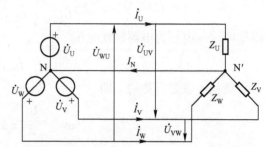

图4-11 对称三相四线制电路图

4.3.2 对称三相电路的一般解法

对称三相电路采用单相法计算,具体步骤如下。

1)用等效星形联结的对称三相电源的线电压代替原电路的线电压,将电路中三角形联结的负载用等效星形联结的负载代替。

2)假设中性线将电源的中性点与负载中性点连接起来,使电路形成等效的三相四线制电路。

3)取出一相电路,单独求解。

4)由对称性求出其余两相的电流和电压。

5)求出原来三角形联结负载的各相电流。

【例4-3】 电源线电压为380V,三相对称负载丫联结,$Z = (3 + j4)\Omega$,求各相负载中的电流及中性线电流。

解:
$$U_p = \frac{U_1}{\sqrt{3}}V = \frac{380}{\sqrt{3}}V = 220V$$

设 $\dot{U}_U = 220 \underline{/0°} V$,$\dot{U}_V = 220 \underline{/-120°} V$,$\dot{U}_W = 220 \underline{/120°} V$

$$Z = (3 + j4)\Omega \approx 5 \underline{/53.1°} \Omega$$

$$\dot{I}_U = \frac{\dot{U}_U}{Z} = \frac{220 \underline{/0°} V}{5 \underline{/53.1°} \Omega} = 44 \underline{/-53.1°} A$$

根据对称关系可得

$$\dot{I}_V = 44 \underline{/-173.1°} A, \dot{I}_W = 44 \underline{/-66.9°} A, \dot{I}_N = \dot{I}_U + \dot{I}_V + \dot{I}_W = 0$$

由此例可得，对称三相电路的计算可归结为一相电路计算，其他两相根据对称关系可直接写出。

4.4 三相交流电路的功率

4.4.1 三相交流电路的功率计算

三相交流电路的功率

不论三相电源或负载是何种连接形式（星形联结或三角形联结），有功电路的总功率都必定等于各相有功功率之和，即

$$P = P_U + P_V + P_W = U_{p_U} I_{p_U} \cos\varphi_U + U_{p_V} I_{p_V} \cos\varphi_V + U_{p_W} I_{p_W} \cos\varphi_W \tag{4-30}$$

式中，U_{p_U}、U_{p_V}、U_{p_W} 为各相电压有效值；I_{p_U}、I_{p_V}、I_{p_W} 为各相电流有效值；φ_U、φ_V、φ_W 为各相电压与该相电流的相位差。

（1）负载不对称的电路

$$P = P_1 + P_2 + P_3$$
$$Q = Q_1 + Q_2 + Q_3$$
$$S = S_1 + S_2 + S_3$$

（2）负载对称电路

当负载对称时，各功率相等，则总功率就是一相功率的 3 倍，即

$$P = 3P_p = 3U_p I_p \cos\varphi_p$$
$$Q = 3Q_p = 3U_p I_p \sin\varphi_p$$
$$S = 3S_p = 3U_p I_p$$

对称三相负载不管是星形联结还是三角形联结均有

$$P = 3U_p I_p \cos\varphi_p \quad 或 \quad P = \sqrt{3} U_l I_l \cos\varphi_p$$

三相负载的功率因数为

$$\lambda = \frac{P}{S}$$

若负载对称，则

$$\lambda = \frac{\sqrt{3} U_l I_l \cos\varphi_p}{\sqrt{3} U_l I_l} = \cos\varphi_p$$

【例 4-4】 对称三相负载，每相电阻 $R = 6\Omega$，感抗 $X_L = 8\Omega$，接在线电压为 380V 的对称三相电源上，分别计算负载为星形联结和三角形联结时消耗的功率。

解：每相负载的阻抗模为

$$|Z| = \sqrt{R^2 + X_L^2} = \sqrt{6^2 + 8^2}\,\Omega = 100\Omega$$

阻抗角为

$$\varphi = \arctan\frac{X_L}{R} = \arctan\frac{8}{6} \approx 53.1°$$

1）负载为星形联结时，相电压为

$$U_p = \frac{U_1}{\sqrt{3}} = \frac{380}{\sqrt{3}}V \approx 220V$$

线电流等于相电流

$$I_1 = I_p = \frac{U_p}{|Z|} = \frac{220}{10}A = 22A$$

三相功率为

$$P_Y = 3U_pI_p\cos\varphi = 3 \times 220V \times 22A \times \cos53.1 \approx 8.7kW$$

2）负载为三角形联结时，相电压为

$$U_p = U_1 = 380V$$

相电流为

$$I_p = \frac{U_p}{|Z|} = \frac{380}{10}A \approx 38A$$

三相功率为

$$P_\triangle = 3U_pI_p\cos\varphi = 3 \times 380V \times 38A \times \cos53.1° \approx 26kW$$

由此例可知，在相同的线电压下，同一组对称负载做三角形联结的有功功率是星形联结有功功率的 3 倍。这是因为三角形联结时的线电流是星形联结时线电流的 3 倍。对于无功功率也是同样的结论。

4.4.2　对称三相电路的瞬时功率计算

三相电路的总瞬时功率可表示为

$$p = p_U + p_V + p_W, p = \sqrt{3}U_1I_1\cos\varphi_p$$

即瞬时功率的总和是不随时间变化的恒定值，正好等于总有功功率。

【例4-5】　在图4-12所示的电路中，三相电动机的功率为 3kW，$\cos\varphi = 0.866$，电源的线电压为 380V，求图中两功率表的读数。

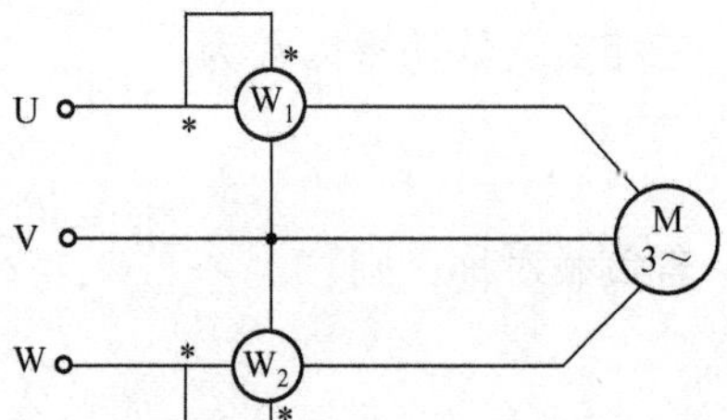

解：由 $p = \sqrt{3}U_1I_1\cos\varphi_p$，可求得线电流为

$$I_1 = \frac{P}{\sqrt{3}U_1\cos\varphi} = \frac{3 \times 10^3 W}{\sqrt{3} \times 380 \times 0.866V} \approx 5.26A$$

设 $\dot{U}_U = \frac{380}{\sqrt{3}} \underline{/0°}\ V = 220\ \underline{/0°}\ V$，而 $\varphi = $

arccos 0.866 ≈ 30°

$$\dot{I}_U = 5.26\ \underline{/-30°}\ A$$

$$\dot{U}_U = 380\ \underline{/30°}\ V$$

所以

$$\dot{I}_W = 5.26\ \underline{/90°}\ A$$

图 4-12　例 4-5 图

$$\dot{U}_{WV} = -\dot{U}_{VW} = 380\,\underline{/90°}\,\text{V}$$

功率表 W_1 的读数为

$$P_1 = U_{UV}I_U\cos\varphi_1 = 380 \times 5.26\cos\left[30° - (-30)°\right] \approx 1\text{kW}$$

功率表 W_2 的读数为

$$P_2 = U_{WV}I_W\cos\varphi_2 = 380 \times 5.26\cos(90° - 90°) \approx 2\text{kW}$$

本 章 小 结

1. 三相电源

所谓三相电源一般是指将幅值相等、频率相同、相位互差120°的3个正弦电压源按一定的方式连接而成的对称电源。

（1）三相电源星形联结

当将电源星形联结时，常用三相四线制供电系统，其线电压与相电压的关系为

$$U_1 = \sqrt{3}\,U_p$$

并且线电压相位超前其对应的相电压30°。

（2）三相电源三角形联结

当将电源三角形联结时，只有三线制，并且线电压与相电压相等。由于接错时容易烧毁设备，所以一般不用这种方式。

2. 三相负载的连接

三相负载也有星形联结和三角形联结两种方式。

（1）负载星形联结

当负载为星形联结时，不论负载是否对称，线电压都为相电压的 $\sqrt{3}$ 倍，线电流与相电流相等。若负载对称时，则中性线电流为零，可省去中性线；若负载不对称，则中性线电流不为零，只能采用三相四线制供电。

（2）负载三角形联结

当负载为三角形联结时，负载电压为电源的线电压，当负载对称时，线电流是相电流的 $\sqrt{3}$ 倍，并且线电流滞后相电流30°。

（3）对称三相电路相关计算分析

1）对称三相电路的特点。

2）对称三相电路的分析步骤。

（4）三相交流电路的功率

1）负载不对称的电路。

$$P = P_1 + P_2 + P_3,\ Q = Q_1 + Q_2 + Q_3,\ S = S_1 + S_2 + S_3$$

2）负载对称电路。

若负载对称时各功率相等，则总功率就是一相功率的 3 倍，即

$$P = 3P_p = 3U_pI_p\cos\varphi_p , \quad Q = 3Q_p = 3U_pI_p\sin\varphi_p , \quad S = 3S_p = 3U_pI_p$$

习　题

4-1　什么是对称三相电源？它们是怎样产生的？

4-2　已知在一组对称三相电压中，A 相电压的瞬时值 $u_A = 311\sin(\omega t + 45°)$ V。试写出三相电压的相量表达式，并画出相量图。

4-3　图 4-13 中的电路为三相对称电路，其线电压 $U_1 = 380$V，每相负载 $R = 6\Omega$，$X = 8\Omega$。试分别求相电压、相电流、线电流，并画出电压和电流的相量图。

4-4　已知 3 个电源分别为 $\dot{U}_{AB} = 220 \underline{/0°}$ V、$\dot{U}_{CD} = 220 \underline{/60°}$ V、$\dot{U}_{EF} = 220 \underline{/-60°}$ V，请问能将它们接成对称三相电源吗？如果可以，那么试作图将其分别接成星形联结电源和三角形联结电源。

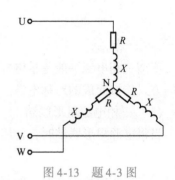

图 4-13　题 4-3 图

4-5　已知对称三相电源星形联结，$\dot{U}_V = 220 \underline{/30°}$ V，求：1）相电压 $\dot{U}_U$、$\dot{U}_W$；2）线电压 $\dot{U}_{UV}$、$\dot{U}_{VW}$、$\dot{U}_{WU}$；3）试在同一张图上画出相、线电压的相量图。

4-6　已知对称三相电源三角形联结，$u_{UV} = 380\sqrt{2}\sin(314t + 90°)$ V，求：1）相电压 $\dot{U}_U$、$\dot{U}_V$、$\dot{U}_W$；2）线电压 $\dot{U}_{UV}$、$\dot{U}_{VW}$、$\dot{U}_{WU}$。

4-7　对称三相电源相电压为 380V，设 $\dot{U}_V$ 为参考正弦量，求：1）当电源为星形联结时的相电压 U_U、U_V、U_W、$\dot{U}_U$、$\dot{U}_V$、$\dot{U}_W$ 和线电压 U_{UV}、U_{VW}、U_{WU}、$\dot{U}_{UV}$、$\dot{U}_{VW}$、$\dot{U}_{WU}$；2）当电源为三角形联结时的相电压 U_U、U_V、U_W、$\dot{U}_U$、$\dot{U}_V$、$\dot{U}_W$ 和线电压 U_{UV}、U_{VW}、U_{WU}、$\dot{U}_{UV}$、$\dot{U}_{VW}$、$\dot{U}_{WU}$。

4-8　若已知对称三相交流电源 U 相电压为 $u_U = 220\sqrt{2}\sin(\omega t + 30°)$ V，根据习惯相序写出其他两相的电压的瞬时值表达式及三相电源的相量式，并画出波形图及相量图。

4-9　某三相交流发电机频率 $f = 50$Hz，相电动势有效值 $E = 220$V，求瞬时值表达式及相量表达式。

4-10　三相对称负载星形联结，每相电阻为 $R = 4\Omega$，将感抗为 $X_L = 3\Omega$ 的串联负载接于线电压 $U_1 = 380$V 的三相电源上，试求相电流 $\dot{I}_U$、$\dot{I}_V$、$\dot{I}_W$，并画出相量图。

4-11　对称三相电路，负载为星形联结，负载各相复阻抗 $Z = (20 + j15)\Omega$，输电线阻抗均为 $Z_1 = (1 + j)\Omega$，中性线阻抗忽略不计，电源线电压 $u_{UV} = 380\sqrt{2}\sin(314t)$V。求负载各

相的相电压及线电流。

4-12 三相电阻炉每相电阻 $R = 8.68\Omega$，求：

1）三相电阻做Y联结，接在 $U_1 = 380\text{V}$ 的对称电源上，电炉从电网吸收多少功率？

2）电阻做△联结，接在 $U_1 = 380\text{V}$ 的对称电源上，电炉从电网吸收的功率是多少？

4-13 三相对称负载与三相对称电源连接，已知线电流 $I_\text{U} = 5 \underline{/15°} \text{ A}$，线电压 $U_\text{UV} = 380 \underline{/75°} \text{ V}$，求负载所消耗的功率。

4-14 电路如图4-14所示，将三相对称感性负载接于电路中，测得线电流为30.5A，负载的三相有功功率为15kW，功率因数为0.75，求电源的视在功率、线电压以及负载的电阻和电抗。

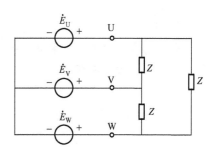

图 4-14 题 4-14 图

4-15 一个电源对称的三相四线制电路，电源线电压 $U_1 = 380\text{V}$，端线及中性线阻抗忽略不计。三相负载不对称，三相负载的电阻及感抗分别为 $R_\text{U} = R_\text{V} = 8\Omega$，$R_\text{W} = = 120\Omega$，$X_\text{U} = X_\text{V} = 6\Omega$，$X_\text{W} = 16\Omega$。试求三相负载吸收的有功功率、无功功率及视在功率。

4-16 对称三相负载做Y连接，已知每相负载电阻 $R = 22\Omega$，接于线电压 $U_1 = 380\text{V}$ 的对称三相电源上，求：1）负载相电压 U_p；2）负载相电流 I_p 和线电流 I_1；3）三相负载的功率 P。

4-17 党的二十大报告指出："推动制造业高端化、智能化、绿色化发展。"工业现代化的发展离不开电路基础知识的支持，谈谈你所知道的电路基础知识在工业化发展中的作用及应用。

第5章 互感耦合电路

❖内容导入

了解互感线圈中电压、电流的关系以及同名端的概念，掌握互感电路的分析计算，了解理想变压器和空心变压器。

5.1 互感与互感电压

5.1.1 互感现象

在图 5-1 中，设两个线圈的匝数分别为 N_1、N_2。在线圈 1 中通以交变电流 i_1，线圈 1 具有的磁通 Φ_{11} 叫作自感磁通，$\Psi_{11} = N_1 \Phi_{11}$ 叫作线圈 1 的自感磁链。线圈 2 处在 i_1 所产生的磁场之中，Φ_{11} 的一部分穿过线圈 2，线圈 2 具有的磁通 Φ_{21} 叫作互感磁通，$\Psi_{21} = N_2 \Phi_{21}$ 叫作互感磁链。这种由于一个线圈电流的磁场而使另一个线圈具有的磁通、磁链分别叫作互感磁通、互感磁链。

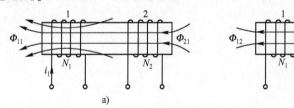

图 5-1 互感现象示意图

a) i_1 变化在线圈 2 中产生互感电压 b) i_2 变化也在线圈 1 中产生互感电压

由于 i_1 的变化引起 Ψ_{21} 的变化，从而在线圈 2 中产生的电压叫作互感电压，如图 5-1a 所示。同理，线圈 2 中电流 i_2 的变化，也会在线圈 1 中产生互感电压，如图 5-1b 所示。这种由一个线圈的交变电流在另一个线圈中产生感应电压的现象称为互感现象。

为明确起见，磁通、磁链和感应电压等应用双下标表示。第一个下标表示该量所在线圈的编号，第二个下标代表产生该量的原因所在线圈的编号。例如，Ψ_{21} 表示由线圈 1 产生的穿过线圈 2 的磁链。

5.1.2 互感系数

图 5-1a 所示为两个相邻放置的线圈 1 和线圈 2。自感磁链与自感磁通、互感磁链与互感

磁通之间有如下关系，即

$$\left.\begin{array}{l} \Psi_{11} = N_1\Phi_{11}, \Psi_{22} = N_2\Phi_{22} \\ \Psi_{12} = N_1\Phi_{12}, \Psi_{21} = N_2\Phi_{21} \end{array}\right\} \tag{5-1}$$

仿照自感系数定义，互感系数定义为

$$\left.\begin{array}{l} M_{12} = \dfrac{\Psi_{12}}{i_2} \\[3mm] M_{21} = \dfrac{\Psi_{21}}{i_1} \end{array}\right\} \tag{5-2}$$

可以证明

$$M_{12} = M_{21} = M \tag{5-3}$$

互感反映了一个线圈的电流在另一个线圈中产生磁链的能力。互感的单位名称与自感的单位名称相同，也为亨[利]，符号为 H。

线圈间的互感 M 不仅与两线圈的匝数、形状及尺寸有关，而且与线圈的相对位置及磁介质有关。当用铁磁材料作为介质时，M 将不是常数。本章只介绍 M 为常数的情况。

5.1.3　耦合系数

两个耦合线圈的电流所产生的磁通，一般情况下只有部分磁通相互交链，故耦合系数 k 总是小于 1 的。k 的大小取决于两个线圈的相对位置及磁介质的性质，用 k 表示磁耦合线圈的耦合程度，如果两个线圈紧密地缠绕在一起，如图 5-2a 所示，那么 k 值就接近于 1，即

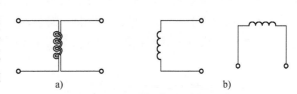

图 5-2　耦合系数 k 与线圈相对位置的关系
a）全耦合　b）无耦合

两线圈全耦合；如果两线圈相距较远，或线圈的轴线相互垂直放置，如图 5-2b 所示，那么 k 值就很小，甚至可能接近于零，即两线圈无耦合。耦合系数的定义如下：

$$k = \frac{M}{\sqrt{L_1 L_2}} = \sqrt{\frac{\Psi_{21}\,\Psi_{12}}{\Psi_{11}\,\Psi_{22}}} \tag{5-4}$$

5.1.4　互感电压

如果选择互感电压的参考方向与互感磁通的参考方向符合右手螺旋法则，那么根据电磁感应定律，结合式(5-2)，就有

$$u_{21} = \frac{\mathrm{d}\Psi_{21}}{\mathrm{d}t} = M\frac{\mathrm{d}i_1}{\mathrm{d}t}$$

$$u_{12} = \frac{\mathrm{d}\Psi_{12}}{\mathrm{d}t} = M\frac{\mathrm{d}i_2}{\mathrm{d}t} \tag{5-5}$$

当线圈中的电流为正弦交流时，如果

$$i_1 = I_{1m}\sin\omega t, \quad i_2 = I_{2m}\sin\omega t$$

那么
$$u_{21} = M\frac{\mathrm{d}i_1}{\mathrm{d}t} = \omega M I_{1m}\cos\omega t = \omega M I_{1m}\sin\left(\omega t + \frac{\pi}{2}\right)$$

$$u_{12} = \omega M I_{2m}\sin\left(\omega t + \frac{\pi}{2}\right)$$

$$\dot{U}_{21} = \mathrm{j}\omega M \dot{I}_1 = \mathrm{j}X_M \dot{I}_1$$

$$\dot{U}_{12} = \mathrm{j}\omega M \dot{I}_2 = \mathrm{j}X_M \dot{I}_2$$

式中，$X_M = \omega M$ 称为互感抗，单位为欧［姆］。

5.2 同名端及其判定

同名端

5.2.1 互感线圈的同名端

为了表示线圈的相对绕向以确定互感电压的极性，常采用标记同名端的方法。互感线圈的同名端是这样规定的，即如果两个互感线圈的电流 i_1 和 i_2 所产生的磁通是相互增强的，那么，两电流同时流入（或流出）的端钮就是同名端；如果磁通相互削弱，那么，两电流同时流入（或流出）的端钮就是异名端。同名端用标记"·""＊"或"△"标出，另一端则无须再标。根据上述标记原则，可以判断出如图 5-3 所示两组耦合线圈的同名端。

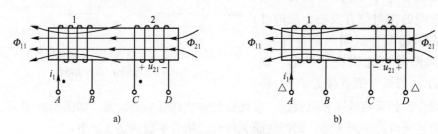

图 5-3　两组耦合线圈的同名端

a）用标记"·"标出同名端　b）用标记"△"标出同名端

图 5-4 中标出了几种不同相对位置和绕向的互感线圈的同名端。同名端只取决于两线圈的实际绕向和相对位置。

同名端总是成对出现的，如果有两个以上的线圈彼此间都存在磁耦合，同名端应一对一对地加以标记，每一对需用不同的符号标出，如图 5-4b 所示。

5.2.2 同名端的判定

对于难以知道实际绕向的两线圈，可以采用实验的方法来判定同名端。判定同名端的实验电路如图 5-5 所示。把线圈 L_1 通过开关 S 接到直流电源，把一个直流毫伏电压表接在线圈 L_2 的两端。在开关 S 闭合瞬间，线圈 L_2 的两端将产生一个互感电势，电表的指针就会偏

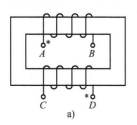 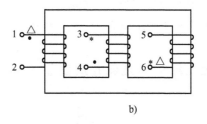

图 5-4 几种互感线圈的同名端

a) 一组同名端的标注　b) 多组同名端的标注

转。若指针正向摆动，则与直流电源正极相连的端钮 A 和与电压表正极相连的端钮 C 为同名端，若指针反向摆动，则 A、C 为异名端。

5.2.3 同名端原则

在确定两个线圈的同名端后，互感线圈中电流、电压的参考方向如图 5-6 所示。如果线圈互感电压的参考方向与引起该电压另一线圈电流的参考方向遵循同名端一致的原则，就有

$$\left.\begin{array}{l} u_{12} = M\dfrac{\mathrm{d}i_2}{\mathrm{d}t} \\[3mm] u_{21} = M\dfrac{\mathrm{d}i_1}{\mathrm{d}t} \end{array}\right\} \tag{5-6}$$

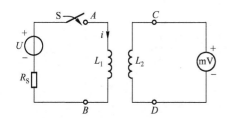

图 5-5 判定同名端的实验电路

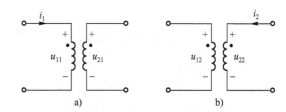

图 5-6 互感线圈中电流、电压的参考方向

a) 电流 i_1 在线圈 1 和 2 上产生电压的方向

b) 电流 i_2 在线圈 1 和 2 上产生电压的方向

在式(5-6)中，若 $\dfrac{\mathrm{d}i_2}{\mathrm{d}t}>0$，则 $u_{12}>0$，与实际情况相符。同理，若 $\dfrac{\mathrm{d}i_1}{\mathrm{d}t}>0$，则 $u_{21}>0$。因此，在利用同名端的概念分析互感电路时，不必考虑线圈的绕向及相对位置，但对参考方向所遵循的原则必须理解和掌握。

在正弦交流电路中，互感电压与引起它的电流为同频率的正弦量，当其相量的参考方向满足上述原则时，有

$$\left.\begin{array}{l} \dot{U}_{21} = \mathrm{j}\omega M\,\dot{I}_1 = \mathrm{j}X_{\mathrm{M}}\,\dot{I}_1 \\[3mm] \dot{U}_{12} = \mathrm{j}\omega M\,\dot{I}_2 = \mathrm{j}X_{\mathrm{M}}\,\dot{I}_2 \end{array}\right\} \tag{5-7}$$

可见，在上述参考方向原则下，互感电压比引起它的正弦电流超前90°。

【例5-1】　在图5-7所示电路中，$M = 0.025\text{H}$，$i_1 = \sqrt{2}\sin 1200t$ A，试求互感电压 u_{21}。

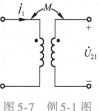

图5-7　例5-1图

解：选择互感电压 u_{21} 与电流 i_1 的参考方向对于同名端一致，如图5-7所示，则

$$u_{21} = M\frac{\mathrm{d}i_1}{\mathrm{d}t}$$

其相量形式为
$$\dot{U}_{21} = \mathrm{j}\omega M \dot{I}_1, \quad \dot{I}_1 = \underline{/0°}\ \text{A}$$

故
$$\dot{U}_{21} = \mathrm{j}\omega M \dot{I}_1 = \mathrm{j}1200 \times 0.025 \times 1\ \underline{/0°}\ \text{V} = 30\ \underline{/90°}\ \text{V}$$

所以
$$u_{21} = 30\sqrt{2}\sin(1200t + 90°)\ \text{V}$$

5.3　互感电路的计算

互感线圈的串联

5.3.1　互感线圈的串联

两个具有互感的线圈串联时有两种接法，即顺向串联和反向串联。

1. 互感线圈的顺向串联

图5-8a 所示电路为互感线圈的顺向串联，即异名端相连。

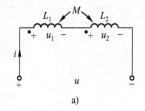
a)

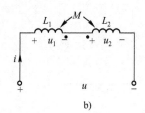
b)

图5-8　互感线圈的串联

a）顺向串联　b）反向串联

在图5-8a 所示电压、电流的参考方向下，根据 KVL 可得线圈两端的总电压为

$$\dot{U} = \dot{U}_1 + \dot{U}_2 = \mathrm{j}\omega L_1 \dot{I} + \mathrm{j}\omega M \dot{I} + \mathrm{j}\omega L_2 \dot{I} + \mathrm{j}\omega M \dot{I}$$

$$= \mathrm{j}\omega(L_1 + L_2 + 2M)\dot{I} = \mathrm{j}\omega L_s \dot{I} \tag{5-8}$$

即
$$L_s = L_1 + L_2 + 2M$$

式中，L_s 称为顺向串联的等效电感。故图5-8a 所示电路可以用一个等效电感 L_s 来替代。

2. 互感线圈的反向串联

图5-8b 所示电路为互感线圈的反向串联，即同名端相连。串联电路的总电压为

$$\dot{U} = \dot{U}_1 + \dot{U}_2 = \mathrm{j}\omega L_1 \dot{I} - \mathrm{j}\omega M \dot{I} + \mathrm{j}\omega L_2 \dot{I} - \mathrm{j}\omega M \dot{I}$$

$$= j\omega(L_1 + L_2 - 2M)\dot{I} = j\omega L_f \dot{I}$$

式中，L_f 称为反向串联的等效电感，即

$$L_f = L_1 + L_2 - 2M \tag{5-9}$$

由式(5-8)、式(5-9) 可得

$$M = \frac{L_s - L_f}{4} \tag{5-10}$$

比较式(5-9) 和式(5-10)，可以看出 $L_s > L_f$，当外加相同正弦电压时，顺向串联时的电流小于反向串联时的电流。

【例5-2】 将两个线圈串联接到50Hz、60V 的正弦电源上，顺向串联时的电流为2A，功率为96W，反向串联时的电流为2.4A，求互感 M。

解：当顺向串联时，电路阻抗可用等效电阻 $R = R_1 + R_2$ 和等效电感 $L_s = L_1 + L_2 + 2M$ 相串联的电路模型来表示。根据已知条件，得

$$R = \frac{P}{I_s^2} = \frac{96}{2^2}\Omega = 24\Omega$$

由

$$X_L^2 = 2^2 - R^2$$

得

$$\omega L_s = \sqrt{\left(\frac{U}{I_s}\right)^2 - R^2} = \sqrt{\left(\frac{60}{2}\right)^2 - 24^2}\,\Omega = 18\Omega$$

$$L_s = \frac{18}{2\pi \times 50}H = 0.057H$$

当反向串联时，线圈电阻不变，由已知条件可求出反向串联时的等效电感，得

$$\omega L_f = \sqrt{\left(\frac{U}{I_f}\right)^2 - R^2} = \sqrt{\left(\frac{60}{2.4}\right)^2 - 24^2}\,\Omega = 7\Omega$$

$$L_f = \frac{7}{2\pi \times 50}H \approx 0.022H$$

$$M = \frac{L_s - L_f}{4} = \frac{0.057 - 0.022}{4}H = 8.75mH$$

5.3.2 互感线圈的并联

互感线圈的并联也有两种接法，一种是两个线圈的同名端相连，称为同侧并联，如图 5-9a所示；另一种是两个线圈的异名端相连，称为异侧并联，如图 5-9b 所示。当两线圈同侧并联时，在图 5-9a 所示的电压、电流参考方向下，由 KVL 有

互感线圈的并联

$$\dot{U} = j\omega L_1 \dot{I}_1 + j\omega M \dot{I}_2$$

$$\dot{U} = j\omega L_2 \dot{I}_2 + j\omega M \dot{I}_1$$

$$\dot{I} = \dot{I}_1 + \dot{I}_2$$

由电流方程可得 $\dot{I}_2 = \dot{I} - \dot{I}_1$，$\dot{I}_1 = \dot{I} - \dot{I}_2$，将其分别代入电压方程中，则有

$$\left.\begin{aligned} \dot{U} &= j\omega L_1 \dot{I}_1 + j\omega M(\dot{I} - \dot{I}_1) = j\omega(L_1 - M)\dot{I}_1 + j\omega M\dot{I} \\ \dot{U} &= j\omega L_2 \dot{I}_2 + j\omega M(\dot{I} - \dot{I}_2) = j\omega(L_2 - M)\dot{I}_2 + j\omega M\dot{I} \end{aligned}\right\} \tag{5-11}$$

根据上述电压、电流关系，按照等效的概念，图5-9a所示具有互感的电路就可以用图5-10a所示无互感的电路来等效，这种处理互感电路的方法称为互感消去法，图5-10a称为图5-9a的去耦等效电路。由图5-10a可以直接求出两个互感线圈同侧并联时的等效电感为

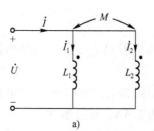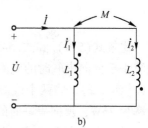

图5-9　互感线圈的并联

a）同侧并联　b）异侧并联

$$L = \frac{L_1 L_2 - M^2}{L_1 + L_2 - 2M} \tag{5-12}$$

同理，可以推出互感线圈异侧并联的等效电感为

$$L = \frac{L_1 L_2 - M^2}{L_1 + L_2 + 2M}$$

互感线圈异侧并联（见图5-9b）的去耦等效电路如图5-10b所示。

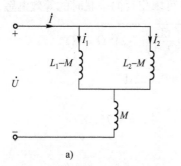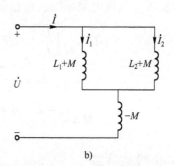

图5-10　互感线圈并联的去耦等效电路

a）图5-9a的去耦等效电路　b）互感线圈异侧并联的去耦等效电路

互感消去法不但可以用于互感并联电路，而且可以对两个互感线圈只有一端相连的电路进行互感消去。当互感的两个线圈仅有一端相连时，同样有同名端相连和异名端相连两种连接方式，分别如图5-11a和图5-11b所示。

图5-11a为同名端相连的情况，在图示参考方向下，可列出其端钮间的电压方程为

$$\left.\begin{aligned} \dot{U}_{13} &= j\omega L_1 \dot{I}_1 + j\omega M \dot{I}_2 \\ \dot{U}_{23} &= j\omega L_2 \dot{I}_2 + j\omega M \dot{I}_1 \end{aligned}\right\} \tag{5-13}$$

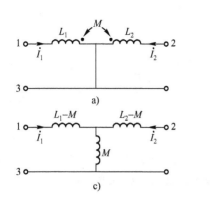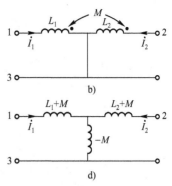

图 5-11 一端相连的互感线圈及去耦等效电路

a) 同名端相连电路　b) 异名端相连电路　c) 同名端相连去耦等效电路　d) 异名端相连去耦等效电路

利用 $\dot{I} = \dot{I}_1 + \dot{I}_2$，可将式(5-13) 变换为

$$\left.\begin{array}{l} \dot{U}_{13} = j\omega(L_1 - M)\dot{I}_1 + j\omega M\dot{I} \\[2mm] \dot{U}_{23} = j\omega(L_2 - M)\dot{I}_2 + j\omega M\dot{I} \end{array}\right\} \tag{5-14}$$

由式(5-14) 可得图 5-11c 所示的同名端相连去耦等效电路。

同理，两互感线圈异名端相连（见图 5-11b）可等效为图 5-11d 所示的异名端相连去耦等效电路。

【例 5-3】　在图 5-12 所示的互感电路中，ab 端加 10V 的正弦电压，已知电路的参数为 $R_1 = R_2 = 3\Omega$，$\omega L_1 = \omega L_2 = 4\Omega$，$\omega M = 2\Omega$。求 cd 端的开路电压。

解：当 cd 端开路时，线圈 2 中无电流，因此，在线圈 1 中没有互感电压。以 ab 端电压为参考，有

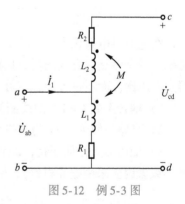

图 5-12　例 5-3 图

$$\dot{U}_{ab} = 10 \underline{/0°} \text{ V}$$

$$\dot{I}_1 = \frac{\dot{U}_{ab}}{R_1 + j\omega L_1} = \frac{10\underline{/0°}}{3 + j4}\text{A} = 2\underline{/-53.1°}\text{ A}$$

由于线圈 2 中没有电流，所以 L_2 上无自感电压。但 L_1 上有电流，因此线圈 2 中有互感电压。根据电流对同名端的方向可知，cd 端的电压为

$$\begin{aligned} \dot{U}_{cd} &= j\omega M\dot{I}_1 + \dot{U}_{ab} = j4\underline{/-53.1°}\text{ V} + 10\text{V} \\ &= 4\underline{/36.9°}\text{ V} + 10\text{V} = 13.4\underline{/10.3°}\text{ V} \end{aligned}$$

【例 5-4】　图 5-13a 所示为具有互感的正弦电路。已知 $X_{L_1} = 10\Omega$，$X_{L_2} = 20\Omega$，$X_C = 5\Omega$，耦合线圈互感抗 $X_M = 10\Omega$，电源电压 $U_S = 20\text{V}$，$R_L = 30\Omega$，求电流 $\dot{I}_2$。

解：利用互感消去法，得去耦等效电路如图 5-13b 所示，其相量模型如图 5-13c 所示。

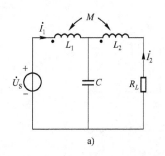 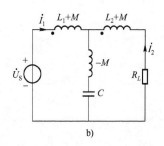 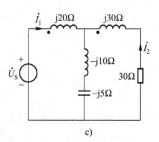

图 5-13 例 5-4 图

a) 原电路 b) 去耦等效电路 c) 相量模型

利用阻抗串、并联等效变换,求得电流

$$\dot{I}_1 = \frac{20 \underline{/0°} \text{ V}}{j20\Omega + \dfrac{(-j10-j5) \times (30+j30)}{(-j10-j5) + (30+j30)}\Omega} = \frac{4+j2}{1+j}\text{A}$$

应用阻抗并联分流关系求得电流

$$\dot{I}_2 = -\frac{-j10-j5}{(-j10-j5) + (30+j30)}\dot{I}_1 = \sqrt{2}\underline{/45°}\text{ A}$$

5.4 理想变压器

5.4.1 理想变压器的条件

在电力供电系统中,各种电气设备的电源部分以及其他一些较低频率的电子电路中使用的变压器大多是铁心变压器。理想变压器是铁心变压器的理想化模型,它的唯一参数是变压器的电压比,而不是 L_1、L_2、M 等参数。理想变压器满足以下 3 个条件。

1)耦合系数 $k = 1$,即线圈为全耦合。

2)自感系数 L_1、L_2 为无穷大,但 L_1/L_2 为常数。

3)变压器无任何损耗,即制作变压器的材料为理想材料,绕制线圈的导线接近超导材料(或者说应采用超导材料),铁心材料的磁导率 μ 为无穷大。

5.4.2 理想变压器两个端口的伏安关系

理想变压器的电路模型如图 5-14 所示。设一次、二次线圈(又分别称为初级线圈、次级线圈)的匝数分别为 N_1、N_2,同名端以及电压、电流参考方向如图 5-14 所示。由于线圈耦合方式为全耦合,所以绕组的互感磁通必等于自感磁通,穿过一次、二次绕组的磁通相同,用 Φ 表示。一次、二次绕组的磁链分别为

$$\Psi_1 = N_1\Phi$$

$$\Psi_2 = N_2\Phi$$

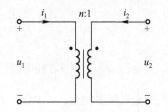

图 5-14 理想变压器的电路模型

一次、二次绕组的电压分别为

$$u_1 = \frac{\mathrm{d}\mathit{\Psi}_1}{\mathrm{d}t} = N_1 \frac{\mathrm{d}\mathit{\Phi}}{\mathrm{d}t}$$

$$u_2 = \frac{\mathrm{d}\mathit{\Psi}_2}{\mathrm{d}t} = N_2 \frac{\mathrm{d}\mathit{\Phi}}{\mathrm{d}t}$$

由上式得一次、二次绕组的电压之比为

$$\frac{u_1}{u_2} = \frac{N_1}{N_2} = n$$

或写为
$$u_1 = nu_2 \tag{5-15}$$

式中，n 称为变压器的电压比或变换系数，它等于一次、二次绕组的匝数之比。对于一个变压器来说，N_1、N_2 均已确定，故 n 为一常量。

当 $n > 1$ 时，$U_1 > U_2$，变压器为降压变压器；当 $n < 1$ 时，$U_1 < U_2$，变压器为升压变压器。理想变压器只能改变电压的大小，无法改变其相位。

由于理想变压器无能量损耗，所以理想变压器一次、二次线圈在任何时刻的视在功率都相等，即

$$u_1 i_1 = u_2 i_2 \tag{5-16}$$

由式(5-16) 得

$$\frac{i_1}{i_2} = -\frac{u_2}{u_1} = -\frac{1}{n} \qquad 或 \qquad i_1 = -\frac{1}{n} i_2 \tag{5-17}$$

在正弦稳态电路中，式(5-15) 和式(5-16)、(5-17) 对应的电压、电流关系的相量形式为

$$\left.\begin{array}{r}\dot{U}_1 = n\dot{U}_2 \\[2mm] \dot{I}_1 = -\dfrac{1}{n}\dot{I}_2\end{array}\right\} \tag{5-18}$$

这里需说明的是，式(5-15)、式(5-16) 和式(5-17) 是与图5-14所示的电压、电流参考方向及同名端位置相对应的。如果改变电压、电流参考方向或同名端位置，其表达式中的符号就应做相应改变。图5-15 所示的理想变压器，其电压、电流关系式为

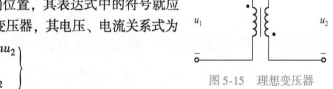

$$\left.\begin{array}{r}u_1 = -nu_2 \\[2mm] i_1 = \dfrac{1}{n} i_2\end{array}\right\}$$

图 5-15　理想变压器

总之，在变压关系式中，前面的正负号取决于电压的参考方向与同名端的位置。当电压参考极性与同名端的位置一致时，例如两电压的正极性端（或同极性端）同在两线圈的同名端，此时变压关系式前取正号；反之，当电压的参考极性与两线圈同名端的位置不一致时，关系式取负号。在变流关系式中，前面的正负号取决于与一次、二次电流的参考方向与同名端的位置，当电流从两绕组的同名端流入时，变流关系式前取负号；当电流从两绕组的异名端流入时，关系式取正号。

5.4.3 理想变压器的等效变换

理想变压器还具有变换阻抗的作用。如果在变压器的二次绕组接上阻抗 Z_L，如图 5-16 所示，则从一次级绕组输入的阻抗是

$$Z_i = \frac{\dot{U}_1}{\dot{I}_1} = \frac{n\dot{U}_2}{-\frac{1}{n}\dot{I}_2} = n^2\left(-\frac{\dot{U}_2}{\dot{I}_2}\right)$$

式中，因负载 Z_L 上的电压、电流为非关联参考方向，故 $Z_L = -\dfrac{\dot{U}_2}{\dot{I}_2}$，代入上式，得

$$Z_i = n^2 Z_L \tag{5-19}$$

由式(5-19) 可知，变压器还有变换阻抗的作用，即在将二次绕组接阻抗 Z_L 时，相当于在一次绕组接一个值为 $n^2 Z_L$ 的阻抗，因此可以通过改变变压器的电压比来改变输入电阻，实现与电源的匹配，从而使负载获得最大功率。由于 n 为实数，所以变换阻抗时只能改变阻抗的模，而不能改变阻抗角。

【例5-5】 在图 5-17 所示电路中，$\dot{U}_s = 100\ \underline{/0°}$ V，$R_s = 50\Omega$，$R_L = 1\Omega$，$n = 4$。求 $\dot{I}_1$、$\dot{I}_2$ 及负载吸收的功率 P_L。

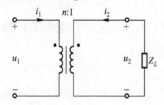

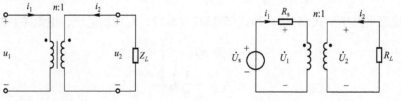

图 5-16 理想变压器变换阻抗作用　　　　图 5-17 例 5-5 图

解： 列写输入回路的 KVL 方程

$$\dot{U}_s = R_s\dot{I}_s + \dot{U}_1 \qquad ①$$

理想变压器具有变换阻抗的作用，其输入电阻为 $n^2 R_L$，因而得

$$\dot{U}_1 = R_1\dot{I}_1 = n^2 R_L\dot{I}_1$$

代入式①，得

$$\dot{U}_s = R_s\dot{I}_1 + n^2 R_L\dot{I}_1$$

$$\dot{I}_1 = \frac{\dot{U}_s}{R_s + n^2 R_L} = \frac{100\ \underline{/0°}}{50 + 4^2 \times 1}\text{A} \approx 1.52\ \underline{/0°}\ \text{A}$$

$$\dot{I}_2 = -n\dot{I} = -4 \times 1.52\ \underline{/0°}\ \text{A} = 6.08\ \underline{/180°}\ \text{A}$$

$$P_L = I_2^2 R_L = 6.08^2 \times 1\text{W} \approx 36.97\text{W}$$

【例5-6】 有一信号源，输出电压为 1V，内阻 $R_s = 600\Omega$，现负载电阻为 150Ω，欲使

负载获得功率最大，必须在电源与负载之间接一匹配变压器，使之达到阻抗匹配。问应选多大变压比的变压器？一次、二次电流各为多少？

解：已知负载阻抗 $Z_L = 150\Omega$，当负载功率最大时，变压器的输入阻抗应等于电源内阻抗，即 $Z_i = Z_s = 600\Omega$，又因为 $Z_i = n^2 Z_L$，则

$$n = \sqrt{\frac{Z_i}{Z_L}} = \sqrt{\frac{600}{150}} = 2$$

因为电源内阻与负载均为纯电阻，则

$$I_1 = \frac{U_s}{R_s + Z_i} = \frac{1}{600 + 600}A \approx 0.83 \times 10^{-3}A = 0.83mA$$

$$I_2 = nI_1 = 1.66mA$$

5.5　空心变压器

1. 空心变压器的概念

两个具有磁耦合联系的线圈可以构成一个空心变压器，其等效电路的参数是 L_1、L_2 和 M。空心变压器具有储存磁能的本领，属于储能电路器件。图5-18所示为空心变压器的电路模型。

2. 一次、二次回路电流的计算

根据图5-18所示电压、电流的参考方向以及标注的同名端，可列出一次、二次回路的KVL方程如下，即

$$(R_1 + j\omega L_1)\dot{I}_1 + j\omega M\dot{I}_2 = \dot{U}_1$$

$$j\omega M\dot{I}_1 + (R_2 + j\omega L_2 + R_L + jX_L)\dot{I}_2 = 0$$

令 $Z_{11} = R_1 + j\omega L_1$ 为一次回路自阻抗，$Z_{22} = R_2 + j\omega L_2 + R_L + jX_L = R_{22} + jX_{22}$ 为二次回路自阻抗，$Z_M = j\omega M = jX_M$ 为一次、二次回路间的互阻抗，则有

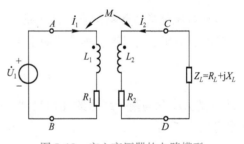

图5-18　空心变压器的电路模型

$$Z_{11}\dot{I}_1 + jX_M\dot{I}_2 = \dot{U}_1 \tag{5-20}$$

$$jX_M\dot{I}_1 + Z_{22}\dot{I}_2 = 0 \tag{5-21}$$

由式(5-21)可得

$$\dot{I}_2 = -\frac{j\omega M\dot{I}_1}{Z_{22}} \tag{5-22}$$

将式(5-22)代入式(5-20)，得

$$\dot{I}_1 = \frac{\dot{U}_1}{Z_{11} + \frac{(\omega M)^2}{Z_{22}}} = \frac{\dot{U}_1}{Z_{11} + Z_1'} \tag{5-23}$$

式中，$Z'_1 = (\omega M^2)/Z_{22}$ 称为空心变压器的反射阻抗。

3. 反射阻抗

空心变压器的反射阻抗反映了一次、二次回路之间互感的影响。

$$Z'_1 = \frac{(\omega M)^2}{Z_{22}} = \frac{(\omega M)^2}{R_{22} + jX_{22}} = R'_1 + jX'_1 \qquad (5\text{-}24)$$

Z'_1 称为二次回路在一次回路中的反射阻抗，整理可得

$$R'_1 = \frac{(\omega M)^2}{R_{22}^2 + X_{22}^2} R_{22}^2 \qquad (5\text{-}25)$$

$$X'_1 = -\frac{(\omega M)^2}{R_{22}^2 + X_{22}^2} X_{22}^2 \qquad (5\text{-}26)$$

式中，R'_1、X'_1 分别为反射电阻和反射电抗。

本 章 小 结

1. 互感现象

当一个线圈中的电流发生变化时，在相邻线圈中引起电磁感应的现象称为互感。

2. 互感电压

互感电压是通过磁路耦合而产生的，互感电压的大小取决于两个耦合线圈的互感系数 M，对两个相互之间具有互感的线圈来讲，它们互感系数的大小是相同的，即

$$M = M_{12} = \frac{\Psi_{12}}{i_1} = M_{21} = \frac{\Psi_{21}}{i_2}$$

互感 M 的大小只与两个线圈的几何尺寸、线圈的匝数、相互位置及线圈所处位置介质的磁导率有关。

3. 耦合系数

两个互感线圈磁路耦合的松紧程度用耦合系数 k 表示。当 $k=1$ 时为全耦合，即线圈电流的磁场不仅穿过本身，而且全部穿过互感线圈。当漏磁通越多时，耦合得越差，k 值就越小。利用互感原理工作的电气设备，总是希望耦合系数越接近 1 越好。

4. 同名端

互感线圈的同名端是这样规定的：如果两个互感线圈的电流 i_1 和 i_2 所产生的磁通是相互增强的，那么两电流同时流入（或流出）的端钮就是同名端；如果磁通相互削弱，则两电流同时流入（或流出）的端钮就是异名端。同名端用标记 "·" "*" 或 "△" 标出，另一端则无须再标。

5. 互感线圈的串联

当两互感线圈的一对异名端相连、另一对异名端与电路其他部分相接时，构成的连接方式称为互感线圈的顺向串联；当互感线圈的一对同名端相连、另一对同名端与二端网络相连时，所构成的连接方式称为互感线圈的反向串联。

6. 互感线圈的并联

若把两个具有互感的线圈相同绕向的端子（同名端）两两相连在一起，并接在二端网络上，则构成的连接方式称为同侧并联；若将它们的两个异名端两两相连，并接在二端网络上，则构成的连接方式称为异侧并联。

7. 理想变压器必须满足 3 个条件

1）无损耗。

2）耦合系数 $k = 1$。

3）线圈的电感量和互感量均为无穷大，且电压比 n 为常数。

8. 空心变压器反射阻抗

空心变压器的反射阻抗反映了一次、二次回路之间互感的影响。需要注意的是，空心变压器一次回路反射阻抗的性质与二次回路的阻抗性质相反。

习　题

5-1　试述同名端的概念。为什么对两互感线圈串联和并联时必须要注意它们的同名端？

5-2　何谓耦合系数？什么是全耦合？

5-3　已知两线圈的自感为 $L_1 = 5\text{mH}$，$L_2 = 4\text{mH}$。

1）$k = 0.5$，求互感 M。

2）$M = 3.5\text{mH}$，求耦合系数 k。

3）两线圈全耦合，求互感 M。

5-4　在图 5-19 所示电路中，$i = 3\sin 100t \text{ A}$，$M = 0.1\text{H}$，试求电压 u_{AB} 的解析式。

5-5　通过测量流入有互感的两串联线圈的电流、功率和外施电压，可以确定两个线圈之间的互感。现在用 $U = 220\text{V}$、$f = 50\text{Hz}$ 的电源进行测量。当顺向串联时，测得 $I = 2.5\text{A}$，$P = 62.5\text{W}$；当反向串联时，测得 $P = 250\text{W}$。试求互感 M。

5-6　理想变压器和全耦合变压器有何相同之处？有何区别？

5-7　在图 5-20 所示电路中，$L_1 = 0.01\text{H}$，$L_2 = 0.02\text{H}$，$C = 20\mu\text{F}$，$R = 10\Omega$，$M = 0.01\text{H}$。求两个线圈在顺向串联和反向串联时的谐振角频率 ω_0。

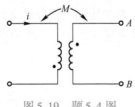

图 5-19　题 5-4 图

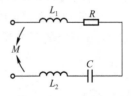

图 5-20　题 5-7 图

5-8　当具有互感的两个线圈顺向串联时，总电感为 0.6H；反向串联时，总电感为 0.2H。若两线圈的电感量相同，试求互感和线圈的电感。

5-9　求图 5-21 所示电路中的电流。

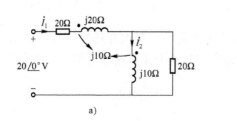 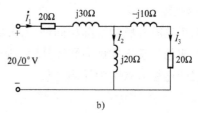

图 5-21　题 5-9 图

a) 原电路　b) 去耦等效电路

5-10　在图 5-22 所示电路中，耦合系数是 0.5，求：1）流过两线圈的电流；2）电路消耗的功率；3）电路的等效输入阻抗。

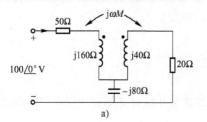 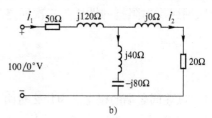

图 5-22　题 5-10 图

a) 原电路　b) 去耦等效电路

5-11　由理想变压器组成的电路如图 5-23 所示，已知 $\dot{U}_s = 16\ \underline{/0°}\ V$，求 $\dot{I}_1$、$\dot{U}_2$ 和 R_L 吸收的功率。

5-12　在图 5-24 所示电路中，变压器为理想变压器，$\dot{U}_s = 10\ \underline{/0°}\ V$，求电压 $\dot{U}_C$。

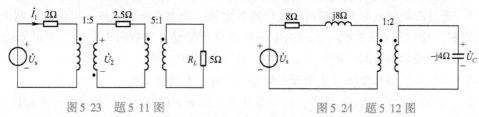

图 5-23　题 5-11 图　　　　　　　　图 5-24　题 5-12 图

5-13　将理想变压器一次线圈接在 220V 正弦电源上，测得 N_2 电压为 12V，N_3 开路电压为 24V，若将 N_2、N_3 分别接成图 5-25a 和图 5-25b 所示的两种接法，试分别求电压表的读数。

5-14　对于图 5-26 所示的理想变压器电路，若其变压比为 5:1，试求电流 I_1、I_2。

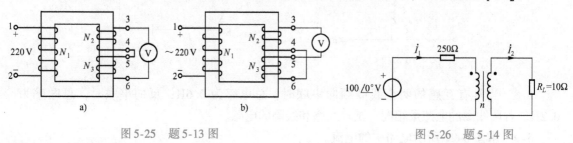

图 5-25　题 5-13 图　　　　　　　　图 5-26　题 5-14 图

第6章　线性电路过渡过程的时域分析

◈内容导入

其他章节是对稳态过程的分析，而本章是对暂态过程的分析，在本章学习时要建立起暂态分析的概念，掌握暂态分析的方法。

6.1　换路定律及电路初始条件的确定

过渡过程

6.1.1　过渡过程及产生过渡过程的原因

自然界中的各种事物的运动过程都存在着稳定状态和过渡状态。例如，电风扇在接通电源前是静止的，这是一种稳定状态，接通电源后风扇开始旋转，转速由零逐渐上升，达到某一转速，断电后转速逐渐下降直至为零。接通电源后风扇的转速不可能从零突变到稳定转速，反之，风扇断开电源后也不可能从稳定转速突变为零，从某一种状态转变为另一种状态都需要一定时间，经历一个过程，把这个过程称为过渡过程。再如，火车离站加速到以某一速度正常运行，行驶中的汽车从制动减速到完全停止，水由室温加热到沸腾等，也都要经历类似的过程。这就是说，物质从一种状态过渡到另一种状态是不能瞬间完成的，需要有一个过程，即能量不能发生跃变。过渡过程就是从一种稳定状态转变到另一种稳定状态的中间过程。电路从一种稳定状态转变到另一种稳定状态，也要经历过渡过程。

为了了解电路产生过渡过程的内因和外因，我们观察一个实验现象。如图 6-1 所示的电路中，3 个并联支路分别为电阻、电感、电容与灯泡串联，S 为电源开关。

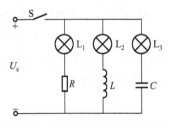

图 6-1　电路过渡过程的实验图

闭合开关 S 后会发现，电阻支路的灯泡 L_1 立即发光，且亮度不再变化，说明这一支路没有经历过渡过程，而是立即进入了新的稳态；电感支路的灯泡 L_2 由暗渐渐变亮，最后达到稳定，说明电感支路经历了过渡过程；电容支路的灯泡 L_3 由亮变暗直到熄灭，说明电容支路也经历了过渡过程。当然，若开关 S 状态保持不变（断开或闭合），就观察不到这些现象。由此可知，产生过渡过程的外因是接通了开关，但接通开关并不一定都会引起过渡过程，如电阻支路就没有过渡过程。产生过渡过程的两条支路都存在储能元件（电感或电容），这是产生过渡过程的内因。在电路理论中，通常把电路状态的改变（通电、断电、短路、电信号突变和电路参数的变化等）统称为换路，并认为换路是立即完成的。

综上所述，产生过渡过程的原因有两个方面，即外因和内因。换路是外因，电路中有储能元件（也叫作动态元件）是内因。

研究电路中的过渡过程是有实际意义的。例如，在电子电路中常利用电容器的充放电过程来完成积分、微分、多谐振荡等，以产生或变换电信号。而在电力系统中，过渡过程的出现，可能产生比稳定状态大得多的过电压或过电流，若不采取一定的保护措施，就会损坏电气设备，引起不良后果。因此，必须研究和掌握电路中过渡过程的规律，利用它的特点，防止它的危害。

6.1.2 换路定律

换路定律

换路时，由于储能元件的能量不会发生跃变，因而形成了电路的过渡过程。电容元件储有电场能量，大小为 $W_C = \frac{1}{2}Cu_C^2$，电感元件储有磁场能量，大小为 $W_L = \frac{1}{2}Li_L^2$。从另一角度理解，电容元件的充、放电电流 $i_C = C\frac{\mathrm{d}u_C}{\mathrm{d}t}$ 不能无限大，所以电容电压 u_C 不能跃变；电感元件两端的电压 $u_L = L\frac{\mathrm{d}i_L}{\mathrm{d}t}$ 不能无限大，所以电感电流 i_L 不能跃变。

电路在换路时能量不能跃变的具体表现为：在换路瞬间，电容两端的电压 u_C 不能跃变，通过电感的电流 i_L 不能跃变。这一规律是分析暂态过程的很重要的定律，称为换路定律。用 $t = 0_-$ 表示换路前的瞬间，$t = 0_+$ 表示换路后的瞬间，换路定律可表示为

$$\left.\begin{array}{c} u_C(0_+) = u_C(0_-) \\ i_L(0_+) = i_L(0_-) \end{array}\right\} \tag{6-1}$$

式（6-1）是换路定律的表达式，它仅适用于换路瞬间，即换路后的瞬间电容电压 u_C 和电感电流 i_L 都应保持换路前瞬间的数值而不能跃变。而其他的量，如电容上的电流、电感上的电压、电阻上的电压和电流都是可以跃变的。因此，它们换路后一瞬间的值，通常都不等于换路前一瞬间的值。

6.1.3 初始值的计算

电路的暂态过程是从换路后瞬间（$t = 0_+$）开始到电路达到新的稳定状态（$t = \infty$）时结束。换路后电路中的各电压及电流将由一个初始值逐渐变化到稳态值，因此，确定初始值 $f(0_+)$ 和稳态值 $f(\infty)$ 是暂态分析非常关键的一步。式（6-1）是计算换路时初始值的根据，又称为初始条件。要计算电路在换路时各个电压和电流的初始值，首先应根据换路定律得到电感电流或电容电压的初始值，再根据基尔霍夫定律计算其他各个电压和电流的初始值。现将根据换路定律确定电路初始值的步骤归纳如下。

1）根据换路前的稳态电路求出 $t=0_-$ 时电路中的电容电压 $u_C(0_-)$ 和电感电流 $i_L(0_-)$，此时电容器相当于开路，电感相当于短路。

2）利用换路定律 $u_C(0_+)=u_C(0_-)$、$i_L(0_+)=i_L(0_-)$ 确定出 $t=0_+$ 时的电容电压 $u_C(0_+)$ 和电感电流 $i_L(0_+)$。

3）将电容元件用电压为 $u_C(0_+)$ 的电压源替代，将电感元件用电流为 $i_L(0_+)$ 的电流源替代，电路中的独立源则取其在 $t=0_+$ 时的值，画出换路后电路在 $t=0_+$ 时的等效电路。它是一个电阻电路，只在 $t=0_+$ 一瞬间与原动态电路等效。

4）利用基尔霍夫定律和欧姆定律求解 $t=0_+$ 时的等效电路，求出其他相关初始值。

【例6-1】 在图6-2a所示电路中，已知 $U_s=12V$，$R_1=4k\Omega$，$R_2=8k\Omega$，$C=1\mu F$，开关 S 原来处于断开状态，电容上电压 $u_C(0_-)=0$。求开关 S 闭合后，$t=0_+$ 时，电路中各电流及电容电压的数值。

解：选定有关参考方向如图6-2所示。

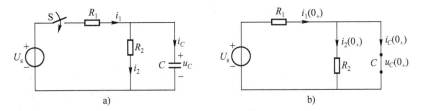

图6-2 例6-1图

a）原电路 b）$t=0_+$ 时的等效电路

1）由已知条件可知：$u_C(0_-)=0$。

2）由换路定律可知：$u_C(0_+)=u_C(0_-)=0$。

3）求其他各电流、电压的初始值。画出 $t=0_+$ 时的等效电路，如图6-2b所示。由于 $u_C(0_+)=0$，所以在等效电路中电容相当于短路。故由 KCL 有

$$i_2(0_+)=\frac{u_C(0_+)}{R_2}=\frac{0V}{8\times10^3\Omega}=0A$$

$$i_1(0_+)=\frac{U_s}{R_1}=\frac{12V}{4\times10^3\Omega}=3mA$$

$$i_C(0_+)=i_1(0_+)-i_2(0_+)=3mA$$

【例6-2】 电路如图6-3a所示，已知 $U_s=10V$，$R_1=6\Omega$，$R_2=4\Omega$，$L=2mH$，开关 S 原处于断开状态。求开关 S 闭合后 $t=0_+$ 时，各电流及电感电压 u_L 的数值。

解：选定有关参考方向如图6-3所示。

1）求 $t=0_-$ 时电感电流 $i_L(0_-)$。由已知条件得

$$i_L(0_-)=i_1(0_-)=i_2(0_-)=\frac{U_s}{R_1+R_2}=\frac{10V}{6\Omega+4\Omega}=1A$$

$$i_3(0_-)=0$$

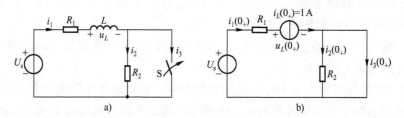

图 6-3 例 6-2 图

a）原电路 b）$t=0_+$ 时的等效电路

2）求 $t=0_+$ 时 $i_L(0_+)$。由换路定律知

$$i_L(0_+)=i_L(0_-)=1A$$

3）求其他各电压、电流的初始值。画出 $t=0_+$ 时的等效电路如图 6-3b 所示。由于 S 闭合，R_2 被短路，则 R_2 两端电压为零，故 $i_2(0_+)=0$。由 KCL 有

$$i_3(0_+)=i_1(0_+)-i_2(0_+)=i_1(0_+)=1A$$

由 KVL 有

$$U_s=i_1(0_+)R_1+u_L(0_+)$$

$$u_L(0_+)=U_s-i_1(0_+)R_1=10V-1\times6V=4V$$

【例 6-3】 电路如图 6-4a 所示，已知 $U_s=12V$，$R_1=4\Omega$，$R_2=8\Omega$，$R_3=4\Omega$，$u_C(0_-)=0$，$i_L(0_-)=0$，当 $t=0$ 时开关 S 闭合。求当开关 S 闭合后，各支路电流的初始值和电感上电压的初始值。

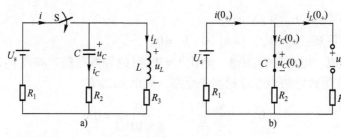

图 6-4 例 6-3 图

a）原电路 b）$t=0_+$ 时的等效电路

解：1）由已知条件可得

$$u_C(0_-)=0,i_L(0_-)=0$$

2）求 $t=0_+$ 时，$u_C(0_+)$ 和 $i_L(0_+)$ 的值。由换路定律得

$$u_C(0_+)=u_C(0_-)=0,i_L(0_+)=i_L(0_-)=0$$

3）求其他各电压电流的初始值。

$$i(0_+)=i_C(0_+)=\frac{U_s}{R_1+R_2}=\frac{12V}{4\Omega+8\Omega}=1A$$

$$u_L(0_+)=i_C(0_+)R_2=1A\times8\Omega=8V$$

6.2　一阶电路的零输入响应

一阶电路的零
输入响应仿真

仅有一类储能元件（电感或电容）的电路称为一阶电路。如果在换路前储能元件就有能量储存，那么即使电路中并无外施电源存在，换路后电路中也仍有电压、电流。这是因为储能元件所储存的能量要通过电路中的电阻以热能的形式放出。这种电路中并无外电源输入，而仅由电路中储能元件的初始储能所激发的响应称为电路的零输入响应。下面先来介绍 RC 电路的零输入响应。

6.2.1　RC 电路的零输入响应

图 6-5 所示的电路在换路前处于稳态。在 $t = 0$ 时，开关 S 由 1 点置于 2 点，这时电容 C 储存电场能量，电阻 R 与电容 C 构成串联电路。电阻 R 吸收电能，即电容 C 通过电阻 R 放电，回路中的响应属于零输入响应。

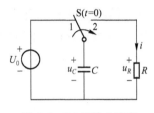

图 6-5　RC 零输入响应

换路后，根据 KVL 可得

$$u_C - Ri = 0$$

将 $i = -C \dfrac{\mathrm{d}u_C}{\mathrm{d}t}$ 代入上述方程，得

$$RC \frac{\mathrm{d}u_C}{\mathrm{d}t} + u_C = 0$$

这是一个一阶常系数齐次微分方程。设此方程的通解为 $u_C = A\mathrm{e}^{pt}$，代入上式，得

$$(RCp + 1)A\mathrm{e}^{pt} = 0$$

相应的特征方程为

$$RCp + 1 = 0$$

其特征根为

$$p = -\frac{1}{RC}$$

将上式代入 $u_C = A\mathrm{e}^{pt}$，得

$$u_C = A\mathrm{e}^{-\frac{1}{RC}t} \tag{6-2}$$

下面利用初始条件求解 A 的值。由换路定律知，$u_C(0_+) = u_C(0_-) = U_0$，即

$$U_0 = A\mathrm{e}^{-\frac{0}{RC}} = A\mathrm{e}^0 = A$$

将 $A = U_0$ 代入式（6-2）中，得

$$u_C = U_0\mathrm{e}^{-\frac{1}{RC}t} \tag{6-3}$$

这就是电容在零输入电路中的电压表达式。

电路中的电流为

$$i = -C\frac{\mathrm{d}u_C}{\mathrm{d}t} = -C\frac{\mathrm{d}(U_0\mathrm{e}^{-\frac{1}{RC}t})}{\mathrm{d}t} = -CU_0\left(-\frac{1}{RC}\right)\mathrm{e}^{-\frac{1}{RC}t}$$

即

$$i = \frac{U_0}{R}\mathrm{e}^{-\frac{1}{RC}t}$$

电阻上的电压为

$$u_R = u_C = U_0\mathrm{e}^{-\frac{1}{RC}t}$$

由 u_C、u_R 和 i 的表达式可以看出，它们都按照同样的指数规律衰减，其衰减的快慢取决于指数中的 $1/RC$ 的大小。若电阻 R 的单位为 Ω，电容 C 的单位为 F，则 RC 的单位为 s。而 RC 只与电路结构和电路参数有关，一旦电路确定下来，RC 就是一个常数。令 $\tau = RC$，τ 称为 RC 串联电路的时间常数。

引入 τ 后，电容电压 u_C 和电流 i 可以分别表示为

$$u_C = u_C(0_+)\mathrm{e}^{-\frac{1}{\tau}t} = U_0\mathrm{e}^{-\frac{1}{\tau}t}$$

$$i = \frac{U_0}{R}\mathrm{e}^{-\frac{1}{\tau}t}$$

时间常数 τ 反映了一阶电路过渡过程的进展速度，它是一阶电路的一个非常重要的参数。当 $t = 0$ 时，$u_C = U_0\mathrm{e}^0 = U_0$；当 $t = \tau$ 时，$u_C = U_0\mathrm{e}^{-1} = 0.368U_0$。表 6-1 为电容电压与时间的关系表，列出了 t 取不同值时，电容电压 u_C 的值。

表 6-1　电容电压与时间的关系表

时间(t)	电容电压[$u_C(t)$]	时间(t)	电容电压[$u_C(t)$]
0	U_0	4τ	$0.018U_0$
τ	$0.368U_0$	5τ	$0.007U_0$
2τ	$0.135U_0$	$\vdots$	$\vdots$
3τ	$0.050U_0$	∞	0

在理论上，需要经过无限长的时间，电容的电压 u_C 才会衰减到零，即电容放电结束。但从表 6-1 可以看出，当 $t = 3\tau$ 时，电容的电压已经衰减到原来电压的 5%，$t = 5\tau$ 时，电容电压衰减为原来的 0.7%。因此，在工程上一般认为换路后，经过 $3\tau \sim 5\tau$ 的时间过渡过程就基本结束了。图 6-6 给出了 u_C 和 i 随时间变化的衰减曲线。

时间常数 τ 也可以从 u_C 或 i 的衰减曲线上用几何法求得。τ 的几何解法如图 6-7 所示。A 为曲线上任意一点，AC 为过 A 点的切线。由图 6-7 可知

$$BC = \frac{AB}{\tan\alpha} = \frac{u_C(t_0)}{-\dfrac{\mathrm{d}u_C}{\mathrm{d}t}\bigg|_{t=t_0}} = \frac{U_0\mathrm{e}^{-\frac{t_0}{\tau}}}{\dfrac{1}{\tau}U_0\mathrm{e}^{-\frac{t_0}{\tau}}} = \tau$$

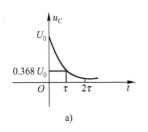 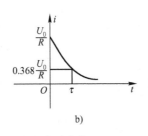 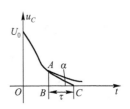

图 6-6 u_C 和 i 随时间变化的衰减曲线　　　　　　图 6-7 τ 的几何解法

a) u_C　b) i

对于时间常数 $\tau = RC$，理论计算时可以扩展。其中，电容 C 可扩展到多个电容串、并联的等效电容；电阻 R 可以看成是电路中所有电源都不作用，而从电容 C 两端看过去的等效电阻。

【**例 6-4**】 试求图 6-8 所示电路的时间常数 τ。已知 $C_1 = C_2 = C_3 = 300\mu\text{F}$，$R_1 = 400\Omega$，$R_2 = 600\Omega$，$R_3 = 260\Omega$。

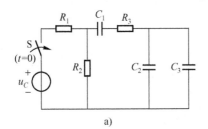 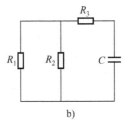

图 6-8 例 6-4 图

a) 原电路　b) 等效电路

解：换路后的等效电容为

$$C = \frac{C_1(C_2 + C_3)}{C_1 + (C_2 + C_3)} = \frac{300 \times (300 + 300)}{300 + (300 + 300)}\mu\text{F} = 200\mu\text{F}$$

若电路中电源不作用，则图 6-8a 可等效成图 6-8b，从 C 两端等效的等效电阻为

$$R = R_3 + \frac{R_1 R_2}{R_1 + R_2} = 260\Omega + \frac{400 \times 600}{400 + 600}\Omega = 500\Omega$$

时间常数

$$\tau = RC = 500 \times 200 \times 10^{-6}\text{s} = 0.1\text{s}$$

【**例 6-5**】 在图 6-9 所示电路中，$U_0 = 10\text{V}$，$C = 10\mu\text{F}$，$R_1 = 10\text{k}\Omega$，$R_2 = R_3 = 20\text{k}\Omega$。在 $t = 0$ 时，开关 S 闭合。试求：

1）放电时的最大电流。

2）时间常数 τ。

3）$u_C(t)$。

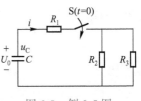

图 6-9 例 6-5 图

解：1）根据换路定律，得

$$u_C(0_+) = u_C(0_-) = U_0 = 10\text{V}$$

当 $t = 0_+$ 时，电容端电压最大，故放电电流也最大，从电容两端等效的等效电阻为

$$R = R_1 + \frac{R_2 R_3}{R_2 + R_3} = 10\text{k}\Omega + \frac{20 \times 20}{20 + 20}\text{k}\Omega = 20\text{k}\Omega$$

$$i_{\max} = \frac{U_0}{R} = \frac{10\text{V}}{20\text{k}\Omega} = 0.5\text{mA}$$

2）$\tau = RC = 20 \times 10^3\Omega \times 10 \times 10^{-6}\text{F} = 0.2\text{s}$

3）$u_C(t) = U_0 \mathrm{e}^{-\frac{t}{\tau}} = 10\mathrm{e}^{-\frac{t}{0.2}}\text{V} = 10\mathrm{e}^{-5t}\text{V}$

6.2.2 RL 电路的零输入响应

RL 电路的零输入响应如图 6-10 所示。将开关 S 闭合，电路处于稳态，电感上的电流 $i_L(0_-) = U_0/R_0$，设 $I_0 = i_L(0_-)$。在 $t = 0$ 时，开关 S 断开，电阻 R 与电感 L 组成串联回路，电源输入为零，因此，电路的响应属于 RL 串联电路的零输入响应。当 $t > 0$ 时，有

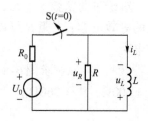

图 6-10 RL 电路的零输入响应

$$u_R + u_L = 0$$

将 $u_R = -Ri_L$，$u_L = -L\dfrac{\mathrm{d}i_L}{\mathrm{d}t}$，代入上式，得

$$L\frac{\mathrm{d}i_L}{\mathrm{d}t} + Ri_L = 0$$

这是一个一阶常系数齐次微分方程。令 $i_L = A\mathrm{e}^{pt}$，代入上式得特征方程，即

$$LpA\mathrm{e}^{pt} + RA\mathrm{e}^{pt} = 0$$

即

$$Lp + R = 0$$

其特征根为 $p = -R/L$，将其代入 $i_L = A\mathrm{e}^{pt}$ 中，得

$$i_L = A\mathrm{e}^{-\frac{R}{L}t}$$

根据 $i_L(0_+) = i_L(0_-) = I_0$，代入上式，得

$$i_L(0_+) = A\mathrm{e}^{-\frac{R}{L}0}$$

$$A = i_L(0_+) = I_0$$

故

由此得电阻电压

$$i_L = i_L(0_+)\mathrm{e}^{-\frac{R}{L}t} = I_0\mathrm{e}^{-\frac{R}{L}t} \tag{6-4}$$

$$u_R = -Ri_L = -RI_0\mathrm{e}^{-\frac{R}{L}t}$$

电感电压为

$$u_L = -L\frac{\mathrm{d}i_L}{\mathrm{d}t} = RI_0\mathrm{e}^{-\frac{R}{L}t}$$

与 RC 电路类似，令 $\tau = L/R$，若电感 L 的单位为 H，电阻 R 的单位为 Ω，则 τ 的单位为 s。它是一个只与电路结构和电路参数有关的物理量。因此，把 τ 称为 RL 串联电路的时间常数。代入上述各式，得

$$i_L = I_0 e^{-\frac{t}{\tau}}$$

$$u_R = -R I_0 e^{-\frac{t}{\tau}}$$

$$u_L = R I_0 e^{-\frac{t}{\tau}}$$

图 6-11 所示为 RL 电路的零输入响应曲线，它是 i_L、u_R 和 u_L 随时间变化的曲线。与 RC 电路一样，它们也是按指数规律变化的。同样，$\tau = L/R$ 反映了过渡过程进行的快慢，τ 越大，电感电流变化越慢，反之越快。$t = 0_-$ 时，$i_L = I_0$，$u_R = -I_0 R$，$u_L = 0$；$t = 0_+$ 时，$i_L = I_0$，$u_R = -I_0 R$，$u_L = I_0 R$。即换路时，i_L、u_R 没有发生跃变，u_L 发生了跃变。由以上分析可知：

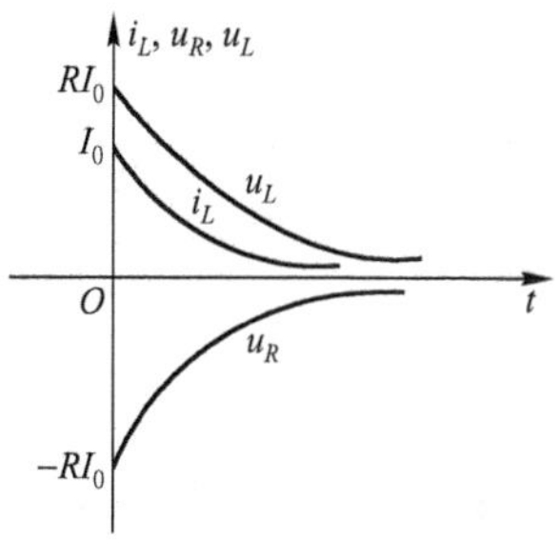

1）一阶电路的零输入响应都是按指数规律随时间变化而衰减到零的，这反映了在没有电源作用的情况下，动态元件的初始储能逐渐被电阻消耗掉的物理过程。电容电压或电感电流从一定值减小到零的全过程就是电路的过渡过程。

图 6-11 RL 电路的零输入响应曲线

2）零输入响应取决于电路的初始状态和电路的时间常数。

6.3 一阶电路的零状态响应

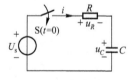

所谓零状态响应，就是电路中储能元件上的初始储能为零，即 $u_C(0_+) = 0$、$i_L(0_+) = 0$，换路后仅由外施激励而引起的电路响应。外施激励可以是恒定的电压或电流，也可以是变化的电压或电流。本节介绍输入为恒定量的零状态响应。

6.3.1 RC 电路的零状态响应

RC 电路的零状态响应如图 6-12 所示。图中，在 $t < 0$ 时，$u_C(0_-) = 0$，即电容 C 处于零初始状态；在 $t = 0$ 时，开关 S 闭合，这时回路的响应属于零状态响应。电容电压 u_C 由无到有，属于充电过程。根据 KVL 有

图 6-12 RC 电路的零状态响应

$$u_R + u_C = U_s$$

将 $u_R = Ri$，$i = C \dfrac{\mathrm{d}u_C}{\mathrm{d}t}$ 代入上式，得

$$RC \frac{\mathrm{d}u_C}{\mathrm{d}t} + u_C = U_s$$

上式是一个一阶常系数非齐次微分方程。对图 6-12 所示的电路来说，当电路的过渡过

程结束时，电容上的电压为 U_s，此为非齐次方程的特解，即

$$u'_C = U_s$$

而非齐次方程对应的 $U_s = 0$ 时的解，即齐次方程的通解为

$$u''_C = Ae^{-\frac{t}{\tau}}$$

式中，$\tau = RC$。

这样，方程的全解为 $\qquad u_C = u'_C + u''_C = U_s + Ae^{-\frac{t}{\tau}}$

电路的初始条件是换路前 $u_C(0_-) = 0$。根据换路定律，电容电压的初始值为

$$u_C(0_+) = u_C(0_-) = 0$$

将其代入全解中，得

$$U_s + Ae^{-\frac{1}{\tau}0_+} = u_C(0_+) = 0$$

即 $\qquad\qquad\qquad U_s + A = 0$

$$A = -U_s$$

将 $A = -U_s$ 代入全解中，得

$$u_C = U_s - U_s e^{-\frac{1}{\tau}t} = U_s(1 - e^{-\frac{1}{\tau}t}) \tag{6-5}$$

图 6-13 所示为 RC 电路的零状态响应曲线，它是 u_C、u'_C 和 u''_C 随时间的变化曲线。

利用电容元件的伏安关系，可求得 RC 串联电路的零状态电流的响应表达式为

$$i = C\frac{du_C}{dt} = C\frac{d}{dt}(U_s - U_s e^{-\frac{t}{RC}})$$

$$= C\left[-\frac{1}{RC}(-U_s e^{-\frac{t}{RC}})\right] = \frac{U_s}{R}e^{-\frac{t}{\tau}} = I_0 e^{-\frac{t}{\tau}} \tag{6-6}$$

电阻上的电压为

$$u_R = Ri = U_s e^{-\frac{1}{\tau}t}$$

电流 i、电阻上的电压 u_R 随时间变化的曲线如图 6-14 所示。由图 6-14 中曲线可以看出，i 和 u_R 按指数规律衰减，其衰减的快慢仍取决于时间常数 τ。

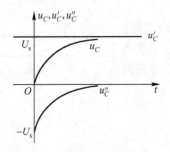

图 6-13　RC 电路的零状态响应曲线

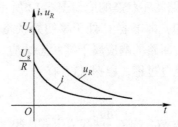

图 6-14　i、u_R 随时间变化的曲线

【例 6-6】　电路如图 6-15a 所示，已知 $U_s = 220V$，$R = 200\Omega$，$C = 1\mu F$。电容事先未充电，在 $t = 0$ 时合上开关 S。求：

1) 时间常数。

2) 最大充电电流。

3) u_C、u_R 和 i 的表达式。

4) 画出 u_C、u_R 和 i 随时间的变化曲线。

5) 开关合上后 $1\mathrm{ms}$ 时的 u_C、u_R 和 i 的值。

解: 1) 时间常数

$$\tau = RC = 200\Omega \times 1 \times 10^{-6}\mathrm{F} = 2 \times 10^{-4}\mathrm{s} = 200\mu\mathrm{s}$$

2) 最大充电电流

$$i_{\max} = \frac{U_s}{R} = \frac{220\mathrm{V}}{200\Omega} = 1.1\mathrm{A}$$

3) u_C、u_R、i 的表达式为

$$u_C = U_s(1 - \mathrm{e}^{-\frac{t}{\tau}}) = 220(1 - \mathrm{e}^{-\frac{t}{2 \times 10^{-4}}})\mathrm{V} = 220(1 - \mathrm{e}^{-5 \times 10^3 t})\mathrm{V}$$

$$u_R = U_s\mathrm{e}^{-\frac{t}{\tau}} = 220\mathrm{e}^{-5 \times 10^3 t}\mathrm{V}$$

$$i = \frac{U_s}{R}\mathrm{e}^{-\frac{t}{\tau}} = \frac{220}{200}\mathrm{e}^{-\frac{t}{\tau}}\mathrm{A} = 1.1\mathrm{e}^{-5 \times 10^3 t}\mathrm{A}$$

4) 画出 u_C、u_R、i 的曲线,如图 6-15b 所示。

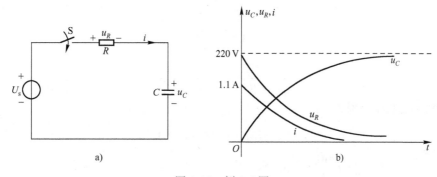

图 6-15 例 6-6 图

a) 电路图 b) u_C、u_R 和 i 随时间变化的曲线

5) 当 $t = 1\mathrm{ms} = 10^{-3}\mathrm{s}$ 时,有

$$u_C = 220(1 - \mathrm{e}^{-5 \times 10^3 \times 10^{-3}})\mathrm{V} = 220(1 - \mathrm{e}^{-5})\mathrm{V} \approx 220(1 - 0.007)\mathrm{V} \approx 218.5\mathrm{V}$$

$$u_R = 220\mathrm{e}^{-5 \times 10^3 \times 10^{-3}}\mathrm{V} = 220 \times 0.007\mathrm{V} \approx 1.5\mathrm{V}$$

$$i = 1.1\mathrm{e}^{-5 \times 10^3 \times 10^{-3}}\mathrm{A} = 1.1 \times 0.007\mathrm{A} = 0.0077\mathrm{A}$$

6.3.2 *RL* 电路的零状态响应

RL 电路的零状态响应如图 6-16 所示。图 6-16 中,在开关 S 断开时,电感上的电流 $i_L = 0$,因此电感处于零状态。开关 S 闭合后,回路上的响应属于零状态响应。换路后,根据

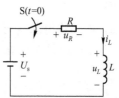

图 6-16 *RL* 电路的零状态响应

KVL，得

$$u_R + u_L = U_s$$

将 $u_R = Ri_L$、$u_L = L\dfrac{di_L}{dt}$ 代入上式，得

$$L\frac{di_L}{dt} + Ri_L = U_s$$

上式也是一个一阶常系数非齐次微分方程。则它的通解可写为

$$i_L = i'_L = i''_L$$

式中，i'_L 为该方程的特解。当电路过渡过程结束时，电感在直流稳态电路中相当于短路，故 $i'_L = U_s/R$。

i''_L 为原来方程对应的齐次方程 $L\dfrac{di_L}{dt} + Ri_L = 0$ 的通解。令 $i''_L = Ae^{-\frac{t}{\tau}}$，其中 $\tau = L/R$。这样电流 i_L 的通解为

$$i_L = \frac{U_s}{R} + Ae^{-\frac{t}{\tau}}$$

根据初始条件 $i_L(0_+) = i_L(0_-) = 0$，代入上式，得

$$\frac{U_s}{R} + Ae^{-\frac{0}{\tau}} = i_L(0_+)$$

$$A = -\frac{U_s}{R}$$

故
$$i_L = \frac{U_s}{R} - \frac{U_s}{R}e^{-\frac{t}{\tau}} = \frac{U_s}{R}\left(1 - e^{-\frac{t}{\tau}}\right) \tag{6-7}$$

电路中各段电压分别为

$$u_R = Ri_L = U_s\left(1 - e^{-\frac{t}{\tau}}\right)$$

$$u_L = L\frac{di_L}{dt} = U_s e^{-\frac{t}{\tau}}$$

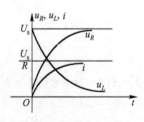

图 6-17 *RL* 电路零状态响应曲线

RL 电路零状态响应曲线如图 6-17 所示。

【例 6-7】 图 6-18 所示电路为一直流发电机电路简图，已知励磁电阻 $R = 20\Omega$，励磁电感 $L = 20H$，外加电压为 $U_s = 200V$，试求：

1）在 S 闭合后，励磁电流的变化规律和达到稳态值所需的时间。

2）如果将电源电压提高到 250V，那么求励磁电流达到额定值的时间。

解：1）这是一个 *RL* 零状态响应的问题，由 *RL* 串联电路的分析知

$$i_L = \frac{U_s}{R}\left(1 - e^{-\frac{t}{\tau}}\right)$$

式中，$U_s = 200V$，$R = 20\Omega$，$\tau = L/R = 1s$，所以

$$i_L = \frac{200\text{V}}{20\Omega}(1 - e^{-\frac{t}{\tau}}) = 10(1 - e^{-t})\text{A}$$

一般认为当 $t = (3 \sim 5)\,\tau$ 时过渡过程基本结束，若取 $t = 5\tau$，则合上开关 S 后，电流达到稳态所需的时间为 5s。

2）若将电源电压提高到 250V，则

$$i(t) = \frac{250}{20}(1 - e^{-\frac{t}{\tau}}) = 12.5(1 - e^{-t})$$

即

$$10 = 12.5(1 - e^{-t})$$

$$t \approx 1.6\text{s}$$

这比电压为 200V 时所需的时间短。两种情况下的电流变化曲线如图 6-19 所示。

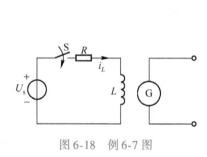

图 6-18 例 6-7 图

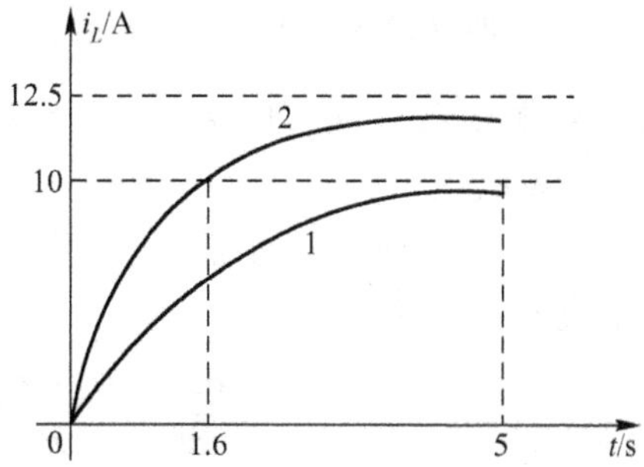

图 6-19 例 6-7 的电流变化曲线

6.4 一阶电路的全响应

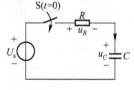

一阶电路的全响应仿真

前两节分别介绍了一阶电路的零输入响应和零状态响应。当一个非零初始状态的电路受到激励时，电路中的响应称为全响应。对于线性电路，全响应为零输入响应和零状态响应两者的叠加。现以图 6-20 所示的 RC 串联的全响应电路为例进行介绍。

在如图 6-20 所示的电路中，已知 $u_C(0_-) = U_0$。在 $t = 0$ 时，开关 S 闭合，这个电路的响应属于全响应。

根据 KVL，得

$$u_R + u_L = U_s$$

将 $u_R = Ri$、$i = C\dfrac{du_C}{dt}$ 代入上式，得

图6-20 RC 串联的全响应电路

$$RC\frac{du_C}{dt} + u_C = U_s$$

令

$$u_C = u_C' + u_C''$$

式中，u'_C是方程的特解，由图6-20可知$u'_C = U_s$；u''_C是原方程对应的齐次方程的通解。令

$$u''_C = Ae^{-\frac{t}{\tau}}$$

则

$$u_C = U_s + Ae^{-\frac{t}{\tau}}$$

代入初始条件$u_C(0_+) = u_C(0_-) = U_0$，得

$$U_s + Ae^{-\frac{0_+}{\tau}} = u_C(0_+) = U_0$$

$$A = U_0 - U_s$$

故

$$u_C = U_s + (U_0 - U_s)e^{-\frac{1}{\tau}t} = U_0 e^{-\frac{1}{\tau}t} + U_s(1 - e^{-\frac{1}{\tau}t}) \tag{6-8}$$

式中，U_s为电路的稳态分量；$(U_0 - U_s)e^{-\frac{1}{\tau}t}$为电路的暂态分量；$U_0 e^{-\frac{1}{\tau}t}$为电容初始电压等于零时的零输入响应；$U_s(1 - e^{-\frac{1}{\tau}t})$为电容初始电压等于零时的零状态响应。

由此可以看出

全响应 = 稳态分量 + 暂态分量 = 零输入响应 + 零状态响应

全响应的其他各量分别为

$$i = C\frac{\mathrm{d}u_C}{\mathrm{d}t} = \frac{U_s - U_0}{R}e^{-\frac{1}{\tau}t} = \frac{U_s}{R}e^{-\frac{1}{\tau}t} - \frac{U_0}{R}e^{-\frac{1}{\tau}t} \tag{6-9}$$

可以把全响应的电流i看成是稳态分量和暂态分量的叠加，或看成是零输入响应和零状态响应的叠加。u_R也可以按上述方法叠加，即

$$u_R = Ri = (U_s - U_0)e^{-\frac{1}{\tau}t}$$

也就是说，一阶电路的全响应都可以被分解为稳态分量和暂态分量，或分解为零输入响应和零状态响应的叠加。

u_C随时间变化的曲线有$U_0 < U_s$、$U_0 = U_s$、$U_0 > U_s$三种情况。一阶RC电路全响应曲线如图6-21所示。

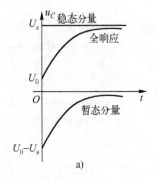

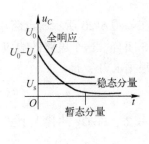

图6-21　一阶RC电路全响应曲线

a) $U_0 < U_s$　b) $U_0 = U_s$　c) $U_0 > U_s$

【例 6-8】 在图 6-22 所示电路中，开关 S 断开前电路处于稳态。设已知 $U_s = 20\text{V}$，$R_1 = R_2 = 1\text{k}\Omega$，$C = 1\mu\text{F}$。求开关打开后 u_C 和 i_C 的解析式，并画出其曲线。

解：选定各电流电压的参考方向如图 6-22 所示。

因为换路前电容上电流 $i_C(0_-) = 0$，所以换路前 R_1、R_2 上的电流为

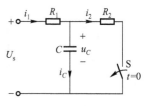

图 6-22 例 6-8 图

$$i_1(0_-) = i_2(0_-) = \frac{U_s}{R_1 + R_2}$$

$$= \frac{20\text{V}}{10^3\Omega + 10^3\Omega} = 10 \times 10^{-3}\text{A} = 10\text{mA}$$

电压为

$$u_C(0_-) = i_2(0_-)R_2 = 10 \times 10^{-3}\text{A} \times 1 \times 10^3\Omega = 10\text{V}$$

即 $U_0 = 10\text{V}$。

由于 $U_0 < U_s$，所以换路后电容将继续充电，其充电时间常数为

$$\tau = R_1 C = 1 \times 10^3\Omega \times 1 \times 10^{-6}\text{F} = 10^{-3}\text{s} = 1\text{ms}$$

将上述数据代入式（6-8）和式（6-9）中，得

$$u_C = U_s + (U_0 - U_s)\text{e}^{-\frac{t}{\tau}} = 20\text{V} + (10-20)\text{e}^{-\frac{t}{10^{-3}}}\text{V} = (20 - 10\text{e}^{-1000t})\,\text{V}$$

$$i_C = \frac{U_s - U_0}{R}\text{e}^{-\frac{t}{\tau}} = \frac{20-10}{1000}\text{e}^{-\frac{t}{10^{-3}}}\text{A} = 0.01\text{e}^{-1000t}\text{A} = 10\text{e}^{-1000t}\text{mA}$$

u_C、i_C 随时间变化的曲线如图 6-23 所示。

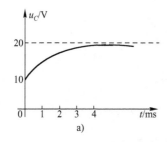
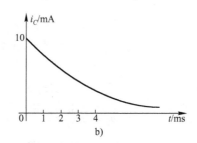

图 6-23 例 6-8 u_C、i_C 随时间变化的曲线

a) u_C 随时间变化的曲线 b) i_C 随时间变化的曲线

【例 6-9】 电路如图 6-24a 所示，已知 $U_s = 100\text{V}$，$R_0 = 150\Omega$，$R = 50\Omega$，$L = 2\text{H}$，在开关 S 闭合前电路已处于稳态。$t = 0$ 时将开关 S 闭合，求开关闭合后电流 i 和电压 U_L 的变化规律。

解法 1：　　　　　　全响应 = 稳态分量 + 暂态分量

开关 S 闭合前电路已处于稳态，故有

$$i(0_-) = I_0 = \frac{U_s}{R_0 + R} = \frac{100\text{V}}{150\Omega + 50\Omega} = 0.5\text{A}$$

$$u_L(0_-) = 0$$

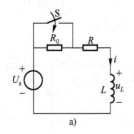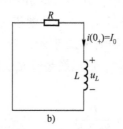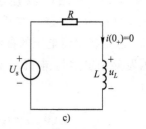

图 6-24 例 6-9 图

a) 原电路 b) 电流的零输入响应 c) 电流的零状态响应

在开关 S 闭合后，R_0 被短路，其时间常数为

$$\tau = \frac{L}{R} = \frac{2\text{H}}{50\Omega} = 0.04\text{s}$$

电流的稳态分量为

$$i' = \frac{U_s}{R} = \frac{100\text{V}}{50\Omega} = 2\text{A}$$

电流的暂态分量为

$$i'' = A\text{e}^{-\frac{t}{\tau}} = A\text{e}^{-25t}$$

全响应为

$$i(t) = i' + i'' = 2 + A\text{e}^{-25t}$$

由初始条件和换路定律知 $\quad i(0_+) = i(0_-) = 0.5\text{A}$

故 $\quad 0.5 = 2 + A\text{e}^{-25t} \mid_{t=0}$

即 $\quad 0.5 = 2 + A, \quad A = -1.5$

所以

$$i(t) = (2 - 1.5\text{e}^{-25t})\text{A}$$

$$u_L = L\frac{\text{d}i}{\text{d}t} = 2\frac{\text{d}}{\text{d}t}(2 - 1.5\text{e}^{-25t})\text{V} = 75\text{e}^{-25t}\text{V}$$

解法2： 全响应 = 零输入响应 + 零状态响应

电流的零输入响应如图 6-24b 所示，$i(0_+) = I_0 = 0.5\text{A}$。于是

$$i = I_0\text{e}^{-\frac{t}{\tau}} = 0.5\text{e}^{-25t}\text{A}$$

电流的零状态响应如图 6-24c 所示，$i(0_+) = 0$。所以

$$i'' = \frac{U_s}{R}(1 - \text{e}^{-\frac{t}{\tau}}) = (2 - 2\text{e}^{-25t})\text{A}$$

全响应为

$$i = i' + i'' = 0.5\text{e}^{-25t}\text{A} + (2 - 2\text{e}^{-25t})\text{A} = (2 - 1.5\text{e}^{-25t})\text{A}$$

$$u_L = L\frac{\text{d}i}{\text{d}t} = 2\frac{\text{d}}{\text{d}t}(2 - 1.5\text{e}^{-25t})\text{V} = 75\text{e}^{-25t}\text{V}$$

此例说明，这两种解法的结果是完全相同的。

6.5 一阶电路的三要素法

一阶电路的三要素法

从前面求解一阶电路的响应中可以归纳出，一阶电路中各处电压或电流的响应都是从初始值开始，按指数规律逐渐增长或逐渐衰减到新的稳态值，其从初始值过渡到稳态值的时间与电路的时间常数 τ 有关。因此，一阶电路的响应都是由初始值、稳态值及时间常数这三要素决定的。只要知道了换路后电路的初始值、稳态值和时间常数，就可直接写出一阶电路的响应，这种求解一阶电路响应的方法称为三要素法。

设 $f(0_+)$ 表示电压或电流的初始值，$f(\infty)$ 表示电压或电流的新稳态值，τ 表示电路的时间常数，$f(t)$ 表示要求解的电压或电流。这样，一阶电路的响应可表示为

$$f(t) = f(\infty) + [f(0_+) - f(\infty)] e^{-\frac{t}{\tau}} \tag{6-10}$$

求解一阶电路动态响应的三要素法步骤如下。

1）画出换路前（$t = 0_-$）的等效电路。求出电容电压 $u_C(0_-)$ 或电感电流 $i_L(0_-)$。

2）根据换路定律 $u_C(0_+) = u_C(0_-)$ 和 $i_L(0_+) = i_L(0_-)$，画出换路瞬间（$t = 0_+$）的等效电路，求出响应电流或电压的初始值 $i(0_+)$ 或 $u(0_+)$，即 $f(0_+)$。

3）画出 $t = \infty$ 时的稳态等效电路（稳态时电容相当于开路，电感相当于短路），求出稳态下响应电流或电压的稳态值 $i(\infty)$ 或 $u(\infty)$，即 $f(\infty)$。

4）求出电路的时间常数 τ。$\tau = RC$ 或 L/R，其中 R 值是换路后断开储能元件 C 或 L，是由储能元件两端看过去，用戴维南等效电路求得的等效内阻。

5）根据所求得的三要素，代入式(6-10)中即可得响应电流或电压的动态响应表达式。

【例 6-10】 电路如图 6-25a 所示，已知 $R_1 = 100\Omega$，$R_2 = 400\Omega$，$C = 125\mu F$，$U_s = 200V$，在换路前电容两端有电压 $u_C(0_-) = 50V$。求 S 闭合后电容电压和电流的变化规律。

解：用三要素法求解。

1）画 $t = 0_-$ 时的等效电路，如图 6-25b 所示。由题意已知 $u_C(0_-) = 50V$。

2）画 $t = 0_+$ 时的等效电路，如图 6-25c 所示。由换路定律可得 $u_C(0_+) = u_C(0_-) = 50V$。

3）画 $t = \infty$ 时的等效电路，如图 6-25d 所示。

$$u_C(\infty) = \frac{U_s}{R_1 + R_2} R_2 = \frac{200}{100 + 400} \times 400V = 160V$$

4）求电路时间常数 τ。从图 6-25b 电路可知，从电容两端看过去的等效电阻为

$$R_0 = \frac{R_1 R_2}{R_1 + R_2} = \frac{100 \times 400}{100 + 400}\Omega = 80\Omega$$

所以

$$\tau = R_0 C = 80\Omega \times 125 \times 10^{-6}F = 0.01s$$

5）由式(6-10)，得

$$u_C(t) = u_C(\infty) + [u_C(0_+) - u_C(\infty)] e^{-\frac{t}{\tau}}$$
$$= 160V + (50 - 160) e^{-\frac{t}{0.01}}V = (160 - 110e^{-100t})V$$

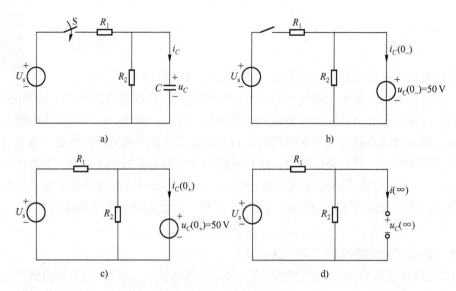

图 6-25 例 6-10 图

a）原电路 b）$t=0_-$ 时的等效电路 c）$t=0_+$ 时的等效电路 d）$t=\infty$ 时的等效电路

$$i_C(t) = C\frac{\mathrm{d}u_C(t)}{\mathrm{d}t} = 1.375\mathrm{e}^{-100t}\mathrm{A}$$

画出 u_C（t）和 i_C（t）的变化规律，如图 6-26 所示。

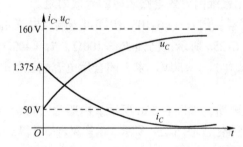

图 6-26 例 6-10 $u_C(t)$ 和 $i_C(t)$ 的变化规律

本 章 小 结

1. 过渡过程

1）动态电路从一种稳定状态变化到另一种稳定状态的过程叫作电路的过渡过程。

2）储能元件的能量不能突变。换路时会引起电路的过渡过程。

3）一阶电路在过渡过程中，电压、电流的变化规律是从换路后的初始值按指数规律变化到稳态值的过程。过渡过程进行的快慢取决于电路的时间常数。

2. 换路定律

引起过渡过程的电路变化称为换路。

电路在换路时，各储能元件的能量不能跃变。具体表现在，电容元件的电压不能跃变，电感元件的电流不能跃变。换路定律的数学表达式为

$$u_C(0_+) = u_C(0_-),\ i_L(0_+) = i_L(0_-)$$

应该注意的是，换路瞬间电容电流 i_C 和电感电压 u_L 是可以跃变的。

3. 一阶电路的三要素法

1）一阶电路的全响应。一阶电路的零输入响应、零状态响应均为全响应的特例。

全响应 = 零输入响应 + 零状态响应 = 稳态分量 + 暂态分量

2）三要素法。只要知道了 $f(\infty)$、$f(0_+)$ 和 τ 这 3 个要素，一阶电路的响应就为

$$f(t) = f(\infty) + [f(0_+) - f(\infty)]e^{-\frac{t}{\tau}}$$

习　题

6-1　图 6-27 所示的电路处于稳态，当 $t = 0$ 时，开关 S 断开。求开关断开后的初始值 $i_1(0_+)$、$i_2(0_+)$、$i_C(0_+)$ 及 $u_C(0_+)$。

6-2　电路如图 6-28 所示。已知 $U_s = 10\text{V}$，$R_1 = 6\Omega$，$R_2 = 4\Omega$，$L = 2\text{mH}$，求在开关 S 闭合后，$t = 0_+$ 时各支路电流及电感电压的初始值（开关 S 闭合前电路处于稳态）。

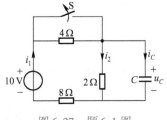

图 6-27　题 6-1 图

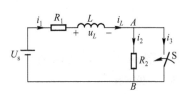

图 6-28　题 6-2 图

6-3　图 6-29 所示电路已达稳态，在 $t = 0$ 时，将开关 S 合上。试求 $t \geqslant 0$ 时的电容电压 $u_C(t)$ 及 $i_C(t)$，并画出波形图。

6-4　试计算图 6-30 所示电路中各支路电流及动态元件电压的初始值，设换路前电路处于稳态。

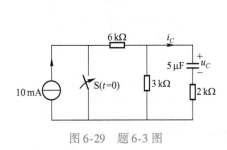

图 6-29　题 6-3 图

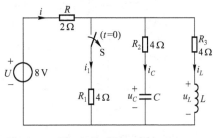

图 6-30　题 6-4 图

6-5 在图 6-31 所示电路中, 已知 $U_s = 18V$, $R_1 = 1\Omega$, $R_2 = 2\Omega$, $R_3 = 3\Omega$, $L = 0.5H$, $C = 4.7\mu F$, 将开关 S 在 $t = 0$ 时合上, 设 S 被合上前电路已进入稳态。试求 $i_1(0_+)$、$i_2(0_+)$、$i_3(0_+)$、$u_L(0_+)$、$u_C(0_+)$。

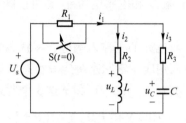

图 6-31 题 6-5 图

6-6 在图 6-32 所示电路中, 试求将开关 S 断开后图 6-32a 所示电路的 $u_C(0_+)$、$i_C(0_+)$ 及图 6-32b 所示电路的 $u_L(0_+)$ 和 $i_L(0_+)$（已知将 S 断开前电路处于稳态）。

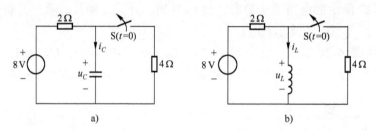

图 6-32 题 6-6 图

6-7 试求图 6-33 所示电路的时间常数 τ。已知 $C_1 = C_2 = C_3 = 300\mu F$, $R_1 = 400\Omega$, $R_2 = 600\Omega$, $R_3 = 260\Omega$。

6-8 在图 6-34 所示电路中, $U_0 = 10V$, $C = 10\mu F$, $R_1 = 10k\Omega$, $R_2 = R_3 = 20k\Omega$, 在 $t = 0$ 时, 将开关 S 闭合。试求:

1) 放电时的最大电流。

2) 时间常数 τ。

3) $u_C(t)$。

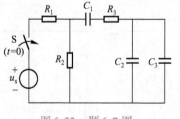

图 6-33 题 6-7 图

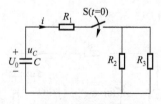

图 6-34 题 6-8 图

6-9 在图 6-35 所示电路中, 换路前电路已达稳态, 求换路后的 $i_L(t)$。

6-10 图 6-36 所示为一测量电路, 已知 $L = 0.4H$, $R = 1\Omega$, $U_s = 12V$, 电压表的内阻

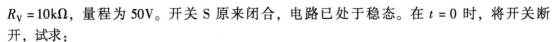

$R_V = 10\text{k}\Omega$，量程为 50V。开关 S 原来闭合，电路已处于稳态。在 $t = 0$ 时，将开关断开，试求：

1) 电流 $i(t)$ 和电压表两端的电压 $u_V(t)$。

2) $t = 0$（S 刚被打开）时电压表两端的电压。

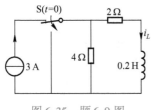

图 6-35 题 6-9 图

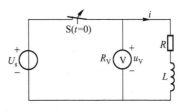

图 6-36 题 6-10 图

6-11 电路如图 6-37 所示，$t = 0$ 时，将开关 S 闭合。已知 $u_C(0_-) = 0$，求 $t \geq 0$ 时的 $u_C(t)$、$i_C(t)$ 和 $i(t)$。

6-12 图 6-38 所示的电路换路前已达稳态，在 $t = 0$ 时开关 S 被断开。求 $t \geq 0$ 时的 $i_L(t)$ 和 $u_L(t)$。

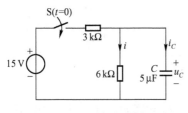

图 6-37 题 6-11 图

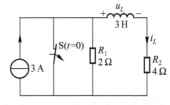

图 6-38 题 6-12 图

6-13 图 6-39 所示的各电路中储能元件上均无储能，在 $t = 0$ 时换路。试求 $t \geq 0$ 时图中电压、电流的变化规律。

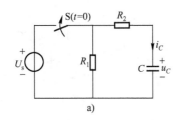

a)

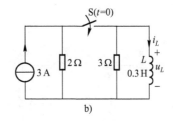

b)

图 6-39 题 6-13 图

6-14 已知图 6-40 所示的各电路在换路前处于稳态，试判断换路后各电路的响应属于零输入响应、零状态响应还是全响应？

6-15 图 6-41 所示电路换路前已稳定，在 $t = 0$ 时换路，试求 $t \geq 0$ 时的响应 $i_L(t)$。

6-16 用三要素法求图 6-42 所示电路在换路后的 $i_1(t)$、$i_2(t)$、$i_3(t)$。

6-17 求图 6-43 所示电路的零状态响应 $u_C(t)$、$i_C(t)$。

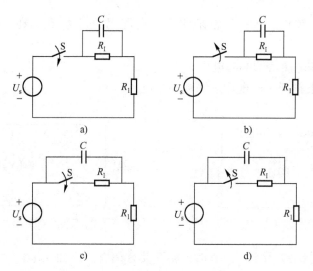

图 6-40　题 6-14 图

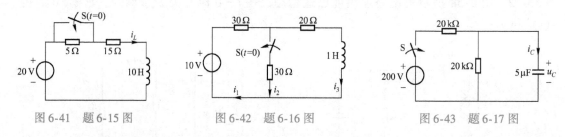

图 6-41　题 6-15 图　　　　图 6-42　题 6-16 图　　　　图 6-43　题 6-17 图

6-18　电路如图 6-44 所示，已知 $R_1 = R_2 = 1\text{k}\Omega$，$L_1 = 15\text{mH}$，$L_3 = L_2 = 10\text{mH}$，电流源 $I_s = 10\text{mA}$。在将开关闭合后，求电流 i（设线圈间无互感）。

6-19　在图 6-45 所示电路中，开关 S 断开前电路处于稳态，设已知 $U_s = 20\text{V}$，$R_1 = R_2 = 1\text{k}\Omega$，$C = 1\mu\text{F}$。求开关打开后，$u_C$ 和 i_C 的解析式。

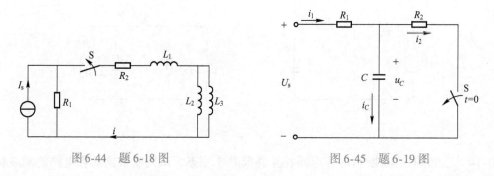

图 6-44　题 6-18 图　　　　　　　图 6-45　题 6-19 图

6-20　你最关心的民生问题是什么？结合本章所学内容，联系实际生活谈一谈你对民生问题的认识。

第7章 低压电器及其控制电路

❖内容导入

低压电器是设备电气控制系统中的基本组成部分，控制系统的优劣与低压电器的选用、质量等直接相关。电气技术人员只有掌握低压电器基本知识和常用低压电器的结构和工作原理，并能精确选用、检测和调整低压电器，才能够分析设备电气控制系统的工作原理，处理故障和进行维修。随着科学技术的飞速发展，自动化程度不断提高，低压电器的使用范围日益扩大，要求电气技术人员不断学习和掌握低压电器新知识。

7.1 常用低压电器

常用低压电器

电器是一种能根据外界的信号和要求，手动或自动地接通或断开电路，断续或连续地改变电路参数，以实现电路或非电对象的切换、控制、保护、检测、变换和调节的电气设备。简言之，电器是一种能控制电、使电按照人们的要求并安全地为人们工作的工具。

凡工作在交流 1200V 及以下或直流 1500V 及以下电路中的电器称为低压电器。低压电器作为基本元器件广泛应用于发电厂、变电所、工矿企业、交通运输和国防工业等的电力输配系统和电力拖动控制系统中。随着工农业生产的不断发展，供电系统的容量不断扩大，低压电器的额定电压等级范围有相应提高的趋势。同时，电子技术也将日益广泛地用于低压电器中。

7.1.1 简易配电

低压电器种类繁多，功能各样，构造各异，用途广泛，工作原理也各不相同。常用低压电器的分类方法也很多。

1. 按用途或控制对象分类

1）配电电器。配电电器主要用于低压配电系统中，要求它在系统发生故障时准确动作、可靠工作，在规定条件下具有相应的动稳定性与热稳定性，使其自身不会被损坏。常用的配电电器有刀开关、转换开关、熔断器和断路器等。

2）控制电器。控制电路主要用于电气传动系统中，要求它寿命长、体积小、重量轻，且动作迅速、准确、可靠。常用的控制电器有接触器、继电器、起动器、主令电器和电磁铁等。

2. 按动作方式分类

1）自动电器。它依靠自身参数的变化或外来信号的作用，自动完成接通或分断等动作，如接触器、继电器等。

2）手动电器。它是用手动操作来进行切换的电器，如刀开关、转换开关和按钮等。

3. 按触点类型分类

1）有触点电器。利用触点的接通和分断来切换电路，如接触器、刀开关和按钮等。

2）无触点电器。无可分离的触点，主要利用电子器件的开关效应（即导通和截止）来实现电路的通、断控制，如接近开关、霍尔开关、电子式时间继电器和固态继电器等。

4. 按工作原理分类

1）电磁式电器。这是根据电磁感应原理动作的电器，如接触器、继电器和电磁铁等。

2）非电量控制电器。这是依靠外力或非电量信号（如速度、压力和温度等）的变化而动作的电器，如转换开关、行程开关、速度继电器、压力继电器和温度继电器等。

5. 按低压电器型号分类

为了便于了解文字符号和各种低压电器的特点，《低压电器产品型号编制方法》（JB/T 2930—2007)将低压电器分为 15 个大类。每个大类用一位汉语拼音字母作为该产品型号的首字母，第二位汉语拼音字母表示该类电器的各种形式。

1）空气式开关、隔离器、隔离开关及熔断器组合电器为 H。例如 HS 为转换隔离器，HZ 为组合开关。

2）熔断器为 R。例如 RM 为密闭管式熔断器。

3）断路器为 D。例如 DW 为万能式断路器，DZ 为塑料外壳式断路器。

4）控制器为 K。例如 KT 为凸轮控制器，KG 为鼓形控制器。

5）接触器为 C。例如 CJ 为交流接触器，CZ 为直流接触器。

6）起动器为 Q。例如 QJ 为减压起动器，QX 为星-三角起动器。

7）控制继电器为 J。例如 JR 为热控制继电器，JS 为时间控制继电器。

8）主令电器为 L。例如 LA 为按钮，LX 为行程开关。

9）电阻器、变阻器为 Z。例如 ZL 为励磁电阻器。

10）自动转换开关电器为 T。例如 TH 为接触器式自动转换开关。

11）总线电器为 B。例如 BT 为接口。

12）电磁铁为 M。例如 MY 为液压电磁铁，MZ 为制动电磁铁。

13）在组合电器中，例如 PZ 为终端。

14）其他为 A。例如 AD 为信号灯，AL 为电铃。

15）辅助电器为 F。例如 FF 为导线分流器。

7.1.2 配电电器

1. 熔断器

熔断器

熔断器在电路中主要起短路保护作用，用于保护电路，它的熔体串接于被保护的电路中。熔断器以其自身产生的热量使熔体熔断，从而自动切断电路，实现短路保护及过载保护。熔断器具有结构简单、体积小、重量轻、使用维护方便、价格低廉、分断能力较强、限电流能力良好等优点，在电路中得到广泛应用。

（1）熔断器的结构原理及分类

熔断器由熔体和安装熔体的绝缘底座（或称为熔管）组成。熔体由易熔金属材料铅、锌、锡、铜、银及其合金制成，形状常为丝状或网状。由铅锡合金和锌等低熔点金属制成的熔体，因不易灭弧，多用于小电流电路；由铜、银等高熔点金属制成的熔体，易于灭弧，多用于大电流电路。

可将熔断器串接于被保护电路中，电流通过熔体时产生的热量与电流二次方和通电时间成正比。当电流越大时，熔体熔断时间越短，这种特性称为熔断器的反时限保护特性，或安秒特性，如图7-1所示。图中 I_N 为熔断器额定电流，允许熔体长期通过额定电流而不熔断。

熔断器的种类很多，按结构分为开启式、半封闭式和封闭式；按有无填料分为有填料式、无填料式；按用途分为工业用熔断器、保护半导体器件熔断器及自复式熔断器等。

（2）熔断器的主要技术参数

熔断器的主要技术参数包括额定电压、熔体额定电流、熔断器额定电流和极限分断能力等。

1）额定电压：指保证熔断器能长期正常工作的电压。

2）熔体额定电流：指熔体长期通过而不会熔断的电流。

3）熔断器额定电流：指保证熔断器能长期正常工作的电流。

4）极限分断能力：指熔断器在额定电压下所能开断的最大短路电流。由于在电路中出现的最大电流一般是指短路电流值，所以极限分断能力也反映了熔断器分断短路电流的能力。

（3）熔断器的型号及电气符号

熔断器的型号及电气符号含义如图7-2所示。

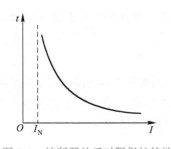

图7-1 熔断器的反时限保护特性

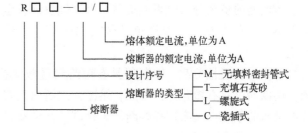

图7-2 熔断器的型号及电气符号含义

（4）常用的熔断器

1）插入式熔断器。插入式熔断器如图7-3a所示。常用的产品有RC1A系列，主要用于低压分支电路的短路保护。因其分断能力较小，多用于照明电路和小型动力电路中。

2）螺旋式熔断器。螺旋式熔断器如图7-3b所示。熔心内装有熔丝，并填充石英砂，用于熄灭电弧，分断能力强。熔体的上端盖有一熔断指示器，一旦熔体熔断，指示器马上弹出，可透过瓷帽上的玻璃孔观察到。常用产品有 RL6、RL7 和 RLS2 等系列，其中 RL6 和 RL7 多用于机床配电电路中，RLS2 为快速熔断器，主要用于保护半导体器件。

3）无填料密封管式熔断器。无填料密封管式熔断器为无填料管式熔断器，主要用于供配电系统电路的短路保护及过载保护，如图 7-3c 所示。它采用变截面片状熔体和密封纤维管制成。由于熔体较窄处的电阻大，在短路电流通过时产生的热量最大，会先熔断，因而可产生多个熔断点使电弧分散，以利于灭弧。短路时电弧燃烧，密封纤维管内会产生高压气体，以便将电弧迅速熄灭。

4）有填料密封管式熔断器。有填料密封管式熔断器如图 7-3d 所示。熔断器中装有石英砂，用来冷却和熄灭电弧。熔体为网状，短路时可使电弧分散，从而可使电弧在短路电流达到最大值之前被迅速熄灭，以限制短路电流。RT 型有填料密封管式熔断器为限电流式熔断器，常用于大容量电网或配电设备中。常用产品有 RT12、RT14、RT15 和 RS3 等系列，RS2 系列为快速熔断器，主要用于保护半导体器件。

熔断器图形符号如图 7-3e 所示。

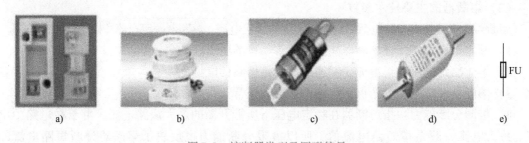

图 7-3　熔断器类型及图形符号

a）插入式熔断器　b）螺旋式熔断器　c）无填料密封管式熔断器
d）有填料密封管式熔断器　e）熔断器图形符号

（5）熔断器的作用

熔断器的负载分为电阻性负载、电容性负载、电感性负载。常用的负载多为电阻性负载和电感性负载两类。电阻性负载包括白炽灯、电炉、电加热器等。电感性负载主要是电动机。

其中对电阻性负载，熔断器具有短路和过载保护功能。而对于电动机这类的电感性负载，熔断器仅具有短路保护功能，熔断器之所以没有过载保护功能，是因为在工程中不可能按电动机的额定电流来选择熔断器。否则，在电动机起动时就会烧断熔体。

（6）熔断器的选择

根据被保护电路的需要，首先选择熔体的规格，再去确定熔断器的类型。

1）熔体额定电流的选择。

① 电炉和照明等电阻性负载，负载电流比较平稳，熔断器可用作过载保护和短路保护，熔体的额定电流应等于或稍大于负载的额定电流。对于额定电压为 220V 的单相负载，负载的额定电流可按 5A/kW 估算。

② 在用熔断器保护电动机时，电动机的起动电流约为额定电流的 7 倍。考虑到起动时

熔丝不能熔断，熔体的额定电流应选得较大，因此，对电动机只宜做短路保护而不能做过载保护。

对于单台电动机，熔体的额定电流 I_{eR} 应不小于电动机额定电流 I_e 的 $1.5 \sim 2.5$ 倍，即

$$I_{eR} \geqslant (1.5 \sim 2.5)I_e$$

当轻载起动或起动时间较短时，系数可取 1.5；带负载起动、起动时间较长或起动较频繁时，系数可取 2.5。

对于多台电动机的短路保护，熔体的额定电流 I_{eR} 应不小于最大一台电动机的额定电流 I_{emax} 的 $1.5 \sim 2.5$ 倍，加上同时使用的其他电动机额定电流之和 $\sum I_e$，即

$$I_{eR} \geqslant (1.5 \sim 2.5)I_{emax} + \sum I_e$$

对于额定电压为 380V 的三相异步电动机，电动机的额定电流可按 2A/kW 估算。

③ 保护半导体器件用的快速熔断器一般和半导体器件串联使用，要根据半导体器件的额定电流和电路形式选择熔断器。例如，三相全控整流电路，流过熔断器与半导体器件的电流相同，但考虑到半导体器件的额定电流 I_{eG} 是以平均值计算的，而熔断器熔体的额定电流 I_{eR} 是以有效值计算的，因此取

$$I_{eR} \geqslant 1.5I_{eG}$$

半导体器件承受过载的能力较差，一般在设计时留有较大的余量。因此，只要满足电路要求，通常取

$$I_{eR} \approx I_{eG}$$

这样对保护半导体器件更为有利。

2）熔断器类型的选择。熔断器的额定电压和额定电流应不小于电路的额定电压和所装熔体的额定电流，类型根据负载的保护特性和短路电流的大小及安装条件而定。例如，对以多台电动机为控制对象的配电网络，主电路电流比较大，可选用 RT0 系列熔断器，而分电路电流比较小，又容易损坏，常选用 RL1 系列熔断器；对车间配电网络用的保护熔断器，短路电流一般比较大，要选用具有高分断能力的熔断器，如 RT0 系列；对保护电动机用的熔断器，考虑电动机的起动电流比较大，应选用安秒特性较平坦的熔断器，如 RL1 系列；在经常发生故障的地方，要考虑更换方便、价格低廉的熔断器，如 RC1A、RL1、RM10 等系列的产品；对于保护半导体器件用的熔断器，一定要选用快速熔断器；在易燃易爆的地方，无论如何都不能选用敞开式的熔丝，最好选用专门的防爆产品。

2. 隔离器和刀开关

隔离器和刀开关都是手动操作的配电电器，一般作为电源隔离开关使用。通常将隔离器用在变电站，将刀开关用在低压配电屏。在农村和小型工厂中，还经常用刀开关直接起动小容量的笼型异步电动机。

刀开关和低压断路器

（1）隔离器和刀开关的符号

通常情况下，将隔离器和刀开关的符号都画成一般开关的符号，如图 7-4 所示。

隔离器和刀开关的文字符号也常用一般开关的文字符号 QS 表示。

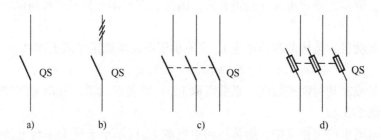

图 7-4 隔离器和刀开关的符号

a）单极画法 1 b）三极画法 1 c）三极画法 2 d）熔断器式刀开关

（2）刀开关的型号及电气符号

刀开关的型号及电气符号含义如图 7-5 所示。

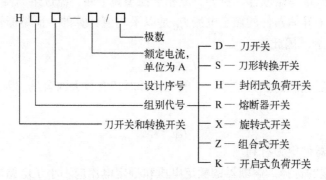

图 7-5 刀开关的型号及电气符号含义

（3）刀开关的主要参数

刀开关的主要技术参数有额定电压、额定电流、通断能力、机械寿命等，在 500V 以下的低压电路中，最主要的技术参数是额定电流。选用刀开关时主要选额定电流。

（4）刀开关的选择和安装

在选择刀开关时，应使其额定电压等于或者大于电路的额定电压，其额定电流应等于或大于电路的额定电流。当用刀开关控制电动机时，其额定电流要大于电动机额定电流的 3 倍。

在安装刀开关时，手柄要向上，不得将其倒装或平装，避免由于重力自由下落而引起误动作和合闸。接线时，应将电源线接在上端，负载线接在下端，这样拉闸后刀片与电源隔离，能防止可能发生的意外事故。

3. 低压断路器

低压断路器又称为自动空气开关或者自动空气断路器，用于分配电能电路、不频繁起动的异步电动机以及电源电路的保护。当电路发生过载、短路、失电压或者欠电压等故障时，低压断路器能自动切断电路。低压断路器是低压配电电路中应用非常广泛的一种保护电路。功能上相当于刀开关、熔断器、热继电器、欠电压继电器的组合。

（1）低压断路器的结构和工作原理

低压断路器主要由触头、灭弧系统和脱扣器三部分组成。脱扣器包括过电流脱扣器、失电压（欠电压）脱扣器、热脱扣器、分励脱扣器和自由脱扣器。

图7-6所示是低压断路器的结构图。开关是靠操作机构手动或电动合闸的。触头闭合后，自由脱扣器机构将触头锁在合闸位置上。当电路发生故障时，通过各自的脱扣器使自由脱扣机构动作，自动跳闸，实现保护作用。图7-7所示为低压断路器的图形和文字符号。

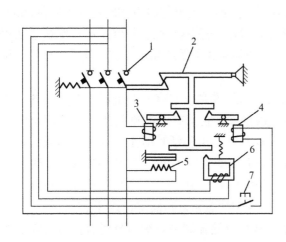

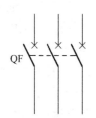

图7-6　低压断路器的结构图

1—主触点　2—自由脱扣器　3—过电流脱扣器　4—分励脱扣器

5—热脱扣器　6—失电压脱扣器　7—按钮

图7-7　低压断路器的
图形和文字符号

下面介绍各种脱扣器的工作原理及其作用。

1）过电流脱扣器。当流过开关的电流在整定值以内时，过电流脱扣器所产生的吸力不足以吸动衔铁。当电流超过整定值时，强磁场的吸力克服弹簧拉力拉动衔铁，使自由脱扣机构动作，断路器跳闸，实现过电流保护。

2）失电压脱扣器。失电压脱扣器（或叫作欠电压脱扣器）的工作过程与过电流脱扣器的恰恰相反。当电源电压在额定值时，失电压脱扣器线圈产生的磁力足以将衔铁吸合，使开关保持合闸状态。当电源电压下降到低于整定值或降为零时，在弹簧作用下衔铁被释放，自由脱扣器机构动作而切断电源。

3）热脱扣器。热脱扣器的作用和基本原理与后面介绍的热继电器相同。

4）分励脱扣器。分励脱扣器用于远距离操作。在正常工作时，其线圈是断电的。在需要远程操作时，使线圈通电，其电磁机构使自由脱扣机构动作，断路器跳闸。

（2）低压断路器的主要技术参数

低压断路器的主要技术参数有额定电压、额定电流、脱扣器类型、通断能力和分断时间等。

（3）低压断路器的典型产品

1）塑壳式断路器。塑壳式断路器又名装置式断路器。它把所有的部件都装在一个塑料外壳内。塑壳式断路器具有良好的保护性能，安全可靠，适用于频率为50Hz且电压在500V

以内的交流电路或电压为220V的直流电路，用于不频繁地接通与断开电路。在工矿企业中，塑壳式断路器被广泛地用于配电装置和电气控制设备中。

常用的塑壳式断路器有DZ5、DZ10、DZ12、DZ15、DZ20和C45等多种系列。DZ5、DZ12、DZ15、C45等系列为小电流的系列。DZ5的额定电流为10~50A，结构为立体布置，操作机构居中，有红色分闸按钮和绿色合闸按钮伸出壳外，上、下分别装有电磁脱扣器，主触点系统在后部。该产品内还有一对常开辅助触点和一对常闭辅助触点，可作为信号指示或控制电路用。DZ10和DZ20系列为大电流系列，其额定电流等级有100A、250A和600A三种，分断能力为7~50kA。它的结构特点是具有封闭的塑料外壳，绝缘底座及绝缘盖采用热固性塑料压制而成，具有良好的绝缘性能。断路器的触点系统和灭弧装置与后面介绍的接触器相同。

2）框架式断路器。框架式断路器又名万能式断路器。它有一个钢制的或压塑的底座框架，所有部件都装在框架内，用导电部分加以绝缘。它具有过电流脱扣器（作用与电磁脱扣器基本相同）和欠电压脱扣器，脱扣动作有瞬时动作和延时动作之分。它的操作方式有手柄直接传动、杠杆传动、电磁铁传动和电动机传动4种。DW5和DW10系列断路器为其代表产品，一般用于交流380V或直流440V的配电系统中。DW5系列是我国自行设计的产品，其特点为尺寸小、重量轻、断流容量高、保护性能完善和操作省力可靠等。

3）漏电保护断路器。漏电保护断路器一般由断路器和漏电继电器组合而成。除了能起到一般断路器的作用外，它还能在出现漏电或人身触电时迅速自动断开电路，以保护人身及设备的安全。

按工作原理可将漏电保护断路器分为电压型漏电断路器、电流型漏电断路器（有电磁式、电子式及中性点接地式之分）和电流型漏电继电器；按漏电动作电流值的不同，可将漏电保护断路器分为高灵敏度型漏电断路器（额定漏电动作电流为5~30mA）、中灵敏度型漏电断路器（额定漏电动作电流为50~1000mA）和低灵敏度型漏电断路器（额定漏电动作电流为3~20A）；按动作时间还可将漏电保护断路器分为高速型（额定漏电动作电流下的动作时间小于0.1s）、延时型（0.2~2s）和反时限型3种。其中，反时限型漏电保护断路器在额定漏电动作电流下工作时，动作时间为0.2~1s；在1.4倍额定漏电动作电流下工作时，动作时间为0.1~0.5s；在4.4倍额定漏电动作电流下的动作时间小于0.05s。

（4）低压断路器的选择

1）电压、电流的选择。断路器的额定电压和额定电流应不小于电路的额定电压和最大工作电流。额定电压在500V以下的断路器一般不用考虑。

2）脱扣器整定电流的计算。热脱扣器的整定电流应与所控制负载（例如电动机等）的额定电流一致；电磁脱扣器的瞬时脱扣整定电流应大于负载电路正常工作时的最大电流。

对于单台电动机来说，DZ系列断路器电磁脱扣器的瞬时脱扣整定电流 I_Z 可按下式计算，即

$$I_Z \geq kI_q$$

式中，k 为安全系数，可取1.5~1.7；I_q 为电动机的起动电流。

对于多台电动机来说，可按下式计算，即

$$I_Z \geq k \ (I_{qmax} + \text{电路中其他的工作电流})$$

式中，k 也可取 $1.5 \sim 1.7$；I_{qmax} 为最大一台电动机的起动电流。

电磁脱扣器的瞬时动作电流一般是电磁脱扣器额定电流的 $8 \sim 10$ 倍，而电动机的起动电流为电动机额定电流的 7 倍，通常只要选脱扣器额定电流大于负载的额定电流就可以了。对单台电动机来说，断路器脱扣器的额定电流可取负载额定电流的 $1.3 \sim 1.5$ 倍；对于多台电动机来说，断路器脱扣器的额定电流略大于负载的额定电流即可。

3）脱扣器形式的选择。一般情况选复式脱扣器，需要失电压保护的选失电压脱扣器，需要远距离控制的选分励脱扣器。失电压保护和远距离控制通常由 7.1.3 节介绍的接触器完成，不需要考虑断路器。

7.1.3 接触器

接触器主要用于控制电动机、电热设备、电焊机和电容器组等，它能频繁地接通或断开交直流主电路，实现远距离自动控制。它具有低电压释放保护功能，在电力拖动自动控制电路中被广泛应用。

接触器有交流接触器和直流接触器两大类型。下面介绍交流接触器。图 7-8 所示为交流接触器的结构示意图及图形符号。

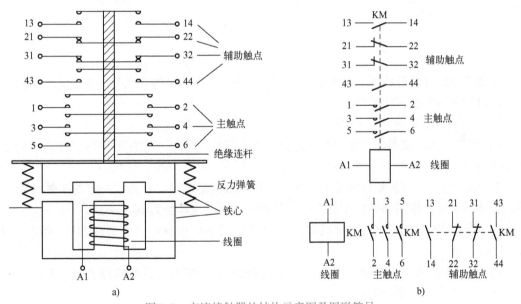

图 7-8　交流接触器的结构示意图及图形符号

a）交流接触器的结构示意图　b）交流接触器图形符号

1. 交流接触器的组成部分

1）电磁机构。电磁机构由线圈、动铁心（衔铁）和静铁心组成。

2）触点系统。交流接触器的触点系统包括主触点和辅助触点。主触点用于通断主电路，有3对或4对常开触点；辅助触点用于控制电路，起电气联锁或控制作用，通常有两对常开触点和两对常闭触点。

3）灭弧装置。容量在10A以上的接触器都有灭弧装置。对于小容量的接触器，常采用双断口桥形触头以利于灭弧；对于大容量的接触器，常采用纵缝灭弧罩及栅片灭弧结构。

4）其他部件。包括反作用弹簧、缓冲弹簧、触头压力弹簧、传动机构及外壳等。

接触器上标有端子标号，线圈为A1、A2，主触头1、3、5接电源侧，2、4、6接负载侧。辅助触头用两位数表示，前一位为辅助触头顺序号，后一位的3、4表示常开触头，1、2表示常闭触头。

接触器的控制原理很简单。当线圈接通额定电压时，产生电磁力，克服弹簧力，吸引动铁心向下运动，动铁心带动绝缘连杆和动触头向下运动使常开触头闭合，常闭触头断开；当线圈失电或电压低于释放电压时，电磁力小于弹簧力，常开触头断开，常闭触头闭合。

2. 交流接触器的型号

交流接触器型号如图7-9所示。

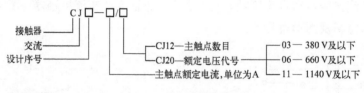

图7-9 交流接触器型号

完整型号还应包括线圈的额定电压。部分仿进口产品型号的含义与图7-9所示不同，如B系列和3TB系列交流接触器。

3. 接触器的主要技术参数和类型

1）额定电压。接触器的额定电压是指主触头的额定电压。交流有220V、380V和660V，在特殊场合应用的额定电压高达1140V，直流主要有110V、220V和440V。

2）额定电流。接触器的额定电流是指主触头的额定电流。它是在一定的条件（额定电压、使用类别和操作频率等）下规定的，目前常用的电流等级为10~800A。

3）吸引线圈的额定电压。交流有36V、127V、220V和380V，直流有24V、48V、220V和440V。

4）机械寿命和电气寿命。接触器是频繁操作电器，应有较高的机械和电气寿命，该指标是产品质量的重要指标之一。

5）额定操作频率。接触器的额定操作频率是指每小时允许的操作次数，一般为300次/h、600次/h和1200次/h。

6）动作值。动作值是指接触器的吸合电压和释放电压。规定接触器的吸合电压大于线圈额定电压的85%时应可靠吸合，释放电压不高于线圈额定电压的70%。

常用的交流接触器有CJ10、CJ12、CJ10X、CJ20、CJX1、CJX2、3TB和3TD等系列。

4. 接触器的选择

1）根据负载性质选择接触器的类型。

2）额定电压应大于或等于主电路工作电压。

3）额定电流应大于或等于被控电路的额定电流。对于电动机负载，还应根据其运行方式适当增大或减小。

4）吸引线圈的额定电压与频率要与所在控制电路选用的电压和频率相一致。

7.1.4　继电器

继电器是一种当输入量变化到某一定值时，其触头（电路）即接通或断开交直流小容量控制回路的自动控制电器。

在电气控制领域中，凡是需要逻辑控制的场合，几乎都需要使用继电器，因此，对继电器的需求千差万别。为了满足各种要求，人们研制生产了各种用途、不同型号和大小的继电器。本节主要介绍热继电器和电磁式继电器（包括电流继电器、电压继电器、时间继电器、中间继电器和速度继电器等几种常用的继电器）。

1. 热继电器

热继电器主要是用于电气设备（主要是电动机）的过载保护。热继电器是一种利用电流热效应原理工作的电器，它具有与电动机容许过载特性相近的反时限动作特性，主要与接触器配合使用，用于对三相异步电动机的过载和断相保护。

三相异步电动机在实际运行中，常会遇到因电气或机械原因等引起的过电流（过载和断相）现象。如果过电流不严重，持续时间短，绕组未超过允许温升，那么这种过电流是被允许的；如果过电流情况严重，持续时间较长，就会加快电动机绝缘老化，甚至烧毁电动机。因此，在电动机回路中应设置电动机保护装置。常用的电动机保护装置种类很多，使用最多、最普遍的是双金属片式热继电器。目前，双金属片式热继电器均为三相式，有带断相保护和不带断相保护两种。

（1）热继电器的工作原理

图 7-10a 所示是双金属片式热继电器结构示意图，图 7-10b 是其图形符号。热继电器主要由双金属片、热元件、复位按钮、传动杆、拉簧、调节旋钮、复位螺钉、触点和接线端子等组成。

双金属片是由两种线膨胀系数不同的金属用机械辗压方法制成的金属片。膨胀系数大的（如铁镍铬合金、铜合金或高铝合金等）称为主动层，膨胀系数小的（如铁镍类合金）称为被动层。这两种线膨胀系数不同的金属紧密地贴合在一起，当产生热效应时，双金属片向膨胀系数小的一侧弯曲，由弯曲产生的位移带动触头动作。

热元件一般由铜镍合金、镍铬铁合金或铁铬铝合金等电阻材料制成，其形状有圆丝、扁丝、片状和带材几种。将热元件串接于电动机的定子电路中，通过热元件的电流就是电动机的工作电流（大容量的热继电器装有速饱和互感器，热元件被串接在二次回路中）。当电动机正常运行时，其工作电流通过热元件所产生的热量不足以使双金属片变形，热继电器不会动作。当电动机发生过电流且超过整定值时，双金属片因热量增大而发生弯曲，经过一定时间后，使触点动作，通过控制电路切断电动机的工作电源。同时，热元件也因失电而逐渐降温，经过一段时间的冷却，双金属片恢复到原来状态。

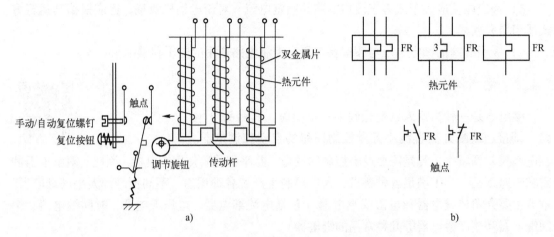

图 7-10　热继电器结构示意图及图形符号

a）双金属片式热继电器结构示意图　b）双金属片式热继电器图形符号

热继电器的动作电流的调节是通过旋转调节旋钮来实现的。调节旋钮为一个偏心轮，旋转调节旋钮可以改变传动杆和动触点之间的传动距离，距离越长，动作电流就越大；反之，动作电流就越小。

热继电器的复位方式有自动复位和手动复位两种。将复位螺钉旋入，使常开的静触点向动触点靠近，这样动触点在闭合时就处于不稳定状态。若双金属片冷却后动触点也返回，则复位方式为自动复位方式；若将复位螺钉旋出，触点不能自动复位，则为手动复位方式。在手动复位方式下，需在双金属片恢复时按下复位按钮才能使触点复位。

（2）热继电器的型号含义及主要参数

热继电器型号的含义如图 7-11 所示。热继电器的主要参数是热元件的额定电流。

（3）热继电器的选择原则

热继电器主要用于电动机的过载保护，在使用中应考虑电动机的工作环境、起动情况、负载性质等因素，应按以下几个方面来选择。

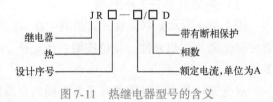

图 7-11　热继电器型号的含义

1）热继电器结构形式的选择。星形联结的电动机可选用两相或三相结构热继电器，三角形联结的电动机应选用带断相保护装置的三相结构热继电器。

2）热继电器的动作电流整定值一般为电动机额定电流的 1.05～1.1 倍。

3）对于重复短时工作的电动机（如起重机电动机），由于电动机不断重复升温，热继电器双金属片的温升跟不上电动机绕组的温升，电动机将得不到可靠的过载保护，所以在这种情况下不宜选用双金属片热继电器，而应选用过电流继电器或能反映绕组实际温度的温度继电器来进行保护。

2. 电磁式继电器

在低压控制系统中采用的继电器大部分为电磁式。如电压（电流）继电器、中间继电器以及相当一部分的时间继电器，都属于电磁式继电器。电磁式继电器具有结构简单、价格低廉、使用维护方便、触点容量小（一般在5A以下）、触点数量多且无主辅之分、无灭弧装置、体积小、动作迅速准确、控制灵敏可靠等特点，被广泛地应用于低压控制系统中。

（1）电流继电器

电流继电器的输入量是电流，它是根据输入电流的大小而动作的继电器。将电流继电器的线圈串入电路中，用来反映电路中电流的变化。电流继电器的线圈匝数少、导线粗、阻抗小。电流继电器可分为欠电流继电器和过电流继电器。

欠电流继电器用于欠电流保护或控制，如直流电动机励磁绕组的弱磁保护、电磁吸盘中的欠电流保护、绕线转子异步电动机起动时电阻的切换控制等。欠电流继电器的动作电流整定范围为线圈额定电流的30%～65%。需要注意的是，在电路正常工作时，欠电流继电器处于吸合动作状态，常开触点处于闭合状态，常闭触点处于断开状态；由于当电路出现不正常现象或故障现象导致电流下降或消失时，继电器中流过的电流小于释放电流而动作，所以欠电流继电器的动作电流为释放电流而不是吸合电流。

过电流继电器用于过电流保护或控制，如起重机电路中的过电流保护。在电路正常工作、工作电流小于继电器所整定的动作电流时，继电器不动作；在电路出现故障、电流超过动作电流整定值时，继电器开始动作。当过电流继电器动作时，其常开触点闭合，常闭触点断开。过电流继电器整定范围为额定电流的110%～400%，其中交流过电流继电器为额定电流的110%～400%，直流过电流继电器为额定电流的70%～300%。

电流继电器的主要参数有额定电流、吸合电流、释放电流、整定范围和返回系数。

常用的交直流继电器有JL14和JL15等系列，还有直流JL12系列。JL14系列电流继电器用于直流电动机和交流绕线转子电动机的过载保护，适用于交流380V以下及直流440V以下的电路，其型号的含义如图7-12所示。

当电流继电器作为保护电器时，其图形符号如图7-13所示。

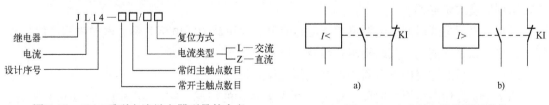

图7-12　JL14系列电流继电器型号的含义

图7-13　电流继电器的图形符号
a）欠电流继电器　b）过电流继电器

在选用过电流继电器时，应选择继电器线圈的吸合电流等于电路允许的最大电流；在选用欠电流继电器时，应选择继电器线圈的释放电流等于电路允许的最小电流。然后再根据电流继电器的整定范围选择继电器线圈的额定电流。吸合电流或释放电流要进行现场调整。

（2）电压继电器

电压继电器的输入量是电路的电压，它根据输入电压的大小而动作。与电流继电器类似，电压继电器也分为欠电压继电器和过电压继电器两种。过电压继电器的动作电压范围为额定电压的 105% ~ 120%；欠电压继电器吸合电压的动作范围为额定电压的 20% ~ 50%，释放电压调整范围为额定电压的 7% ~ 20%；当电压降低至额定电压的 5% ~ 25% 时，零电压继电器开始动作。上述继电器分别起过电压、欠电压、零电压的保护作用。电压继电器工作时并联在电路中，因此线圈匝数多，导线细，阻抗大，可以反映电路中电压的变化，用于电路的电压保护。常将电压继电器用在电力系统继电保护中，在低压控制电路中使用较少。

电压继电器的主要参数有额定电压、吸合电压、释放电流、整定范围和返回系数。

当电压继电器作为保护电器时，其图形符号如图 7-14 所示。

在选用过电压继电器时，应选择继电器线圈的吸合电压等于电路允许的最大电压；在选用欠电压继电器时，应选择继电

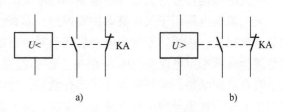

图 7-14　电压继电器的图形符号

a）欠电压继电器　b）过电压继电器

器线圈的释放电压等于电路允许的最小电压。然后再根据电压继电器的整定范围选择继电器线圈的额定电压。吸合电压或释放电压要进行现场调整，对欠电压继电器，也可以在电压线圈中串接电位器来进行调整，但在吸合时必须将该电位器短接。

（3）时间继电器

时间继电器在电路中用于对时间的控制。时间继电器种类很多，按其动作原理可分为电磁式、空气阻尼式、电动式和电子式等；按延时方式可分为通电延时型和断电延时型。下面以 JS7 型空气阻尼式时间继电器为例说明其工作原理。

空气阻尼式时间继电器是利用空气阻尼原理获得延时的，它由电磁机构、延时机构和触头系统三部分组成。电磁机构为直动式双 E 型铁心，触头系统借用 LX5 型微动开关，延时机构采用气囊式阻尼器。

可将空气阻尼式时间继电器制成通电延时型，也可改成断电延时型；电磁机构可以是直流的，也可以是交流的，其结构示意图及图形符号如图 7-15 所示。

现以通电延时型时间继电器为例介绍其工作原理。

图 7-15a 为通电延时型时间继电器线圈不得电时的情况。在线圈通电后，动铁心吸合，带动 L 型传动杆向右运动，使瞬动触点受压开始动作。活塞杆在塔形弹簧的作用下，带动橡皮膜向右移动，弱弹簧将橡皮膜压在活塞上，橡皮膜左方的空气不能进入气室形成负压，只能通过进气孔进气，因此，活塞杆只能缓慢地向右移动，其移动的速度和进气孔的大小有关（通过延时调节螺钉调节进气孔的大小可改变延时时间）。经过一定的延时后，活塞杆移

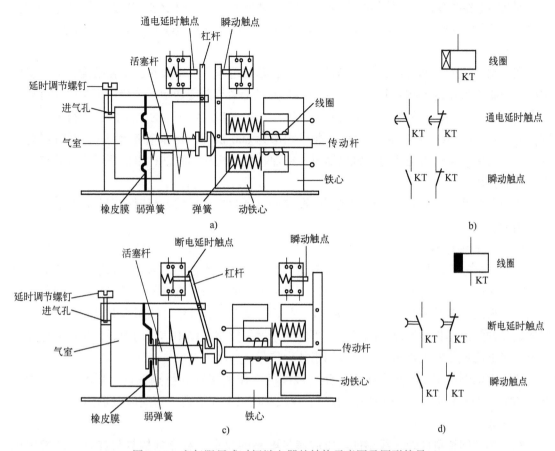

图 7-15 空气阻尼式时间继电器的结构示意图及图形符号

a) 通电延时型时间继电器的结构示意图　b) 通电延时型时间继电器图形符号
c) 断电延时型时间继电器的结构示意图　d) 断电延时型时间继电器图形符号

动到右端，通过杠杆压动微动开关（通电延时触点），使其常闭触点断开，常开触点闭合，起到通电延时作用。

当线圈断电时，电磁吸力消失，动铁心在反力弹簧的作用下释放，并通过活塞杆将活塞推向左端。这时，在气室内中的空气通过橡皮膜和活塞杆之间的缝隙排掉，瞬动触点和延时触点迅速复位，无延时。

如果将通电延时型时间继电器的电磁机构反向安装，就可以改为断电延时型时间继电器，如图 7-15c 所示。当线圈不得电时，塔形弹簧将橡皮膜和活塞杆推向右侧，杠杆将延时触点压下。注意，原来通电延时的常开触点现在变成了断电延时的常闭触点，原来通电延时的常闭触点现在变成了断电延时的常开触点。当线圈通电时，动铁心带动 L 型传动杆向左运动，使瞬动触点瞬时动作，同时推动活塞杆向左运动，如前所述，活塞杆向左运动不延时，延时触点瞬时动作。当线圈断电时，动铁心在反力弹簧的作用下返回，瞬动触点瞬时动作，延时触点延时动作。

时间继电器线圈和延时触点的图形符号都有两种画法，可以不画线圈中的延时符号，对触点中的延时符号可以画在左边也可以画在右边，但是圆弧的方向不能改变，如图7-15b和图7-15d所示。

空气阻尼式时间继电器的优点是结构简单，延时范围大，寿命长，价格低廉，且不受电源电压及频率波动的影响；其缺点是延时误差大，无调节刻度指示，一般适用延时精度要求不高的场合。常用的产品有JS7-A、JS23等系列，其中JS7-A系列的主要技术参数为延时范围，分 $0.4 \sim 60\,s$ 和 $0.4 \sim 180\,s$ 两种，操作频率为600次/h，触头容量为5A，延时误差为 $\pm 15\%$。在使用空气阻尼式时间继电器时，应保持延时机构的清洁，以防止因进气孔堵塞而失去延时作用。

在选用时间继电器时，应根据控制的要求选择延时方式，根据延时范围和精度选择继电器的类型。

（4）中间继电器

中间继电器在结构上是一个电压继电器，它是用来转换控制信号的中间器件。中间继电器的输入是线圈的通电或断电信号，输出信号为触点的动作。它的触点数量较多，各触点的额定电流相同，多数为5A，小型的为3A。由于在输入一个信号（线圈通电或断电）时，会触发较多的触点动作，所以中间继电器可以用来增加控制电路中信号的数量。中间继电器的触点额定电流比线圈大得多，故可以用来放大信号。

中间继电器的主要参数有额定电压（线圈的工作电压）和触点数目。常用的中间继电器有JZ7和JZ8系列，还有小型的JZ11、JZ12和JZ13等系列。中间继电器型号的含义如图7-16所示。

在选择中间继电器时，线圈的电压应满足电路的要求，触点的数量与容量（即额定电压和额定电流）应满足被控制电路的要求，还应注意电源是交流的还是直流的。

（5）速度继电器与其他继电器

速度继电器是当转速达到规定值时动作的继电器。其图形符号如图7-17所示。速度继电器的转轴与电动机的转轴被连在一起，它常用于电动机反接制动的控制电路中。当反接制动的转速下降到接近零时，它的触点动作，能自动及时地切断电源。常用的速度继电器有JY1和JFZ0型。

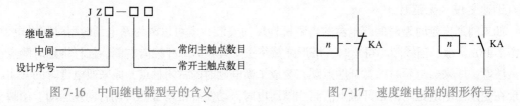

图7-16　中间继电器型号的含义　　　　　图7-17　速度继电器的图形符号

压力继电器是根据气体或液体压强使触点动作的继电器。在机床的液压控制系统中，压力继电器能根据油路中液体压力的情况决定触点的断开与闭合，以便对机床提供某种保护或控制。在供水系统中，可以用压力继电器的触点来切换电动机，使供水压力达到规定的范围。

温度继电器是根据温度变化使触点动作的继电器。温度继电器与热继电器一样，主要用来保护电动机，特别是交流电动机和大中容量电动机，使之不因过载而烧坏。但它又异于热继电器，即其工作原理是基于温度原则的。它在使用中被埋设在电动机的发热部位，直接反映该处的发热情况，并在温度达到一定数值时动作，从而为电动机提供保护。

前面已经介绍过按电源原则工作的双金属片式热继电器，这种继电器所反映的是电动机的电流。虽然电动机过载是其绕组温升过高的主要原因，而且可通过反映电流的热元件间接反映出温升的高低，但是，即使电动机不过载，电网电压或频率的升高、周围介质温度过高以及通风不良等因素，也足以使电动机绕组因温度过高而烧损，这是双金属片式热继电器保护不了的。举例来说，尽管电动机未曾过载，但端电压过高，导致铁损非常大，绕组也可能被烤焦。又如电动机的风扇坏了或进风口被堵塞，就是在额定负载下，绕组温升也有可能超过容许值。凡此种种均非采用热继电器所能保护的。另外，用热继电器保护起动频繁的电动机和单相运转的电动机，效果也不太理想。热继电器与电动机往往不是处于同一介质温度下，而且它们的发热时间常数又有差异，即使采取温度补偿措施，热继电器仍难以恰当地反映电动机的发热情况。在采用按温度原则工作的温度继电器后，只要电动机绕组的温度或其他埋设温度继电器部位的温度达到了极限容许值，继电器就会有保护性动作。另外，采用温度继电器，还能充分利用电动机的过载能力，做到物尽其用，所以国外称为全热保护。

温度继电器大体上有两种类型：一种是双金属片式温度继电器，另一种是半导体热敏电阻式温度继电器。

7.1.5 主令电器

主令电器

在控制电路中，主令电器以开关触头的通断形式来发布控制命令，使控制电路执行对应的控制任务。主令电器应用广泛，种类繁多，常见的有按钮、行程开关、接近开关、万能转换开关、主令控制器、选择开关、足踏开关等。下面详细介绍按钮、行程开关和万能转换开关。

1. 按钮

按钮是一种最常用的主令电器，其结构简单，控制方便。

（1）按钮的结构、种类及常用型号

按钮由按钮帽、复位弹簧、触点和外壳等组成，其结构示意图及图形符号如图7-18所示。触点采用桥式触点，额定电流在5A以下。触点又分常开触点（动断触点）和常闭触点（动合触点）两种。

从按钮外形和操作方式上可以将其分为平按钮和急停按钮。急停按钮也叫作蘑菇头按钮，其结构示意图如图7-18c所示。除此之外，按钮还有钥匙钮、旋钮、拉式钮、万向操纵杆式、带灯式等多种类型。

按触点动作方式的不同，可以将按钮分为直动式和微动式两种，图7-18a、c所示的按钮均为直动式，其触点动作速度和手按下的速度有关。微动式按钮的触点动作变换速度快，与手按下的速度无关，其动作原理如图7-19所示。动触点使用的是变形簧片，当弯形簧片受压向下运动低于平形簧片时，弯形簧片迅速变形，将平形簧片触点弹向上方，实现触点瞬间动作。

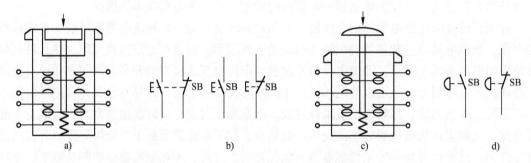

图7-18　按钮的结构示意图及图形符号

a）平按钮的结构示意图　b）平按钮的图形符号　c）急停按钮的结构示意图　d）急停按钮的图形符号

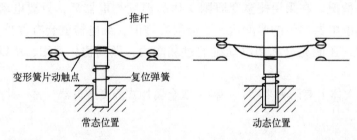

图7-19　微动式按钮的动作原理图

小型微动式按钮也称为微动开关。微动开关还可以用于各种继电器和限位开关中，如时间继电器、压力继电器和限位开关等。

按钮一般为复位式，也有自锁式，最常用的按钮为复位式平按钮，如图7-18a所示，其按钮与外壳平齐，可防止异物误碰。

（2）按钮的颜色

一般情况下，红色按钮用于表示"停止""断电"或"事故"。优先用绿色按钮表示"起动"或"通电"，但也允许选用黑、白或灰色按钮。

一钮双用的"起动"与"停止"或"通电"与"断电"（即交替按压后改变功能的），不能用红色按钮，也不能用绿色按钮，而应用黑、白或灰色按钮。

按压时运动，抬起时停止运动（如点动、微动）的按钮，应用黑、白、灰或绿色，最好是用黑色按钮，而不能用红色按钮。

用于单一复位功能的，用蓝、黑、白或灰色按钮。

同时具有"复位""停止"与"断电"功能的按钮用红色。灯光按钮不得用作"事故"按钮。

（3）按钮的选择原则

1）根据使用场合选择控制按钮的种类，如开启式、防水式、防腐式等。

2）根据用途选用合适的形式，如钥匙式、紧急式、带灯式等。

3）按控制回路的需要，确定不同的按钮数，如单钮、双钮、三钮、多钮等。

4）按工作状态指示和工作情况的要求，选择按钮及指示灯的颜色。表7-1给出了按钮颜色的含义。

表7-1　按钮颜色的含义

颜　色	含　义	举　例
红	处理事故	紧急停机 扑灭燃烧
	"停止"或"断电"	正常停机 停止一台或多台电动机 装置的局部停机 切断一个开关 带有"停止"或"断电"功能的复位
绿	"起动"或"通电"	正常起动 起动一台或多台电动机 装置的局部起动 接通一个开关装置（投入运行）
黄	参与	防止意外情况 应急操作 抑制不正常情况和中断不理想的工作周期
蓝	上述颜色未包含的任何指定用意	凡红、黄和绿色未包含的用意，皆可用蓝色
黑、灰、白	无特定用意	除单功能的"停止"或"断电"按钮外的任何功能

2. 行程开关

在电力拖动系统中，有时希望能按照生产机械部件位置的变化而改变电动机的工作情况。例如，对于有的运动部件，当它们移到某一位置时，往往要求能自动停止、反向或改变移动速度等。此时就可以使用行程开关来达到这些要求。当生产机械的部件运动到某一位置时，与它连接在一起的挡铁碰压行程开关，就将机械信号变换为电信号，对控制电路发出接通断开或变换某些控制电路的指令，以达到一定的控制要求。

行程开关又称为限位开关。它的种类很多，按运动形式可分为直动式、微动式、转动式等，按触点的性质可分为有触点式和无触点式。常用的行程开关有LX18、LX19和JLXK1等系列。行程开关的图形符号如图7-20所示。

行程开关的工作原理与按钮相同，区别只是在于，它不靠手指的按压，而是利用生产机械的部件及其挡铁的碰压使触点动作。

无触点行程开关又称为接近开关。这种开关不是靠挡块碰压开关发出信号的，而是在移动部件上装一金属片，在移动部件需要改变工作情况的地方安装接近开关的感应头，其"感应面"正对金属片。当移动部件的金属片移动到感应头上面（不需接触）时，接近开关就输出一个指令信号，使控制电路改变工作情况。无触点行程开关是根据电子技术原理而动作的开关，它的定位精确，反应迅速，寿命长，在机床电气控制系统中的应用日益广泛。

行程开关型号的含义如图7-21所示。

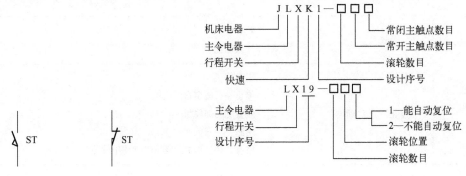

图7-20 行程开关的图形符号　　　　图7-21 行程开关型号的含义

3. 万能转换开关

转换开关的工作原理与凸轮控制器一样，只是使用地点不同。凸轮控制器主要用于主电路，直接对电动机等电气设备进行控制，而转换开关主要用于控制电路，通过继电器和接触器间接控制电动机。常用的转换开关主要有两大类，即万能转换开关和组合开关。两者的结构和工作原理基本相似，在某些应用场合下两者可相互替代。转换开关按结构类型分为普通型、开起组合型和防护组合型，按用途又分为主令控制用转换开关和控制电动机用转换开关两种。转换开关的图形符号与凸轮控制器一样。转换开关的结构示意图及图形符号如图7-22所示。

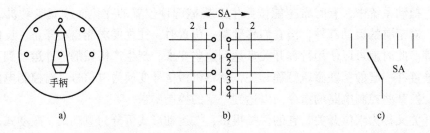

图7-22 转换开关的结构示意图及图形符号

a) 5位转换开关的结构示意图　b) 4极5位转换开关的图形符号　c) 单极5位转换开关的图形符号

转换开关的触点通断状态也可以用图表来表示。图7-22b中4极5位转换开关的触点通断状态见表7-2。

表 7-2　4 极 5 位转换开关的触点通断状态表

触点号	位　置				
	←	↖	↑	↗	→
	90°	45°	0°	45°	90°
1			×		
2		×		×	
3	×	×			
4				×	×

注：×表示触点接通。

转换开关的主要参数包括结构类型、手柄类型、触点通断状态表、工作电压、触头数量及其电流容量，在产品说明书中都有详细说明。常用的转换开关有 LW2、LW5、LW 6、LW8、LW9、LWl2、LWl6、VK、3LB 和 HZ 等系列，其中 LW2 系列用于高压断路器操作回路的控制，LW5、LW6 系列多用于电力拖动系统中电路或电动机的控制。还可将 LW6 系列装成双列式，列与列之间用齿轮啮合，并由同一手柄操作，此种开关最多可装 60 对触点。

LW5 系列万能转换开关型号的含义如图 7-23 所示。

可以根据以下几个方面选择转换开关。

1）额定电压和工作电流。

2）手柄型式和定位特征。

3）触点数量和接线图编号。

4）面板型式及标志。

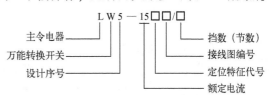

图 7-23　LW5 系列万能转换开关型号的含义

7.2　常用电气元器件的符号及电气控制系统电路图的绘制

电气控制电路是用导线将电动机、电器、仪表等元器件按一定要求和方法联系起来，并能实现某种功能的电气线路。为了表达生产设备电气控制系统的结构、原理等设计意图，便于进行电气元器件的安装、调试、使用和维修，需要将电气控制电路中各电气元器件的连接用一定的图表达出来，在图上用不同的图形符号来表示各种电气元器件，用不同的文字符号来进一步说明图形符号所代表的电气元器件的基本名称、用途、主要特征及编号等。因此，电气控制电路应根据简明易懂的原则，采用统一规定的图形符号、文字符号和标准画法来绘制。

7.2.1　常用电气元器件的符号

1. 常用电气元器件的文字符号

电气元器件的文字符号目前执行国家标准 GB 5094—2005～2018《工业系统、装置与设备以及工业产品结构原则与参照代号》。这个标准是根据 IEC 国际标准而制定的。

单字母符号应优先采用，每个单字母符号表示一个大类。电气原理图中常用的图形符号见表 7-3。如“C”表示电容器类，“R”表示电阻器类等。

表 7-3　电气原理图中常用的图形符号

名　称		图形符号	文字符号
一般三极电源开关		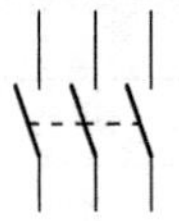	QS
组合开关		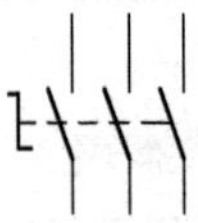	SA
限位开关	常开触点	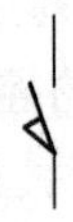	SQ
限位开关	常闭触点	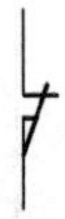	SQ
限位开关	复合触点	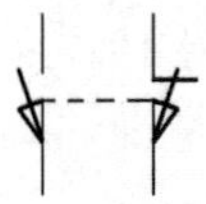	SQ
接触器	线圈	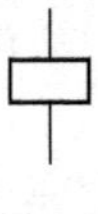	KM
接触器	主触点	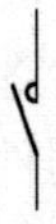	KM
接触器	辅助常开触点	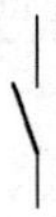	KM
接触器	辅助常闭触点	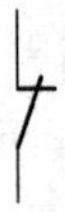	KM
按钮	起动	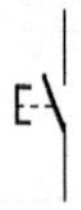	SB
按钮	停止	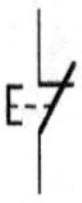	SB
按钮	急停	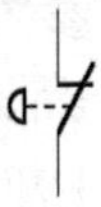	SB
按钮	复合	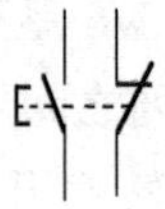	SB
按钮	旋钮开关	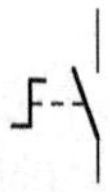	SA
继电器	中间继电器线圈	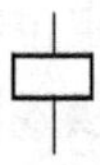	KA
继电器	欠电压继电器线圈	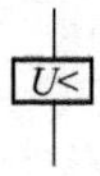	KA
继电器	过电流继电器线圈	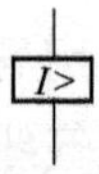	KI
继电器	欠电流继电器线圈	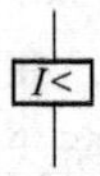	KI
继电器	常开触点	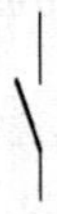	相应继电器符号
继电器	常闭触点	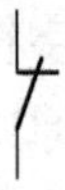	相应继电器符号

（续）

名　称	图形符号	文字符号	名　称	图形符号	文字符号
线圈	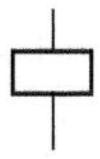	KT	压力继电器常开触点		KA
通电延时线圈	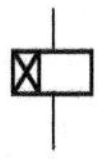	KT	熔断器		FU
断电延时线圈	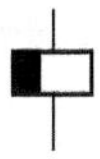	KT	转换开关	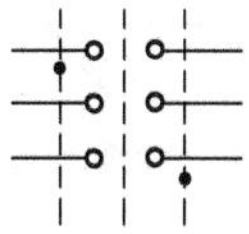	SA
常开延时闭合触点①	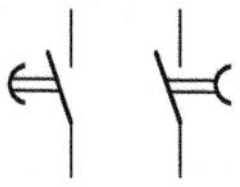	KT	电位器	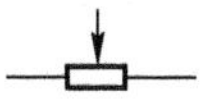	RP
常闭延时打开触点②	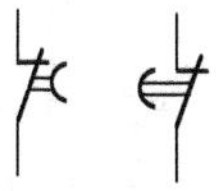	KT	电磁铁	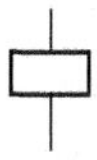	YA
常闭延时闭合触点③	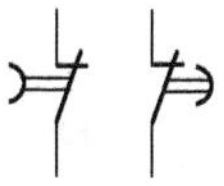	KT	制动电磁铁	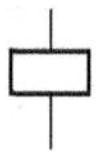	YB
常开延时打开触点④	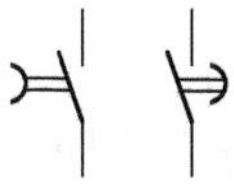	KT	电磁离合器	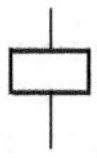	YC
常开触点	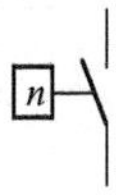	KA	整流桥	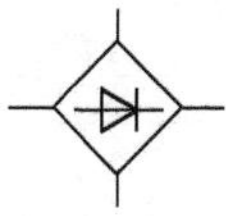	VC
常闭触点	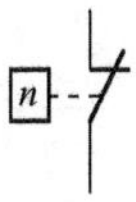	KA	电磁吸盘	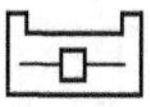	YH
热元器件	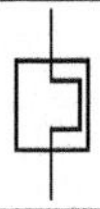	FR	电抗器	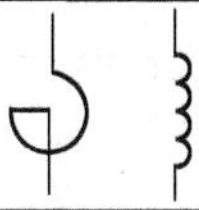	L
常开触点	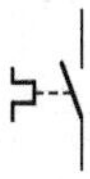	FR	电铃		HA
常闭触点	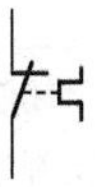	FR	蜂鸣器		HA

时间继电器

速度继电器

热继电器

（续）

名　称	图形符号	文字符号	名　称	图形符号	文字符号
照明灯	⊗	EL	三相笼型异步电动机	Ⓜ 3~	M
信号灯	⊗	HL	三相绕线型异步电动机	Ⓞ	M
电阻器	▭ 或	R	单相变压器		T
			整流变压器		T
接插器	─●◄ 或	X	照明变压器		T
	◄◄		控制电路电源用变压器		T
换向绕组	B1 — B2		三相自耦变压器		V
补偿绕组	C1 — C2				
串励绕组	D1 — D2		二极管	▷	
并励绕组	E1 — E2		稳压管	▷	V
他励绕组	F1 — F2		PNP 型晶体管		V
串励直流电动机	Ⓜ	M			
并励直流电动机	Ⓜ	M	NPN 晶体管		V
他励直流电动机	Ⓜ	M	N 型单结晶体管		V
复励直流电动机	Ⓜ	M			
直流发电机	Ⓖ	G	晶闸管		V

① 常开延时闭合触点——通电延时常开触点。② 常闭延时打开触点——通电延时常闭触点。

③ 常闭延时闭合触点——断电延时常闭触点。④ 常开延时打开触点——断电延时常开触点。

双字母符号是由一个表示种类的单字母符号和另一个字母组成，其组合形式应以单字母符号在前、另一字母在后的次序列出。例如，"G"为电源的单字母符号，"GB"表示蓄电池。只有当用单字母符号不能满足要求、需要将大类进一步划分时，才采用双字母符号，以便较详细和更具体地表述电气设备、装置和元器件。

辅助文字符号是用来表示电气设备、装置和元器件以及线路的功能、状态和特征的。辅助文字符号也可放在表示种类的单字母符号后面组合成双字母符号。为简化文字符号起见，当辅助文字符号由两个以上字母组成时，允许只采用其第一位字母进行组合，如"M"为电动机的单字母符号，辅助文字符号"SYN"表示同步，"MS"表示同步电动机。

2. 常用电气元器件的图形符号

电气元器件的图形符号目前执行国家标准 GB/T 4728—2008～2018《电气简图用图形符号》，也是根据 IEC 国际标准制定的。该标准给出了大量的常用电气元器件图形符号，以表示产品特征。通常用比较简单的电器作为一般符号。低压电器的图形符号应符合国际标准规定，常用图形符号见表 7-3。

国家标准 GB/T 4728—2008～2018 的一个显著特点就是图形符号可以根据需要进行组合。在该标准中除了提供了大量的一般符号之外，还提供了大量的限定符号和符号要素。限定符号和符号要素不能单独使用，它相当于一般符号的配件。将某些限定符号或符号要素与一般符号进行组合就可组成各种电气图形符号。断路器图形符号的组成如图 7-24 所示。

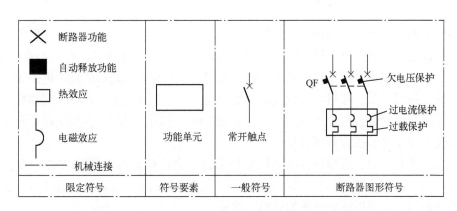

图 7-24　断路器图形符号的组成

7.2.2　电气控制系统图的绘制

电气控制系统图包括电气原理图、电气安装图（电器安装图、互连图）和框图等。各种图的图纸尺寸一般选用 297mm × 210mm、297mm × 420mm、297mm × 630mm、297mm × 840mm 四种幅面，特殊需要可按国家标准 GB/T 14689—2008《技术制图 图纸幅面和格式》选用其他尺寸。

1. 电气原理图的绘制规则

1）主电路：粗线，左或上部；控制电路：细线，右或下部。

2）控制电路的电源线分列两边，按电气元器件的动作顺序由上而下平行绘制。

3）所有电气元器件不画实际外形，而用标准图形和文字符号表示。将元器件的各部分分别画在完成作用的地方。各电器部件的状态处于未动作前的状态。

4）同类电气元器件在文字符号前或后加序号区分。

5）两条以上导线连接处用小圆点表示电气连接，每一接点标一编号，左单右双，以线圈为界限。

6）对具有循环运动的机构，应绘出工作循环图；对万能转换开关和行程开关，应绘出动作程序和动作位置。

2. 电气元器件的布置原则

1）对体积大和较重的电气元器件，应装在元器件安装板的下方，应将发热元器件装在上方。

2）强弱电分开，强电应屏蔽。

3）对需经常维护、检修、调整的元器件，其安装位置不宜过高。

4）布置应整齐、美观、对称。

5）元器件之间应留有一定间距。

7.3 三相异步电动机的起动控制电路

三相异步电动机具有结构简单、运行可靠、坚固耐用、价格便宜、维修方便等一系列优点。与同容量的直流电动机相比，异步电动机还具有体积小、重量轻、转动惯量小的特点。因此，在工矿企业中异步电动机得到了广泛的应用。三相异步电动机的控制电路大多由接触器、继电器、闸刀开关、按钮等有触点电器组合而成。三相异步电动机分为笼型异步电动机和绕线转子异步电动机，两者的构造不同，起动方法也不同，其起动控制电路差别很大。本章主要以笼型异步电动机为例进行介绍。

在许多工矿企业中，笼型异步电动机的数量占电力拖动设备总数的85%左右。在变压器容量允许的情况下，笼型异步电动机应该尽可能采用全电压直接起动，这样既可以提高控制电路的可靠性，又可以减少电器的维修工作量。

电动机单向起动控制电路常用于只需要单方向运转的小功率电动机的控制。例如，小型通风机、水泵以及皮带运输机等机械设备。图7-25所示为电动机单向起动控制电路的电气原理图。这是一种最常用、最简单的控制电路，能实现对电动机的起动和停止的自动控制、远距离控制、频繁操作等。主电路由隔离开关QS、熔断器FU_1、接触器KM的常开主触点、热继电器FR的热元器件和电动机M组成。控制电路由起动按钮SB_2、停止按钮SB_1、接触器KM线圈和常开辅助触点、热继电器FR的常闭触头构成。

控制电路工作原理如下。

1. 起动电动机

合上三相隔离开关QS，按起动按钮SB_2，接触器KM的吸引线圈得电，三对常开主触点闭合，电动机 M 被接入电源，电动机开始起动。同时，与 SB$_2$ 并联的 KM 的常开辅助触点闭合，即使断开 SB$_2$，吸引线圈 KM 通过其辅助触点也可以继续保持通电，维持吸合状态。凡是接触器（或继电器）利用自己的辅助触点来保持其线圈带电的，称为自锁（自保），这个触点称为自锁（自保）触点。由于 KM 的自锁作用，所以在松开 SB$_2$ 后，电动机 M 仍能继续起动，最后达到稳定运转。

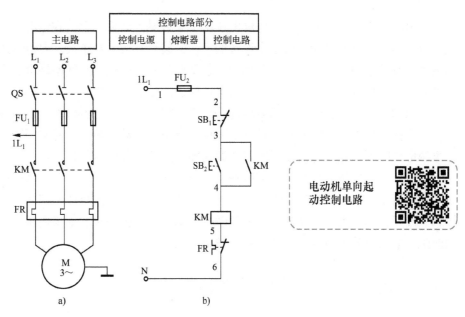

图 7-25　电动机单向起动控制电路的电气原理图

a）主电路　b）控制电路

2. 停止电动机

按停止按钮 SB$_1$，接触器 KM 的线圈失电，其主触点和辅助触点均断开，电动机脱离电源，停止运转。这时，即使松开停止按钮，自锁触点断开，接触器 KM 线圈也不会再通电，电动机不会自行起动。只有当再次按下起动按钮 SB$_2$ 时，电动机方能再次起动运转。

也可以用下述方式描述。

合上开关 QS。

起动→KM 主触点闭点→电动机 M 得电起动、运行。

按下 SB$_2$→KM 线圈得电→KM 常开辅助触点闭合→实现自保。

停车→KM 主触点复位→电动机 M 断电停车。

按下 SB$_1$→KM 线圈失电→ KM 常开辅助触点复位→自保解除。

3. 电路保护环节

（1）短路保护

短路时通过熔断器 FU$_1$ 的熔体熔断切开主电路。

（2）过载保护

过载保护通过热继电器 FR 实现。由于热继电器的热惯性比较大，即使热元器件上流过几倍额定电流的电流，热继电器也不会立即动作，所以在电动机起动时间不太长的情况下，热继电器能够经得起电动机起动电流的冲击而不会动作。只有在电动机长期过载下，FR 才动作，断开控制电路，接触器 KM 失电，切断电动机主电路，电动机停转，实现过载保护。

（3）欠电压和失电压保护

当电动机正在运行时，如果电源电压由于某种原因消失，那么在电源电压恢复时，电动机将自行起动，这就可能造成生产设备的损坏，甚至造成人身事故。对电网来说，同时有许多电动机及其他用电设备自行起动也会引起不允许的过电流及瞬间网络电压下降。为防止电压恢复时电动机自行起动的保护叫作失电压保护或零电压保护。

当电动机正常运转时，电源电压过分地降低将引起一些电器释放，造成控制电路不正常工作，可能产生事故；电源电压过分地降低也会引起电动机转速下降甚至停转。因此，需要在电源电压降到一定允许值以下时将电源切断，这就是欠电压保护。

欠电压和失电压保护是通过接触器 KM 的自锁触点来实现的。在电动机正常运行中，由于某种原因使电网电压消失或降低，当电压低于接触器线圈的释放电压时，接触器释放，自锁触点断开，同时主触点断开，切断电动机电源，电动机停转。如果电源电压恢复正常，自锁解除，电动机就不会自行起动，从而避免了意外事故。

7.4 三相异步电动机的正反转控制电路

电动机的正反转也称为可逆旋转，它在生产中可控制运动部件向正、反两个方向运动。例如，工作台的前进与后退，提升机构的上升和下降，机械装置的加紧和放松等。

对三相异步电动机的正反转控制需要用两个接触器来实现。当正转接触器工作时，电动机正转；当反转接触器工作时，电动机接到电源的任意两根连线对调，电动机反转。

在如图 7-26 所示的控制电路中，利用正向接触器 KM_1 的常闭触点控制反向接触器 KM_2 的线圈，利用反向接触器 KM_2 的常闭触点控制正向接触器 KM_1 的线圈，从而达到相互锁定的作用。这两个常闭触点叫作互锁触点，组成的电路叫作互锁环节。在电源开关 QF 闭合后，按下正向起动按钮 SB_2，正电接触器 KM_1 线圈通电吸合，主电路常开主触点闭合，电动机正向起动运行。同时，控制电路的常开辅助触点 KM_1 闭合实现自锁；常闭辅助触点 KM_1 断开，切断反向接触器 KM_2 线圈电路，实现互锁。

当需要停车时，按下停止按钮 SB_1，切断正向接触器 KM_1 线圈电源，接触器 KM_1 衔铁释放，常开主触点恢复断开状态，电动机停止运转。同时，自锁触点也恢复断开状态，自锁作用解除，为下一次起动做好准备。

反向起动的过程只需按下反向起动按钮 SB_3 即可完成，其步骤与正向起动相似。

下面介绍互锁触点的作用。假设在按下正向起动按钮 SB_2、电动机正向起动后，鉴于某种原因（如误操作），又把反向起动按钮 SB_3 也按下了。由于正向接触器的互锁触点 KM_1 已断开，所以反向接触器不会接通。显然，如果没有互锁辅助触点 KM_1 的互锁作用，反向接触器 KM_2 线圈就会通电，那就必然造成主回路正、反向接触器的 6 个常开触点全部闭合，发生电源短路事故，这是绝对不允许的。同理，在反向起动后，反向接触器 KM_2 的常闭辅助触点就切断了正向接触器的线圈回路，可以有效防止正向接触器错误地接通主电路而发生的电源短路事故。

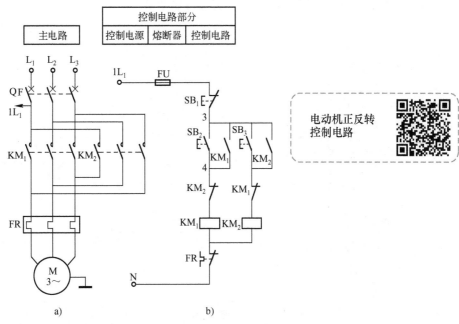

图 7-26　电动机正反转控制电路的电气原理图

a）主电路　b）控制电路

接触器互锁正、反转控制电路存在的主要问题是，当从一个转向过渡到另一个转向时，需要先按下停止按钮 SB_1，而不能直接过渡。

7.5　三相异步电动机制动控制电路

在将电动机切断电源后，由于电动机及生产机械的转动部分有转动惯性，所以断电后，还需要较长的时间才能停车。为了提高生产机械的生产效率，保证安全运行，有些生产工艺常常要求电动机能够迅速停车。因此，需要对电动机进行制动。制动的方法有很多，这里介绍常用的反接制动和能耗制动。

1. 反接制动

反接制动就是在切断电动机正常供电电源后，给电动机施加改变相序的电源，从而使电动机迅速停止转动的制动方法。在切断电动机正常供电电源后，电动机在机械惯性的作用下在原方向上继续运转。在改变了相序的电源接入之后，转子与定子旋转磁场之间的相对速度接近于两倍的同步转速，在此瞬间定子电流相当于全电压直接起动电流的两倍，则反接制动转矩也很大，制动迅速。

反接制动控制电路图如图7-27所示。在按下起动按钮 SB$_2$ 后，接触器 KM$_1$ 得电并自锁，电动机正常运行。在转速上升后，与电动机同轴安装的速度继电器 KS 动作，KS 的常开触点闭合，为 KM$_2$ 得电做好了准备。在按下停止按钮 SB$_1$ 后，KM$_1$ 断电复位，而 KM$_2$ 得电并自锁，电动机进入反接制动运行，转速迅速下降。当转速下降到一定值（低于100r/min）时，KS 触点打开，使 KM$_2$ 断电，制动过程结束。

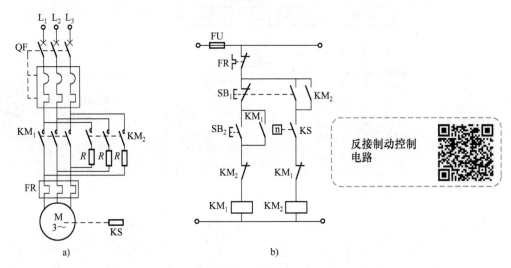

图 7-27 反接制动控制电路图

a) 主电路 b) 辅助电路

反接制动的缺点是制动电流很大，易造成很大的电路冲击和机械冲击。因此，为了限制制动电流，一般在制动电路中串接制动电阻 R。

2. 能耗制动

在工业设备中，另一种常用异步电动机的制动方法是能耗制动，即在断开电动机三相电源之后，给定子绕组加上一个直流电源，在定子绕组中建立静止磁场，从而在旋转的转子中产生制动转矩。为了加强制动效果，在定子上所加的直流制动电流一般大于电动机的额定电流，故不能长时间通以直流制动电流。工程上一般有两种方法处理这个问题，一种方法是根据速度原则，采用速度继电器，当电动机速度下降到一定值时，通过速度继电器触点断开直流制动电源；另一种方法是时间原则，采用时间继电器，当制动过程进行到一定时间时，通过时间继电器触点断开直流制动电源。

采用时间继电器的笼型异步电动机能耗制动控制电路图如图7-28所示。在按下起动按钮 SB$_2$ 后，接触器 KM$_1$ 得电并自锁，电动机正常运行。当按下停止按钮时，KM$_1$ 断开三相电源，同时 KM$_2$ 接通直流制动电源进行能耗制动，时间继电器也接通开始计时。当制动过程进行到一定时间时，电动机速度接近于零，时间继电器延时断开触点断开 KM$_2$，制动过程结束。

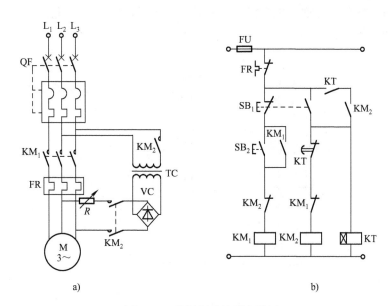

图 7-28 能耗制动控制电路图

a）主电路 b）辅助电路

两种制动方法，各有优缺点。反接制动的制动力大，无须直流电源，但制动过程中的冲击力较大，易损坏传动零件，并且频繁的反接制动容易使电动机因过热而损坏。能耗制动的制动平稳，无冲击，能准确停车，但需直流电源，大功率电动机的直流制动设备价格较贵，电动机低速运行时制动转矩小。

7.6 其他典型控制电路

7.6.1 多地点控制电路

有些机械和生产设备为了操作方便，常在两地或两个以上的地点进行控制。如自动电梯，人在轿厢里时就在轿厢里控制，人未上轿厢前在楼道上控制。有些场合为了便于集中管理，由中央控制台进行控制，但当对每台设备调速检修时，又需要就地控制。

若用一组按钮可在一处进行控制，则不难想象，要在两地进行控制，就应该有两组按钮；要在三地进行控制，就应该有 3 组按钮，而这 3 组按钮的连接原则必须是，常开起动按钮要并联，常闭停止按钮要串联。这一原则也适用于 4 个或更多地点的控制。

图 7-29 所示为电动机在甲、乙两地控制的电路图。

7.6.2 顺序起停控制电路

根据生产工艺的要求，往往需要两台或多台电动机按规定的顺序起动停车。例如某些大型机床，必须油泵电动机先起动，提供足够的润滑油后才能起动主轴电动机。停车时，则应先停主轴电动机，然后再停油泵电动机。这些要求可用联锁环节来实现。两台电动机顺序停止的控制电路图如图 7-30 所示。

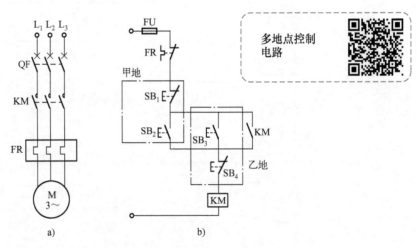

图 7-29　电动机在甲、乙两地控制的电路图

a）主电路　b）控制电路

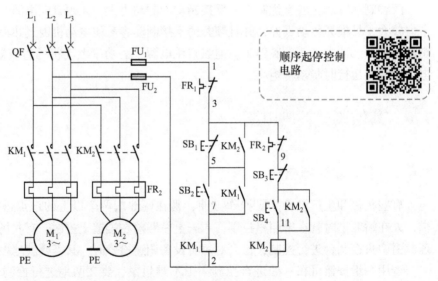

图 7-30　两台电动机顺序停止的控制电路图

（1）起动过程

1）按控制按钮 SB_2 或 SB_4，可以分别使接触器 KM_1 或 KM_2 线圈得电吸合，主触点闭合，电动机 M_1 或 M_2 通电运行工作。

2）接触器 KM_1、KM_2 的辅助常开触头同时闭合，电路自锁。

（2）停止过程

1）按控制按钮 SB_3，接触器 KM_2 线圈失电，电动机 M_2 停止运行。

2）若先停电动机 M_1 ，则按下 SB_1 按钮，由于 KM_2 没有释放，KM_2 常开辅助触点与 SB_1 的常开触点并联在一起并呈闭合状态，所以按钮 SB_1 不起作用。只有在接触器 KM_2 释放之后，KM_2 的常开辅助触点才被断开，按钮 SB_1 才起作用。

顺序起停控制电路的控制规律是，把控制电动机先起动的接触器常开触点串联在控制后起动电动机的接触器线圈电路中，用两个（或多个）停止按钮控制电动机的停止顺序，或者将先停的接触器常开触点与后停的停止按钮并联。在掌握了上述规律后，设计顺序起停控制电路就不是一件难事了。

7.6.3　步进控制电路

在程序预选自动化机床以及简易顺序控制装置中，程序依次自动转换，主要依靠步进控制电路来完成。图 7-31 所示为由中间继电器组成的顺序控制各程序的步进控制电路图。其中 Q_1、Q_2、Q_3 分别代表第一至第三程序的执行电路，而每一个程序的实际内容是根据具体要求另行设计的。每当程序执行完成时，分别由 SQ_1、SQ_2、SQ_3 发出控制信号。

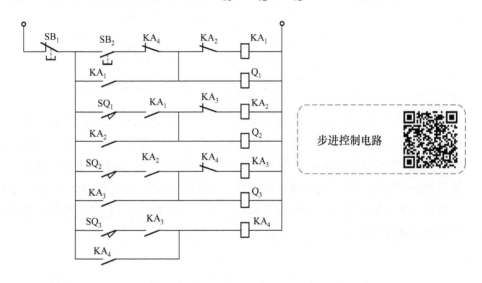

图 7-31　由中间继电器组成的顺序控制各程序步进控制电路图

电路工作原理如下。

1）按下起动按钮 SB_2 ，使中间继电器 KA_1 线圈得电并自锁，Q_1 也将持续得电，执行第一程序。同时 KA_1 的常开触点闭合，为 KA_2 线圈得电做好准备。

2）在第一程序执行结束后，信号 SQ 闭合，使 KA_2 线圈得电并自锁，KA_2 常闭触点断开，切断 KA_1 和 Q_1 ，即切断第一程序。Q_2 也持续得电，执行第二程序，而 KA_2 的常开触点闭合，为 KA_3 线圈得电做好准备。

3）与第二程序执行过程类似，第三程序开始执行。

4）当第三程序执行结束时，信号 SQ_3 闭合，使 KA_4 线圈得电并自锁，KA_3 释放，切断第三程序。此刻，全部程序执行完毕。

5）按下停止按钮 SB_1，为下一次起动做好准备。

步进控制电路以一个中间继电器的"得电"和"失电"来表征某一程序的开始和结束。它采用的是顺序控制电路，保证只有一个程序在工作，而不至于引起混乱。

7.6.4　多台电动机同时起、停的控制电路

组合机床通常应用动力头对工件进行多头多面的同时加工（动力头是指使刀具得到旋转运动的部件），这就要求控制电路具有对多台电动机既能实现同时起动又能实现单独调整的性能。

图 7-32 所示的对多台电动机同时起、停的控制电路可以满足上述要求。

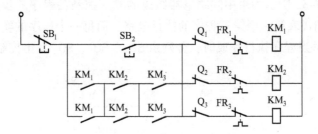

图 7-32　对多台电动机同时起、停的控制线路图

图 7-32 中所示的 KM_1、KM_2、KM_3 分别为 3 台电动机的起动接触器，Q_1、Q_2、Q_3 分别是供 3 台电动机调整用的开关。按钮 SB_2、SB_1 控制起停。按下 SB_2，KM_1、KM_2、KM_3 均得电，3 台电动机同时起动；按下 SB_1，3 台电动机同时停转。如果要单独对某台电动机所控制的部件进行调整，例如要单独调整 KM_1 所控部件，就可扳动开关 Q_2、Q_3，使其常闭触点断开、常开触点闭合。这时按下 SB_2，仅有 KM_1 得电，使 KM_1 所控部件动作，这就达到了单独调整的目的。

本 章 小 结

1. 低压电器

低压电器通常是指工作在交流 1200V 及以下或直流 1500V 及以下电路中的电器。低压电器种类很多，用途各异，本章着重从基本结构、工作原理、常用型号、主要技术参数和一般选用原则等几个方面介绍了熔断器、隔离器、刀开关、低压断路器、接触器、继电器和主令电器等电力拖动自动控制器系统常用的配电电器和控制电器。

2. 电动机的基本控制电路

（1）三相异步电动机的起动控制

三相异步电动机的起动控制线路不论是单向运行还是可逆运行，大都采用接触器控制。电动机的正反转控制线路必须有互锁，使得换向时电动机不发生短路并能正常工作。

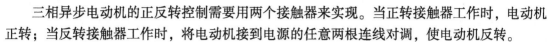

三相异步电动机的正反转控制需要用两个接触器来实现。当正转接触器工作时，电动机正转；当反转接触器工作时，将电动机接到电源的任意两根连线对调，使电动机反转。

（2）三相异步电动机的制动控制

三相异步电动机的制动有手动控制和自动控制两种方式。反接制动可用速度继电器控制，但绝对不允许采用时限方式控制。反接制动效果显著，但是制动过程中有冲击，对传动部件有害，能量消耗较大，故用于不经常制动的设备中。

能耗制动既可用速度继电器控制，也可用时间继电器控制。与反接制动相比，能耗制动能量损耗小，适用于系统惯性较小、要求制动频繁的场合。

此外，本章还介绍了其他的典型控制电路，如多地点控制、顺序起停、步进控制等。

习　题

7-1　什么是电器？什么是低压电器？本章主要介绍了哪几种低压电器？

7-2　电器一般由哪几部分组成？它们分别起什么作用？

7-3　熔断器的作用是什么？在线路中如何连接？

7-4　使用熔断器时，额定电流如何选择？

7-5　隔离器、刀开关的主要功能和选用原则是什么？

7-6　接触器的主要功能和选用原则是什么？

7-7　如何将继电器分类？继电器的主要功能是什么？

7-8　什么是主令电器？常用主令电器主要有哪几种？

7-9　电动机单向起动控制电路的保护环节有哪些？

7-10　设计一个异步电动机的控制电路，要求能实现可逆常动控制和可逆点动控制，有过载、短路保护。

7-11　设计能够在甲、乙两地控制两台电动机的控制电路。

7-12　设计按速度原则实现单向反接制动的控制电路。

7-13　党的二十大报告指出："基础研究和原始创新不断加强，一些关键核心技术实现突破，战略性新兴产业发展壮大，载人航天、探月探火、深海深地探测、超级计算机、卫星导航、量子信息、核电技术、新能源技术、大飞机制造、生物医药等取得重大成果，进入创新型国家行列。"结合党的二十大报告，讨论我国在哪些新兴产业领域和关键核心技术上取得了突破？在低压电器方面有哪些新的前沿技术？

7-14　党的二十大报告指出："全面建设社会主义现代化国家，是一项伟大而艰巨的事业，前途光明，任重道远。当前，世界百年未有之大变局加速演进，新一轮科技革命和产业变革深入发展，国际力量对比深刻调整，我国发展面临新的战略机遇。"在现代社会中，各行各业都离不开电。对于用电单位来说，低压配电都是必需的，结合本章学习内容，谈谈变压器在实际生活中的应用。

参 考 文 献

[1] 邱关源. 电路 [M]. 5版. 北京：高等教育出版社，2006.

[2] 白乃平. 电工基础 [M]. 5版. 西安：西安电子科技大学出版社，2021.

[3] 赵辉. 电路基础 [M]. 3版. 北京：机械工业出版社，2019.

[4] 王秀英. 电工基础 [M]. 西安：西安电子科技大学出版社，2004.

[5] 倪远平. 现代低压电器及其控制技术 [M]. 3版. 重庆：重庆大学出版社，2013.

[6] 张永瑞，周永金，张双琦. 电路分析：基础理论与实用技术 [M]. 2版. 西安：西安电子科技大学出版社，2011.

[7] 常晓玲. 电工技术 [M]. 2版. 西安：西安电子科技大学出版社，2010.

[8] 王明之，邹炳强. 电工基础 [M]. 成都：电子科技大学出版社，1999.

[9] 王仁祥. 常用低压电器原理及其控制技术 [M]. 2版. 北京：机械工业出版社，2009.

电工基础

第 3 版

学习工作页

姓　　名＿＿＿＿＿＿＿＿＿＿＿＿

专　　业＿＿＿＿＿＿＿＿＿＿＿＿

班　　级＿＿＿＿＿＿＿＿＿＿＿＿

任课教师＿＿＿＿＿＿＿＿＿＿＿＿

机 械 工 业 出 版 社

目　　录

技能训练 1　万用表的使用

1. 实训目的

1）熟悉万用表的面板结构，了解旋钮各档位的作用。

2）掌握利用万用表测量电阻、直流电流、直流电压和交流电压的方法。

2. 原理说明

1）万用表的型号较多，实验室万用表的型号是 MF500 型。使用时首先应将其水平放置，检查表头指针是否在零点，若不在零点，则可调节表头下方的调零旋钮使指针指于零位。将红色表笔插入正极插孔中，黑色表笔插入负极插孔中，根据测量种类将转换开关拨到所需的档位上。测量时，若将测量种类和量限档位放错，则会使表头严重损坏，必须特别注意。

2）直流电压的测量。将万用表转换开关拨到直流电压档位上，估算被测电压的大小，选择适当的量限，两表笔跨接在被测电压的两端，红表笔接被测电压的正极，黑表笔接被测电压的负极。当指针反偏时，将两表笔交换后接至电路，再读取读数。被测电压的正负极由电压的参考极性和实际极性是否一致来决定。读数时看第二条刻度线（从上往下数）。

3）交流电压的测量。将万用表转换开关拨至交流电压档，将两表笔跨接在被测电压的两端（不必区分正负极），交流电压档的标尺刻度（第二条刻度线）为正弦交流电压的有效值。如果测量对象不是正弦波，或是频率超过表盘上规定的值，测量误差就会增大。小于 10 V 的交流电压读"10 V"刻度线（第三条刻度线）。

4）电阻的测量。将万用表转换开关拨至电阻档，估计被测电阻大小，选择合适的电阻档，使被测电阻的值尽量接近这一档的中心电阻值读数，此时刻度最为清晰。

测量电阻前，应先将两表笔短接，转动零欧姆调节旋钮，使指针停在标尺的"0"欧姆位置上（第一条刻度线）。若不能调节到"0"欧姆位置上，则说明内部电池的内阻已增大，需要更换电池。每换一次电阻档都要重新调节指针的"0"欧姆点。

万用表的电阻档决不允许测量带电的电阻，因为带电的电阻实际上是电阻两端有电压，这无疑会损坏万用表。电路中若有电容存在，则应先将电容放电后再测量电路中的电阻。测量电阻时，两手不应同时接触被测电阻的两端，以避免人体电阻影响测量。

万用表使用完毕，应将转换开关置于空档。若长时间不用万用表，则需要将电池取出。

3. 实训设备

万用表、直流稳压电源、交流电源、电阻箱。

4. 实训内容

1）熟悉本次实训所用万用表的面板结构、各旋钮作用、测量种类和量限，识别表盘上各种符号的意义和各条标尺的读数方法。

2）用万用表测量直流电压。将直流稳压电源输出电压分别调至 2 V、4 V、6 V、8 V、10 V、20 V、30 V，合理选择万用表量限测量上述电压值，并记录在表 1 中。

3）用万用表测量电阻。将万用表转换开关分别置于 $R \times 1$、$R \times 10$、$R \times 100$、$R \times 1k$、$R \times 10 k$ 电阻档，每档测量 3 个电阻值，将测量结果记录在表 1 中。

表 1　实训记录表

项　目		测 量 记 录				
直流电压	直流电源电压/V					
	测量电压值/V					
电阻	电阻档倍率	$R \times 1$	$R \times 10$	$R \times 100$	$R \times 1 k$	$R \times 10 k$
	测量电阻值					
交流电压	交流电源电压/V					
	测量电压值/V					

4）用万用表测量交流电压。将万用表转换开关置于交流电压 250 V 档上，测量 220 V 有电压，并记录在表 1 中。

5. 注意事项

1）在使用万用表测量时，人体不要接触表笔的金属部分，以确保人体安全和测量结果的准确性。

2）在使用万用表测量电流和电压时，要先切断电源后再换档。

3）切不可用万用表的电阻档、电流档去测电压，以免烧坏表头。

技能训练2　电位和电压的测定及电路电位图的绘制

1. 实训目的

1）验证电路中电位的相对性和电压的绝对性。

2）掌握电路电位图的绘制方法。

2. 原理说明

在一个闭合电路中，各点电位的高低视所选的电位参考点的不同而变化，但任意两点间的电位差（即电压）则是绝对的，它不因参考点的变动而改变。

电位图是一种 Ⅰ、Ⅳ 两象限内的平面坐标折线图，其纵坐标为电位值，横坐标为各被测点。要制作某一电路的电位图，应先以一定的顺序对电路中各被测点编号。以图1所示的电路接线示意图为例，在图中给各被测点编号 $A \sim F$，并在坐标横轴上按顺序、均匀间隔标上 A、B、C、D、E、F；根据测得的各点电位值，在各点所在的垂直线上描点；再用直线依次连接相邻两个电位点，即可得该电路的电位图。

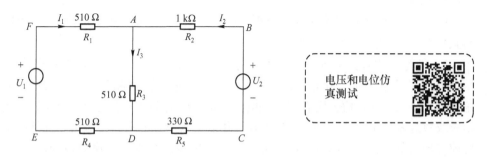

图1　实训电路接线示意图

在电位图中，任意两个被测点的纵坐标值之差即为该两点之间的电压值。

可任意选定电路中电位的参考点。对于不同的参考点，所绘出的电位图形是不同的，但其各点电位变化的规律却是一样的。

3. 实训设备

直流可调稳压电源、万用表、直流数字电压表、电位和电压测定实训电路板（DGJ-03）。

4. 实训内容

利用 DGJ-03 实训挂箱上的"基尔霍夫定律/叠加定理"电路图，按图1所示电路接线。具体步骤如下。

1）分别将两路直流稳压电源接入电路，令 $U_1 = 6$ V，$U_2 = 12$ V。先调准输出电压值，再接入实训电路中。

2）以图1中的 A 点作为电位的参考点，分别测量 B、C、D、E、F 各点的电位值 V 及相邻两点之间的电压值 U_{AB}、U_{CD}、U_{DE} 及 U_{FA}，将数据列于表2中。

3）以 D 点作为参考点，重复实训内容2）的测量，将测得数据填入表2中。

表 2　实训记录表　　　　　　　　　　　　　　（单位：V）

电位参考点	V 与 U	V_A	V_B	V_C	V_D	V_E	V_F	U_{AB}	U_{CD}	U_{DE}	U_{FA}
A	计算值										
	测量值										
	相对误差										
D	计算值										
	测量值										
	相对误差										

5. 注意事项

1）实训电路板在多个实训中通用。应将本实训中 DGJ-03 上的开关 S_3 拨向 330 Ω 侧，3 个故障按键均不得被按下。

2）测量电位时，用指针式万用表的直流电压档或用数字直流电压表测量，用负表笔（黑色）接参考电位点，用正表笔（红色）接被测各点。若指针正向偏转或数显表显示正值，则表明该点电位为正，即高于参考点电位；若指针反向偏转或数显表显示负值，则此时应调换万用表的表笔，然后读出数值，在该数值之前应加一负号，以表明该点电位低于参考点电位。可以不调换数显表的表笔，直接读出负值。

6. 思考题

现以 F 点为参考电位点测得各点的电位值。若令 E 点作为参考电位点，则此时各点的电位值应有何变化？

7. 实训报告

1）根据实训数据，绘制两个电位图，并对照观察各对应点间的电压情况。两个电位图的参考点不同，但各点的相对顺序应一致，以便对照。

2）完成数据表格中的计算，对误差进行必要的分析。

3）总结电位相对性和电压绝对性的结论。

技能训练 3　电阻、电感、电容元件的认识与测量

1. 实训目的

1）了解常用交流仪器单相调压器，以及电流表、电压表、功率表等常用仪表的使用方法。

2）通过实训搞清楚 RLC 串联电路总电压和各分电压之间的关系，并掌握测

定各元件参数的方法。

2. 实训设备

万用表、功率表、电阻、电容或电容箱、电感、单相调压器。

3. 实训内容

1）按图 2 所示接线，经教师检查后，合上电源。

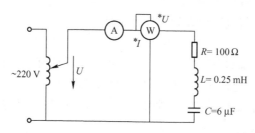

图 2　电阻、电感、电容元件的认识与测量图

2）调节单相调压器，第一次使电路中电流值 $I = 0.1$ A，测出各元件相对应的电压 U、U_L、U_C、U_R 及功率，记入表 3 中。第二次使 $I = 0.2$ A，重复上述过程。

3）记录功率，填入表 3 中。

表 3　实训记录表

	测　量　值						计　算　值						
	U/V	I/A	P/W	U_L/V	U_C/V	U_R/V	Z/Ω	R/Ω	X_L/Ω	X_C/Ω	C/F	L/H	$\cos\varphi$
第一次													
第二次													
平均值													

4. 注意事项

1）在将单相调压器接通电源前，应将调压器手柄沿逆时针方向旋转到底，使其输出电压为零。然后顺时针方向缓慢旋转手柄，使输出电压从零开始逐渐增加，直至电流表读数为规定值为止。输出电压的大小应由实训电路中所接电压表读出。使用调压器完毕后，应先将手柄调回零位，再断开电源。

2）注意电压表、电流表、功率表的接线和量程。

3）切断电源后，电容器两端仍存在较高电压，拆除连接线前务必先放电，应注意安全。

5. 实训报告

1）根据实训数据计算出 R、L、C，并与所取的数值进行比较，看是否相符。

2）外加电压 U 是否等于 U_R、U_L、U_C 的代数和？为什么？

技能训练4 电压源与电流源的等效变换

1. 实训目的
1）掌握电源外特性的测试方法。
2）验证电压源与电流源等效变换的条件。

2. 原理说明
1）在一定的电流范围内，一个直流稳压电源具有很小的内阻，故在实用中，常将它视为一个理想的电压源，即其输出电压不随负载电流而变，其外特性曲线是一条平行于I轴的直线。一个实际中的恒流源在一定的电压范围内，可视为一个理想的电流源。

2）一个实际的电源，因为它具有一定的内阻，其端电压或输出电流不可能不随负载而变化。故在实训中，用一个小阻值的电阻与稳压源相串联来模拟一个电压源，用一个大电阻与恒流源并联来模拟电流源。

3）对于一个实际的电源，就其外部特性而言，既可以看成是一个电压源，又可以看成是一个电流源。若视其为电压源，则可用一个理想的电压源U_s与一个电阻R_s相串联的组合来表示；若视其为电流源，则可用一个理想电流源I_s与一电阻R_s相并联的组合来表示。若它们向同样大小的负载提供同样大小的电流和端电压，则称这两个电源是等效的，即具有相同的外特性。

一个电压源与一个电流源等效变换的条件为

$$I_s = \frac{U_s}{R_0}, \quad R_s = R_0$$

电压源与电流源等效变换的过程图如图3所示。

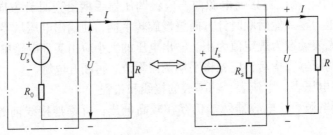

图3 电压源与电流源等效变换的过程图

3. 实训设备
直流数字电压表、直流数字毫安表、万用表、电阻器、可调电阻箱、可调直流稳压电源(0～30 V)、可调直流恒流源（0～200 mA）。

4. 实训内容

1）测定直流稳压电源与电压源的外特性。

① 按图 4 所示接线，U_s 为 +6 V 直流稳压电源，调节 R_2，令其阻值由大至小变化，把两表的读数记入表 4 中。

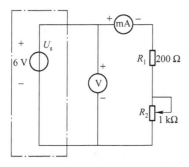

图 4　直流稳压电源模型

表 4　实训记录表（直流稳压电源模型）

U/V	I/mA

② 按图 5 所示接线，点画线框内可模拟为一个实际的电压源，调节电阻器 R_2 令其阻值由大至小变化，读取两表的数据，并记入表 5 中。

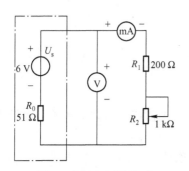

图 5　实际电压源模型

表 5　实训记录表（实际电压源模型）

U/V	I/mA

2）测定电流源的外特性。按图 6 所示接线，I_s 为直流恒流源，调节其输出为 10 mA，令 R_0 分别为 1 kΩ 和 ∞，调节电阻器 R_L（从 0 ~ 1 kΩ），测出这两种情况下的电压表和电流表的读数。自拟数据表格，记录实训数据。

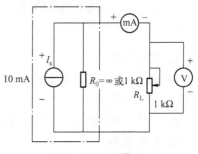

图 6　电流源模型

3）测定电源等效变换的条件。按图 7a 所示电路接线，首先读取图 7a 电路中两表的读数，然后调节图 7b 电路中恒流源 I_s（取 $R'_s = R_s$），使两表的读数与图 7a 中的数值相等，记录 I_s 的值，验证等效变换条件的正确性。

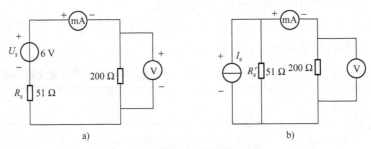

图 7　电压源与电流源等效变换

a）读取电路两表读数　b）调节恒流源 I_s

5. 注意事项

1）在测电压源的外特性时，不要忘记测空载时的电压值；在测电流源的外特性时，不要忘记测短路时的电流值，注意恒流源负载电压不可超过 20 V，负载更不可被开路。

2）换接电路时，必须关闭电源开关。

3）在接直流仪表时，应注意极性与量程。

6. 思考题

为什么不允许将直流稳压电源的输出端短路？为什么不允许将直流恒流源的输出端开路？

7. 实训报告

1）根据实训数据绘出电源的 4 条外特性，并总结、归纳电压源与电流源的特性。

2）根据实训结果，验证电源等效变换的条件。

技能训练5　基尔霍夫定律的验证

1. 实训目的

1）验证基尔霍夫定律的正确性，加深对基尔霍夫定律的理解。

2）学会用电流插头、插座测量各支路电流。

2. 原理说明

基尔霍夫定律是电路的基本定律。测量某电路的各支路电流及每个元器件两端的电压时，应能分别满足基尔霍夫电流定律（KCL）和电压定律（KVL），即对电路中的任一个节点而言，应有 $\Sigma i = 0$；对任何一个闭合回路而言，应有 $\Sigma u = 0$。

运用上述定律时必须注意各支路或闭合回路中电流的正方向，此方向可预先任意设定。

3. 实训设备

直流稳压电源、直流数字电压表、直流数字毫安表基尔霍夫定律实训电路板。

4. 实训内容

实训电路用 DGJ-03 挂箱的"基尔霍夫定律/叠加定理"电路，接线示意图如图 8 所示。

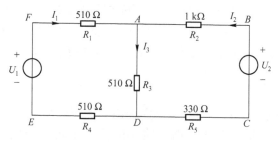

图 8　接线示意图

1）实训前，先任意设定 3 条支路和 3 个闭合回路的电流正方向。图 8 中的 I_1、I_2、I_3 的方向已设定。3 个闭合回路的电流正方向可设为 *ADEFA*、*BADCB* 和 *FBCEF*。

2）分别将两路直流稳压源接入电路，令 $U_1 = 6$ V，$U_2 = 12$ V。

3）熟悉电流插头的结构，将电流插头的两端接至数字毫安表的"＋、－"两端。

4）将电流插头分别插入 3 条支路的 3 个电流插座中，读出并记录电流值。

5）用直流数字电压表分别测量两路电源及电阻元件上的电压值，记入表 6 中。

表 6　实训记录表

被测量	I_1/mA	I_2/mA	I_3/mA	U_1/V	U_2/V	U_{FA}/V	U_{AB}/V	U_{AD}/V	U_{CD}/V	U_{DE}/V
计算值										
测量值										
相对误差										

5. 注意事项

1）当用电流插头测量各支路电流或者用电压表测量电压时，应注意仪表的极性。正确判断测得值的"＋、－"号后，再记入数据表格中。

2）对于所有需要测量的电压值，均以电压表测量的读数为准。也需测量 U_1、U_2，不应取电源本身的显示值。

3）防止将稳压电源的两个输出端短路。

4）当用指针式电压表或电流表测量电压或电流时，如果仪表指针反偏，就必须调换仪表极性，重新测量。此时指针正偏，可读得电压或电流值。若用数显电压表或电流表测量，则可直接读出电压或电流值，但应注意的是，应根据设定的电流参考方向来判断所读取的电压或电流值的正、负号。

6. 思考题

1）根据图 8 所示的电路参数，计算出待测的电流 I_1、I_2、I_3 和各电阻上的电压值，并记入表中，以便实际测量时正确选定毫安表和电压表的量程。

2）实训中，当用指针式万用表直流毫安档测各支路电流时，在什么情况下可能会出现指针反偏？应如何处理？在记录数据时应注意什么？若用直流数字毫安表进行测量，则会有什么显示？

7. 实训报告

1）根据实训数据，选定节点 A，验证 KCL 的正确性。

2）根据实训数据，选定实训电路中的任一个闭合回路，验证 KVL 的正确性。

3）将支路和闭合回路的电流方向重新设定，重复 1）和 2）这两项验证。

4）分析误差原因。

技能训练 6 叠加定理的验证

1. 实训目的

验证线性电路叠加定理的正确性，加深对线性电路叠加性的认识和理解。

2. 原理说明

叠加定理指出：在有多个独立源共同作用下的线性电路中，通过每一个元器件的电流或其两端的电压，都可以看成是由每一个独立源单独作用时在该元器件上所产生的电流或电压的代数和。

3. 实训设备

直流稳压电源、万用表、直流数字电压表、直流数字毫安表、叠加定理实训电路板。

4. 实训内容

1）叠加定理接线示意图如图 9 所示，用 DGJ-03 挂箱的"基尔霍夫定律/叠加定理"电路。

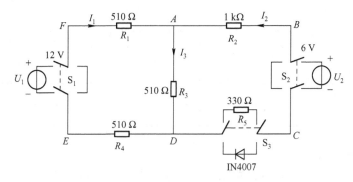

图 9　叠加定理接线示意图

2）将两路稳压源的输出分别调节为 12 V 和 6 V，接入 U_1 和 U_2 处。令 U_1 电源单独作用（将开关 S_1 投向 U_1 侧，开关 S_2 投向短路侧）。用直流数字电压表和毫安表（接电流插头）测量各支路电流及各电阻元件两端的电压，并将数据记入表 7 中。

表 7　实训记录表 1

实训内容	测量项目									
	U_1/V	U_2/V	I_1/mA	I_2/mA	I_3/mA	U_{AB}/V	U_{CD}/V	U_{AD}/V	U_{DE}/V	U_{FA}/V
U_1 单独作用										
U_2 单独作用										
U_1、U_2 共同作用										
$2U_2$ 单独作用										

3）令 U_2 电源单独作用（将开关 S_1 投向短路侧，开关 S_2 投向 U_2 侧），重复上述的测量，并将数据记入表 7 中。

4）令 U_1 和 U_2 共同作用（将开关 S_1 和 S_2 分别投向 U_1 和 U_2 侧），重复上述的测量，并将数据记入表 7 中。

5）将 U_2 的数值调至 +12 V 并单独作用，重复上述的测量，并将数据记入表 7 中。

6）将 R_5（330 Ω）换成二极管 IN4007（即将开关 S_3 投向二极管 IN4007 侧），重复实训步骤 1）~5）的测量过程，并将数据记入表 8 中。

7）任意按下某个故障设置按键，重复实训步骤 4）的测量和记录，再根据测量结果判断出故障的性质。

表 8　实训记录表 2

实训内容	测量项目									
	U_1/V	U_2/V	I_1/mA	I_2/mA	I_3/mA	U_{AB}/V	U_{CD}/V	U_{AD}/V	U_{DE}/V	U_{FA}/V
U_1 单独作用										
U_2 单独作用										
U_1、U_2 共同作用										
$2U_2$ 单独作用										

5. 注意事项

1）用电流插头测量各支路电流时，或者用电压表测量电压降时，应注意仪表的极性，正确判断测得值的正、负号后，记入数据表格中。

2）注意及时更换仪表量程。

6. 思考题

1）在叠加定理实训中，要令 U_1、U_2 分别单独作用，应如何操作？可否直接将不作用的电源（U_1 或 U_2）短接置零？

2）在实训电路中，若将一个电阻器改为二极管，则试问叠加定理的叠加性还成立吗？为什么？

7. 实训报告

1）根据实训数据表格，进行分析和比较，归纳和总结实训结论，验证线性电路的叠加性。

2）各电阻器所消耗的功率能否用叠加定理计算得出？试用上述实训数据进行计算，并得出结论。

技能训练 7　戴维南定理的验证

1. 实训目的

1）验证戴维南定理的正确性，加深对该定理的理解。

2）掌握测量有源二端网络等效参数的一般方法。

2. 原理说明

1）任何一个线性含源网络，如果仅研究其中一条支路的电压和电流，就可将电路的其余部分看作是一个有源二端网络（或称为含源一端口网络）。

戴维南定理指出：任何一个线性有源网络，总可以用一个电压源与一个电阻的串联来等效代替，此电压源的电动势 U_s 等于这个有源二端网络的开路电压 U_{oc}，其等效内阻 R_o 等于该网络中所有独立源均置零（将理想电压源视为短接，将理想电流源视为开路）时的等效电阻。

U_{oc}（U_s）和 R_o 或者 I_{sc}（I_s）和 R_o 称为有源二端网络的等效参数。

2）有源二端网络等效参数的测量方法。

①用开路电压、短路电流法测 R_o。在有源二端网络输出端开路时，用电压表可直接测其输出端的开路电压 U_{oc}，然后再将其输出端短路，用电流表测其短路电流 I_{sc}，则等效内阻为

$$R_o = \frac{U_{oc}}{I_{sc}}$$

如果二端网络的内阻很小，若将其输出端口短路，则易损坏其内部元器件，因此不宜用此法。

② 用伏安法测 R_o。用电压表、电流表测出有源二端网络的伏安特性曲线，如图 10 所示。根据伏安特性曲线求出斜率 $\tan\varphi$，则内阻为

$$R_o = \tan\varphi = \frac{\Delta U}{\Delta I} = \frac{U_{oc}}{I_{sc}}$$

也可以先测量开路电压 U_{oc}，再测量电流为额定值 I_N 时的输出端电压值 U_N，则内阻为

$R_o = \dfrac{U_{oc} - U_N}{I_N}$。

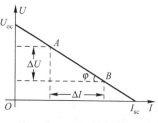

图 10　伏安特性曲线

③ 用半电压法测 R_o。如图 11 所示，当负载电压为被测网络开路电压的一半时，负载电阻（由电阻箱的读数确定）即为被测有源二端网络的等效内阻值。

④ 用零示法测 U_{oc}。在测量具有高内阻的有源二端网络的开路电压时，用电压表直接测量会造成较大的误差。为了消除电压表内阻的影响，往往采用零示测量法，如图 12 所示。

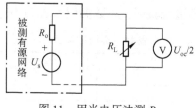

图 11　用半电压法测 R_o

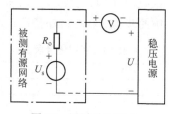

图 12　用零示法测 U_{oc}

零示法的测量原理是，将一低内阻的稳压电源与被测有源二端网络进行比较，当稳压电源的输出电压与有源二端网络的开路电压相等时，电压表的读数将为 0；然后将电路断开，测量此时稳压电源的输出电压，即为被测有源二端网络的开路电压。

3. 实训设备

可调直流稳压电源、可调直流恒流源、直流数字电压表、直流数字毫安表、万用表。

4. 实训内容

被测有源二端网络如图 13a 所示。

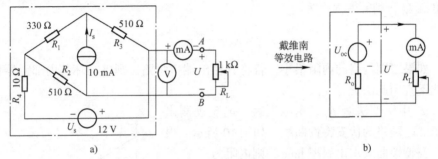

a)   b)

图 13　戴维南等效电路图

a）被测有源二端网络　b）将 R_o 与 U_{oc} 相串联

1）用开路电压、短路电流法测定戴维南等效电路的 U_{oc}、R_o、I_{sc}。按图 13a 所示接入稳压电源 $U_s = 12\ V$ 和恒流源 $I_s = 10\ mA$，不接入 R_L。测出 U_{oc} 和 I_{sc}，并计算出 R_o（$R_o = U_{oc}/I_{sc}$）填入表 9 中。（测 U_{oc} 时，不接入毫安表。）

表 9　实训记录表 1

U_{oc}/V	I_{sc}/mA	R_o/Ω

2）负载实训。按图 13a 所示接入 R_L，改变 R_L 阻值，测量有源二端网络的 U、I 值，记入表 10 中。

3）验证戴维南定理。电阻箱取步骤 1）所得的等效电阻 R_o，然后将其与直流稳压电源（调到步骤 1）时所测得的开路电压 U_{oc} 的值）相串联，如图 13b 所示，仿照步骤 2）测其外特性，对戴维南定理进行验证，将数据记入表 11 中。

表 10　实训记录表 2

U/V	I/mA

表 11　实训记录表 3

U/V	I/mA

4）有源二端网络等效电阻（又称为入端电阻）的直接测量法。如图 13a 所示，将被测有源网络内的所有独立源置零（去掉电流源 I_s 和电压源 U_s，并将原电压源所接的两点用一根短路导线相连），然后用伏安法或者直接用万用表的欧姆档去测定负载 R_L 开路时 A、B 两点间的电阻，即为被测网络的等效内阻 R_o，或称为网络的入端电阻 R_i。

5）用半电压法和零示法测量被测网络的等效内阻 R_o 及其开路电压 U_{oc}。电路及数据表格自拟。

5. 注意事项

1）测量时应注意电流表量程的更换。

2）步骤 4）中，电压源置零时不可直接将稳压源短接。

3）用万用表直接测 R_o 时，网络内的独立源必须先置零，以免损坏万用表。其次，对欧姆档必须经调零后再进行测量。

4）用零示法测量 U_{oc} 时，应先将稳压电源的输出调至接近于 U_{oc}，再按图 12 所示测量。

5）改接电路时要关掉电源。

6. 思考题

1）在求戴维南等效电路时，做短路实验，测 I_{sc} 的条件是什么？在本实训中可否直接做负载短路实验？请在实训前对图 13a 所示电路预先做好计算，以便调整实训电路及在测量时准确选取电表的量程。

2）说明测有源二端网络开路电压及等效内阻的几种方法，并比较其优缺点。

7. 实训报告

1）根据步骤 2）、3）、4），分别绘出曲线，验证戴维南定理的正确性，并分析产生误差的原因。

2）将步骤 1）、5）中的方法测得的 U_{oc} 和 R_o 与预习时电路计算的结果进行比较，能得出什么结论？

3）归纳、总结实训结果。

技能训练 8　*RLC* 元件阻抗特性的测定

1. 实训目的

1）验证电阻、感抗、容抗与频率的关系，测定 R-f、X_L-f 及 X_C-f 特性曲线。

2）加深理解 R、L、C 元件端电压与电流间的相位关系。

2. 原理说明

1）在正弦交变信号作用下，R、L、C 电路元件在电路中的抗流作用与信号的频率有关，它们的阻抗频率特性（R-f、X_L-f、X_C-f）曲线如图 14 所示。

2）元件阻抗频率特性的测量电路如图 15 所示。

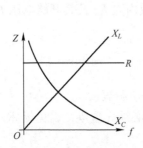

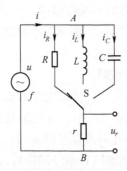

图 14　阻抗频率特性曲线　　图 15　元件阻抗频率特性的测量电路

图 15 中的 r 是提供测量回路电流用的标准小电阻，由于 r 的阻值远小于被测元件的阻抗值，因此可以认为 A、B 之间的电压就是被测元件 R、L 或 C 两端的电压，流过被测元件的电流则可由 r 两端的电压除以 r 求得。

若用双踪示波器同时观察 I_r 与被测元件两端的电压，则展现出被测元件两端的电压和流过该元件电流的波形，从而可在荧光屏上测出电压与电流的幅值及它们之间的相位差。

3）将元件 R、L、C 串联或并联相接，可用同样的方法测得 $Z_{串}$ 与 $Z_{并}$ 的阻抗频率特性 Z-f，根据电压、电流的相位差可判断 $Z_{串}$ 或 $Z_{并}$ 是感性还是容性负载。

4）元件的阻抗角（即相位差 φ）随输入信号的频率变化而改变，将各个频率下的相位差画在以频率 f 为横坐标、阻抗角 φ 为纵坐标的坐标纸上，并用光滑的曲线连接这些点，即得到阻抗角的频率特性曲线。

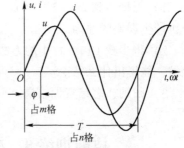

图 16　用双踪示波器测量
阻抗角的方法

用双踪示波器测量阻抗角的方法如图 16 所示。从荧光屏上数得一个周期占 n 格，相位差占 m 格，则实际的相位差 φ（阻抗角）为

$$\varphi = m \times \frac{360°}{n}$$

3. 实训设备

低频信号发生器、交流毫伏表、双踪示波器、频率计、实训电路元件。

4. 实训内容

1）测量 R、L、C 元件的阻抗频率特性。通过电缆线将低频信号发生器输出的正弦信号接至图 15 所示的电路中，以作为激励源 u，并用交流毫伏表测量，使激励电压的有效值为 $U = 3$ V，并保持不变。

使信号源的输出频率从 200 Hz 逐渐增至 5 kHz（用频率计测量），并使开关 S 分别接通 R、L、C 三个元件，用交流毫伏表测量 U_r，并计算各频率点时的 I_R、I_L 和 I_C（即 U_r/r）以及 $R = U/I_R$、$X_L = U/I_L$ 及 $X_C = U/I_C$ 之值。

注意：在接通 C 测试时，信号源的频率应控制在 200 ~ 2500 Hz。

2）用双踪示波器观察在不同频率下各元件阻抗角的变化情况，按图 16 记录 n 和 m，算出 φ。

3）测量 R、L、C 元件串联的阻抗角频率特性。

5. 注意事项

1）交流毫伏表属于高阻抗电表，测量前必须先将其调零。

2）测 φ 时，示波器的"V/div"和"t/div"的微调旋钮应旋至"校准位置"。

6. 思考题

在测量 R、L、C 各个元件的阻抗角时，为什么要与它们串联一个小电阻？可否用一个小电感或大电容代替？为什么？

7. 实训报告

1）根据实训数据，在方格纸上绘制 R、L、C 三个元件的阻抗频率特性曲线，从中可得出什么结论？

2）根据实训数据，在方格纸上绘制 R、L、C 三个元件串联的阻抗角频率特性曲线，并总结、归纳出结论。

技能训练9　正弦稳态交流电路相量的分析

1. 实训目的

1）分析正弦稳态交流电路中电压、电流相量之间的关系。

2）掌握荧光灯电路的接线。

3）理解改善电路功率因数的意义，并掌握其方法。

2. 原理说明

1）在单相正弦交流电路中，用交流电流表测得各支路的电流值，用交流电压表测得回路各元器件两端的电压值，它们之间的关系满足相量形式的基尔霍夫定律，即

$$\sum \dot{I} = 0 \text{ 和 } \sum \dot{U} = 0$$

2）图 17a 所示的 RC 串联电路，在正弦稳态信号 $\dot{U}$ 的激励下，$\dot{U}_R$ 与 $\dot{U}_C$ 保持着 90° 的相位差，即当阻值 R 改变时，$\dot{U}_R$ 的相量轨迹是一个半圆，$\dot{U}$、$\dot{U}_R$、$\dot{U}_C$ 三者形成一个直角三角形。当 R 值改变时，可改变 φ 角的大小，从而达到移相的目的。

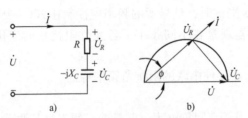

图 17　电路图与相量图

a) RC 串联电路　b) $\dot{U}$、$\dot{U}_R$、$\dot{U}_C$ 的相量图

3）荧光灯电路原理图如图 18 所示。图 18 中 A 是荧光灯管，L 是镇流器，S 是辉光启动器，C 是补偿电容器，用以改善电路的功率因数 $\cos\varphi$。

3. 实训设备

交流电压表、交流电流表、功率表、自耦调压器、镇流器、辉光启动器、荧光灯灯管、电容器、白炽灯及灯座、电源插座。

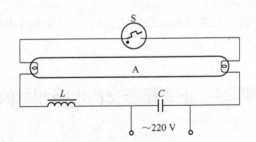

图 18　荧光灯电路原理图

4. 实训内容

1）按图 17a 所示电路接线，R 为 220 V、15 W 的白炽灯，电容器规格为 4.7 μF/450 V。经指导教师检查后，接通实训台电源，将自耦调压器输出（即 U）调至 220 V。记录 U、U_R、U_C 值，并计算 U′、ΔU、$\Delta U/U$，填入表 12 中，验证电压三角形关系。其中，$U' = \sqrt{U_R^2 + U_C^2}$，$\Delta U = U' - U$。

表 12　电压三角形关系表

测　量　值			计　算　值		
U/V	U_R/V	U_C/V	U'/V	$\Delta U/V$	$\Delta U/U$（%）

2）荧光灯电路接线与测量。按图 19 所示的荧光灯接线图连接电路，经指导教师检查后按下闭合按钮，调节自耦调压器的输出，使其输出电压缓慢增大，直到荧光灯辉光启动器点亮为止，记下 3 个表的指示值，填入表 13 中。然后将电压调至 220 V，测量功率 P、电流 I 和电压 U 等值，验证电压、电流相量关系。

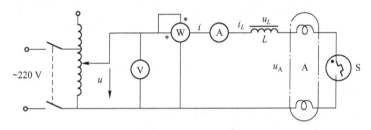

图 19　荧光灯接线图

表 13　数据记录表 1

实训内容	测　量　数　值						计　算　值	
	P/W	$\cos\varphi$	I/A	U/V	U_L/V	U_A/V	r/Ω	$\cos\varphi$
启辉值								
正常工作值								

3）电路功率因数的改善。按图 20 所示连接实训电路，经指导老师检查后，接通实训台电源。将自耦调压器的输出调至 220 V，记录功率表和电压表的读数，通过一只电流表和 3 个电流取样插座分别测得 3 条支路的电流。改变电容值，进行 3 次重复测量，将数据记入表 14 中。

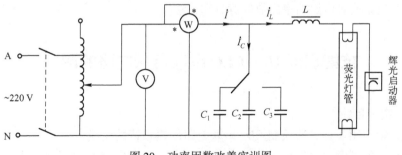

图 20　功率因数改善实训图

表 14 数据记录表 2

电 容 值	测 量 数 值						计 算 值	
$C/\mu F$	P/W	$\cos\varphi$	U/V	I/A	I_L/A	I_C/A	I'/A	$\cos\varphi$
0								
1								
2.2								
4.7								

5. 注意事项

1）要将功率表正确接入电路，读数时要注意量程和实际读数的折算关系。

2）若电路接线正确，而荧光灯不能启辉，则应检查辉光启动器及其接触是否良好。

3）本实训用交流电 220 V，务必注意用电和人身安全。

6. 思考题

1）参阅课外资料，了解荧光灯的启辉原理。

2）在日常生活中，当荧光灯上缺少了辉光启动器时，人们常用一导线将辉光启动器的两端短接一下，然后迅速断开，使荧光灯点亮；或用一只辉光启动器去点亮多只同类型的荧光灯，这是为什么？

3）为了提高电路的功率因数，常在感性负载上并联电容器，此时增加了一条电流支路，试问电路的总电流是增大还是减小？此时感性元件上的电流和功率是否改变？

4）提高电路功率因数为什么只采用并联电容器法，而不用串联法？所并联的电容器是否越大越好？

7. 实训报告

1）完成数据表格中的计算，进行必要的误差分析。

2）根据实训数据，分别绘出电压、电流相量图，验证相量形式的基尔霍夫定律。

3）讨论改善电路功率因数的意义和方法。

技能训练 10 RLC 串联谐振电路的测试

1. 实训目的

1）学习用实训方法绘制 RLC 串联电路的幅频特性曲线。

2）加深理解电路发生谐振的条件、特点，掌握电路品质因数（电路 Q 值）

的物理意义及其测定方法。

2. 原理说明

1）在图 21 所示的 RLC 串联电路中，当正弦交流信号源的频率 f 改变时，电路中的感抗、容抗随之变化，电路中的电流也随 f 而改变。取电阻 R 上的电压 U_o 作为响应，当输入电压 U_i 的幅值维持不变时，在不同频率的信号激励下，测出 U_o 的值。然后以 f 为横坐标，以 U_o/U_i 为纵坐标（因 U_i 值保持不变，故也可直接以 U_o 为纵坐标），绘出光滑的曲线，即为幅频特性曲线，也称为谐振曲线，如图 22 所示。

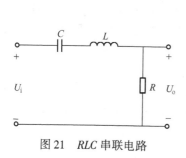

图 21　RLC 串联电路

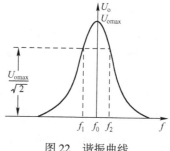

图 22　谐振曲线

2）在 $f = f_0 = \dfrac{1}{2\pi\sqrt{LC}}$ 处（$X_L = X_C$），即幅频特性曲线尖峰所在的频率点，该频率称为谐振频率。此时电路呈纯电阻，电路阻抗的模为最小，在输入电压 U_i 为定值时，电路中的电流达到最大值，且与输入电压 U_i 同相位。从理论上讲，此时 $U_i = IR = U_o$，$U_L = U_o = QU_i$，式中的 Q 称为电路的品质因数。

3）电路品质因数 Q 值的两种测量方法。一种方法是根据公式 $Q = \dfrac{U_L}{U_o} = \dfrac{U_C}{U_o}$ 测定，U_C 与 U_L 分别为谐振时电容器 C 和电感线圈 L 上的电压；另一种方法是通过测量谐振曲线的通频带宽宽度 $\Delta f = f_2 - f_1$，再根据 $Q = \dfrac{f_0}{f_2 - f_1}$ 求出 Q 值。式中 f_0 为谐振频率，当 f_1 和 f_2 失谐时，幅度下降到为最大值的 $1/\sqrt{2}$ 倍时的上、下频率点。Q 值越大，曲线越尖锐，通频带越宽，电路的选择性越好。在恒压源供电时，电路的品质因数、选择性与通频带只决定于电路本身的参数，而与信号源无关。

3. 实训设备

函数信号发生器、交流毫伏表、双踪示波器、信号源及频率计、谐振电路实训电路板。

4. 实训内容

1）按图 23 所示组成监视、测量电路，选用 C_1、R_1。用交流毫伏表测电压，用示波器监视信号源输出，令信号源输出电压 $U_i = 4V_{P-P}$，并保持不变。

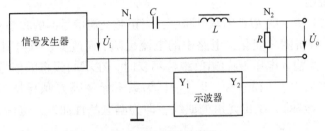

图 23　监视测量电路

2）找出电路的谐振频率 f_0。其方法是，将毫伏表接在 R_1（200 Ω）两端，令信号源的频率由小逐渐变大（注意要维持信号源的输出幅度不变），当 U_0 的读数最大时，频率计上的频率值即为电路的谐振频率 f_0，并测量 U_C 与 U_L 的值（注意及时更换毫伏表的量限）。

3）在谐振点两侧，频率递增或递减 500 Hz 或 1 kHz，依次各取 8 个测试点，逐点测出 U_o、U_L、U_C 的值，并计算出 Δf 和 Q，记入数据表 15 中。其中，$C_1 = 0.01\ \mu F$，$R_1 = 200\ \Omega$，$\Delta f = f_2 - f_1$。

表 15　数据记录表 1

U_o/V	U_L/V	U_C/V	f/kHz	Δf/kHz	Q	U_o/V	U_L/V	U_C/V	f/kHz	Δf/kHz	Q

4）改变电阻值，将电阻 R_1 改为 R_2，重复步骤 2）、3）的测量过程，将数据记入表 16 中。

表 16　数据记录表 2

U_o/V	U_L/V	U_C/V	f/kHz	Δf/kHz	Q	U_o/V	U_L/V	U_C/V	f/kHz	Δf/kHz	Q

5）将 C_1 更换为 C_2，重复步骤 2）~4），表格参照表 15 和表 16。

5. 注意事项

1）当选择测试频率点时，应在靠近谐振频率的附近多取几点。在变换频率

22

测试前，应调整信号输出幅度（用示波器监视输出幅度），使其维持在 $4V_{P-P}$ 的输出。

2）在测量 U_C 和 U_L 数值前，应将毫伏表的量程调大，而且在测量 U_L 与 U_C 时，应将毫伏表的"＋"端接到 C 与 L 的公共点，其接地端应分别触及 L 和 C 的近地端 N_2 和 N_1。

3）实训中，信号源的外壳应与毫伏表的外壳绝缘（不共地）。

6. 思考题

1）根据实训电路板给出的元件参数值，估算电路的谐振频率。

2）改变电路的哪些参数可以使电路发生谐振？电路中 R 的数值是否会影响谐振频率值？

3）要提高 RLC 串联电路的品质因数，电路参数应如何改变？

4）如何判别电路是否发生谐振？测试谐振点的方案有哪些？

5）当本实训测量电路发生谐振时，对应的 U_L 与 U_C 是否相等？如有差异，原因何在？

7. 实训报告

1）根据测量数据，绘出不同 Q 值的 U_o-f、U_L-f、U_C-f 幅频特性曲线。

2）对两种不同的测 Q 值的方法进行比较，分析误差原因。

3）通过本次实训，总结、归纳串联谐振电路的特性。

技能训练 11　三相交流电路电压、电流的测量

1. 实训目的

1）掌握三相负载星形联结、三角形联结的方法，验证在用这两种联结时线、相电压及线、相电流之间的关系。

2）充分理解三相四线供电系统中中性线的作用。

2. 原理说明

1）可将三相负载接成星形（又称为Y联结）或三角形（又称为△联结）。当三相对称负载作Y联结时，线电压 U_l 是相电压 U_p 的 $\sqrt{3}$ 倍，线电流 I_l 等于相电流 I_p，即

$$U_l = \sqrt{3}\,U_p,\quad I_l = I_p$$

在这种情况下，流过中性线的电流 $I_0 = 0$，可以省去中性线。

当对称三相负载作△联结时，有 $I_l = \sqrt{3}\,I_p$，$U_l = U_p$。

2）当不对称三相负载作Y联结时，必须采用三相四线制接法，即 Y_0 联结，

而且必须使中性线牢固联结，以保证三相不对称负载的每相电压维持对称不变。

倘若中性线断开，就会导致三相负载电压的不对称，致使负载轻的那一相的相电压过高，使负载遭受损坏；而负载重的一相相电压又过低，使负载不能正常工作。尤其是对于三相照明负载，无条件地一律采用 Y_0 联结。

3）当不对称负载作 △ 联结时，$I_1 \neq \sqrt{3} I_p$，但只要电源的线电压 U_1 对称，加在三相负载上的电压仍是对称的，对各相负载工作没有影响。

3. 实训设备

实训设备表见表 17。

表 17　实训设备表

序号	名　称	型号与规格	数量（个）	备　注
1	交流电压表	0～500 V	1	
2	交流电流表	0～5 A	1	
3	万用表		1	自备
4	三相自耦调压器		1	
5	三相灯组负载	白炽灯（220 V，15 W）	9	DGJ-04
6	电源插座		3	DGJ-04

4. 实训内容

（1）三相负载星形联结（三相四线制供电）

按图 24 所示的三相四线制实训电路连接，即三相灯组负载经三相自耦调压器接通三相对称电源。将三相调压器的旋柄置于输出为 0 V 的位置（即逆时针旋到底）。经指导教师检查合格后，方可开起实训台电源，然后调节调压器的输出，使输出的三相线电压为 220 V，并按下述内容完成各项实训，即分别测量三相负载的线电压、相电压、线电流、相电流、中性线电流、电源与负载中性点间的电压。将所测得的数据记入表 18 中，并观察各相灯组亮暗的变化程度，特别要注意观察中性线的作用。

表 18　实训记录表 1

实验内容 （负载情况）	开灯盏数（盏）			线电流/A			线电压/V			相电压/V			中性线电流 I_0/A	中性点电压 U_{N0}/V
	A相	B相	C相	I_A	I_B	I_C	U_{AB}	U_{BC}	U_{CA}	U_{A0}	U_{B0}	U_{C0}		
Y_0 联结，平衡负载	3	3	3											
Y 联结，平衡负载	3	3	3											
Y_0 联结，不平衡负载	1	2	3											

（续）

实验内容 （负载情况）	开灯盏数（盏）			线电流/A			线电压/V			相电压/V			中性线电流 I_0/A	中性点电压 U_{N0}/V
	A相	B相	C相	I_A	I_B	I_C	U_{AB}	U_{BC}	U_{CA}	U_{A0}	U_{B0}	U_{C0}		
Y联结，不平衡负载	1	2	3											
Y_0联结，B相断开	1		3											
Y联结，B相断开	1		3											
Y联结，B相短路	1		3											

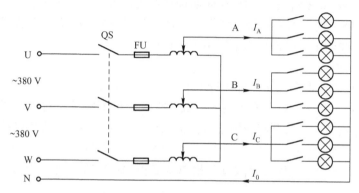

图 24　三相四线制实训电路图

（2）负载三角形联结（三相三线制供电）

按图 25 所示的三相三线制实训电路改接电路，经指导教师检查合格后接通三相电源，并调节调压器，使其输出线电压为 220 V，并按表 19 所示的三相三线制实训电路的内容进行测试。

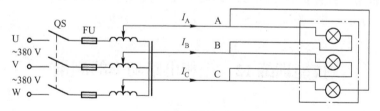

图 25　三相三线制实训电路图

表 19　实训记录表 2

负载情况	开灯盏数（盏）			线电压，相电压/V			线电流/A			相电流/A		
	A-B相	B-C相	C-A相	U_{AB}	U_{BC}	U_{CA}	I_A	I_B	I_C	I_{AB}	I_{BC}	I_{CA}
三相平衡	3	3	3									
三相不平衡	1	3	3									

5. 注意事项

1）本实验采用三相交流市电，线电压为 380 V，应穿绝缘鞋进入实验室。在进行实训时，要注意人身安全，不可触及导电部件，以防止意外事故发生。

2）每次接线完毕，同组同学应自查一遍，然后由指导教师检查后，方可接通电源。必须严格遵守先断电、再接线、后通电，先断电、后拆线的实训操作原则。

3）在进行星形负载做短路实训时，必须首先断开中性线，以免发生短路事故。

4）为避免烧坏白炽灯，DGJ-04 实训挂箱内设有过电压保护装置。当任一相电压大于 245 V 时，声光报警并跳闸。因此，在进行 Y 联结不平衡负载或缺相实验时，所加线电压应以最高相电压小于 240 V 为宜。

6. 思考题

1）三相负载根据什么条件进行星形或三角形联结？

2）复习三相交流电路有关内容，试分析三相星形联结不对称负载在无中性线情况下，当某相负载开路或短路时会出现什么情况？如果接上中性线，情况又如何？

3）本次实训中为什么要通过三相调压器将 380 V 的线电压降为 220 V 的线电压使用？

7. 实训报告

1）用实训测得的数据验证对称三相电路中的 $\sqrt{3}$ 关系。

2）用实训数据和观察到的现象，总结三相四线供电系统中中性线的作用。

3）不对称三角形联结的负载能否正常工作？实训是否能证明这一点？

4）根据不对称负载三角形联结时的相电流值绘制相量图，并求出线电流值，然后与实训测得的线电流做比较，并对其进行分析。

技能训练 12　三相电路功率的测量

1. 实训目的

1）掌握用一有功功率表法、二有功功率表法测量三相电路有功功率与无功功率的方法。

2）进一步熟练掌握功率表的接线和使用方法。

2. 原理说明

1）对于由三相四线制供电的星形联结的负载（即 Y_0 联结），可用一只功率表测量各相的有功功率 P_A、P_B、P_C，三相负载的总有功功率 $\sum P = P_A + P_B +$

P_C，这就是一有功功率表法。用一有功功率表法测三相负载的总有功功率原理如图 26 所示。若三相负载是对称的，则只需测量一相的功率，再乘以 3 即得总的有功功率。

2）在三相三线制供电系统中，不论三相负载是否对称，也不论负载是 Y 联结还是 △ 联结，都可用二有功功率表法测量三相负载的总有功功率，其原理如图 27 所示。若负载为感性或容性，且当相位差 $\varphi > 60°$ 时，则电路中的一只有功功率表指针将反偏（数字式功率表将出现负读数），这时应将功率表电流线圈的两个端子调换（不能调换电压线圈端子），其读数应记为负值。而三相总功率 $\sum P = P_1 + P_2$（P_1、P_2 本身不含任何意义）。

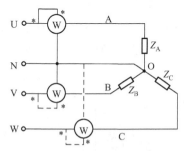

图 26　用一有功功率表法测三相
负载的总有功功率原理图

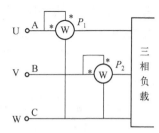

图 27　用二有功功率表法测三相
负载的总有功功率原理图

除图 27 所示的 I_A、U_{AC} 与 I_B、U_{BC} 接法外，还有 I_B、U_{AB} 与 I_C、U_{AC} 以及 I_A、U_{AB} 与 I_C、U_{BC} 两种接法。

3）对于三相三线制供电的三相对称负载，可用一有功功率表法测三相负载的总无功功率 Q，其测试原理如图 28 所示。图示功率表读数的 $\sqrt{3}$ 倍，即为对称三相电路总的无功功率。除了图中给出的连接法（I_U、U_{VW}）外，还有另外两种连接法，即连接 I_V、U_{UW} 或 I_W、U_{UV}。

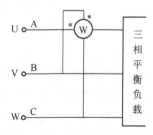

图 28　用一有功功率表法测三
相负载的总无功功率原理图

3. 实训设备

实训设备见表 20。

表 20　实训设备表

序号	名　称	型号与规格	数量（个）	备　注
1	交流电压表	0 ~ 500 V	2	
2	交流电流表	0 ~ 5 A	2	
3	单相功率表		2	DGJ-07

序号	名　称	型号与规格	数量（个）	备　注
4	万用表		1	自备
5	三相自耦调压器		1	
6	三相灯组负载	白炽灯（220 V，15 W）	9	DGJ-04
7	三相电容负载 （额定电压 500 V）	1 μF，2.2 μF，4.7 μF	各 3	DGJ-05

4. 实训内容

1）用一有功功率表法测量三相对称 Y_0 联结以及不对称 Y_0 联结负载的总功率 $\sum P$。按图 29 所示的实训电路接线，电路中的电流表和电压表用以监视该相的电流和电压不超过功率表电压和电流的量程。

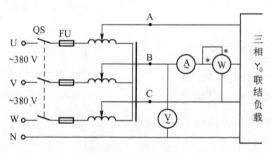

图 29　实训电路图 1

经指导教师检查后，接通三相电源，调节调压器输出，使输出线电压为 220 V，按表 21 所示的要求进行测量及计算。测量时，首先将 3 只表按图 29 所示接入 B 相进行测量，然后分别将 3 只表换接到 A 相和 C 相，再进行测量。

表 21　实训记录表 1

负载情况	开灯盏数（盏）			测量数据			计算值
	A 相	B 相	C 相	P_A/W	P_B/W	P_C/W	$\sum P/W$
Y_0 联结，对称负载	3	3	3				
Y_0 联结，不对称负载	1	2	3				

2）用二有功功率表法测定三相负载的总功率。

① 按图 30 所示的实训电路接线，将三相灯组负载接成 Y 联结。

经指导教师检查后，接通三相电源，调节调压器的输出线电压为 220 V，按

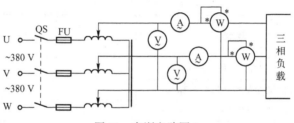

图 30　实训电路图 2

表 22 所示的内容进行测量。

② 将三相灯组负载改成△联结，重复①的测量步骤，将数据记入表 22 中。

表 22　实训记录表 2

负 载 情 况	开灯盏数（盏）			测 量 数 据		计算值
	A 相	B 相	C 相	P_1/W	P_2/W	$\sum P/\text{W}$
Y联结，平衡负载	3	3	3			
Y联结，不平衡负载	1	2	3			
△联结，不平衡负载	1	2	3			
△联结，平衡负载	3	3	3			

③ 将两只有功功率表按另外两种接法依次接入电路中，重复①和②的测量步骤（表格自拟）。

3）用一有功功率表法测定三相对称星形负载的无功功率，按图 31 所示的实训电路接线。

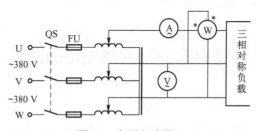

图 31　实训电路图 3

① 每相负载由白炽灯和电容器并联而成，并由开关控制其输入。经检查接线无误后，接通三相电源，将调压器的输出线电压调到 220 V，读取 3 个表的读数，计算无功功率 $\sum Q$，并记入表 23 中。

② 分别按 I_V、U_{UW} 和 I_W、U_{UV} 接法，重复①的测量，并比较 $\sum Q$ 值。

表 23　实训记录表 3

接法	负载情况	测量值			计算值
		U/V	I/A	Q/var	$\sum Q = \sqrt{3}\,Q$
I_U, U_{VW}	三相对称灯组（每相开 3 盏）				
	三相对称电容器（每相 4.7 μF）				
	前两种情况的并联				
I_V, U_{UW}	三相对称灯组（每相开 3 盏）				
	三相对称电容器（每相 4.7 μF）				
	前两种情况的并联				
I_W, U_{UV}	三相对称灯组（每相开 3 盏）				
	三相对称电容器（每相 4.7 μF）				
	前两种情况的并联				

5. 注意事项

每次实验完毕，均需将三相调压器旋柄调回零位。每次改变接线，均需断开三相电源，以确保人身安全。

6. 思考题

1）复习二有功功率表法测量三相电路有功功率的原理。

2）复习一有功功率表法测量三相对称负载无功功率的原理。

3）测量功率时，为什么在电路中通常都要接电流表和电压表？

7. 实训报告

1）完成数据表格中的各项测量和计算任务。比较一有功功率表和二有功功率表法的测量结果。

2）总结、分析三相电路功率测量的方法与结果。

技能训练 13　互感电路的测量

1. 实训目的

1）学会互感电路同名端、互感系数以及耦合系数的测定方法。

2）理解两个线圈相对位置的改变，以及当用不同材料作线圈心时对互感的影响。

2. 原理说明

1）判断互感线圈同名端的方法。

①直流法。直流法测试电路如图 32 所示。当开关 S 闭合瞬间，若毫安表的

指针正偏，则可断定 1、3 为同名端；若指针反偏，则 1、4 为同名端。

②交流法。互感系数的测定电路如图 33 所示。将两个绕组 N_1 和 N_2 的任意两端（如 2、4 端）连在一起，在其中的一个绕组（如 N_1）两端加一个低电压，另一绕组（如 N_2）开路，用交流电压表分别测出端电压 U_{13}、U_{12} 和 U_{34}。若 U_{13} 是两个绕组端压之差，则 1、3 是同名端；若 U_{13} 是两绕组端电压之和，则 1、4 是同名端。

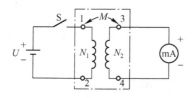
图 32 直流法测试电路

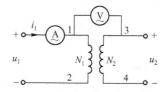
图 33 互感系数的测定电路

2）两线圈互感系数 M 的测定。在图 33 所示的 N_1 侧施加低压交流电压 U_1，测出 I_1 及 U_2。根据互感电势 $E_{2M} \approx U_{20} = \omega M I_1$，可算得互感系数为 $M = U_2/(\omega I_1)$。

3）耦合系数 k 的测定。两个互感线圈耦合的程度可用耦合系数 k 来表示，且

$$k = \frac{M}{\sqrt{L_1 L_2}}$$

电路如图 33 所示，先在 N_1 侧加低压交流电压 U_1，测出 N_2 侧开路时的电流 I_1；然后再在 N_2 侧加电压 U_2，测出 N_1 侧开路时的电流 I_2，求出各自的自感 L_1 和 L_2，即可算得 k 值。

3. 实训设备

实训设备见表 24。

表 24 实训设备表

序 号	名 称	型号与规格	数量（个）	备 注
1	数字直流电压表	0~200 V	1	
2	数字直流电流表	0~200 mA	2	
3	交流电压表	0~500 V	1	
4	交流电流表	0~5 A	1	
5	空心互感线圈	N_1 为大线圈 N_2 为小线圈	各 1	DGJ-04
6	自耦调压器		1	

序　号	名　称	型号与规格	数量（个）	备　注
7	直流稳压电源	0～30 V	1	
8	电阻器	30 Ω/8 W 510 Ω/2 W	各 1	DGJ-05
9	发光二极管	红或绿	1	DGJ-05
10	粗、细铁棒、铝棒		各 1	DGJ-04
11	变压器	36 V/220 V	1	DGJ-04

4. 实训内容

1）分别用直流法和交流法测定互感线圈的同名端。

① 直流法。实训电路如图 34 所示。先将 N_1 和 N_2 两线圈的 4 个接线端子编以 1、2 和 3、4 号。将 N_1、N_2 同心地套在一起，并放入细铁棒。U 为可调直流稳压电源，调至 10 V。流过 N_1 侧的电流不可超过 0.4 A（选用 5 A 量程的数字电流表）。在 N_2 侧直接接入 2 mA 量程的毫安表。将铁棒迅速地拔出和插入，观察毫安表读数正、负的变化，来判定 N_1 和 N_2 两个线圈的同名端。

② 交流法。本方法中，由于加在 N_1 上的电压仅 2 V 左右，直接用屏内调压器很难调节，所以采用图 35 的电路来扩展调压器的调节范围。图中 W、N 为主屏上的自耦调压器的输出端，B 为 DGJ-04 挂箱中的升压铁心变压器，此处作减压用。将 N_2 放入 N_1 中，并在两线圈中插入铁棒。A 为 2.5 A 以上量程的电流表，N_2 侧开路。

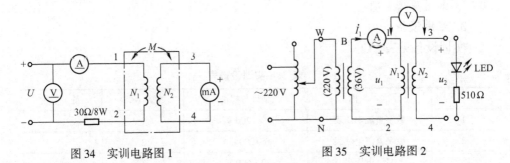

图 34　实训电路图 1　　　　　图 35　实训电路图 2

接通电源前，应首先检查自耦调压器是否调至零位，确认后方可接通交流电源。令自耦调压器输出一个很低的电压（约 12 V 左右），使流过电流表的电流小于 1.4 A，然后用 0～30 V 量程的交流电压表测量 U_{13}、U_{12}、U_{34}，判定同名端。

拆去 2、4 连线，并将 2、3 相接，重复上述步骤，判定同名端。

2）拆除 2、3 连线，测 U_1，I_1，U_2，计算出 M。

3）将低压交流加在 N_2 侧，使流过 N_2 侧电流小于 1 A，N_1 侧开路，按步骤2）测出 U_2、I_2、U_1。

4）用万用表的 $R \times 1$ 档分别测出 N_1 和 N_2 线圈的电阻值 R_1 和 R_2，计算 k 值。

5）观察互感现象。在图 35 的 N_2 侧接入发光二极管（LED）与 510 Ω（电阻箱）串联的支路。

① 将铁棒慢慢地从两线圈中抽出和插入，观察 LED 亮度的变化及各电表读数的变化，记录现象。

② 将两线圈改为并排放置，改变其间距，并分别或同时插入铁棒，观察 LED 亮度的变化及仪表读数。

③ 改用铝棒替代铁棒，重复①和②的步骤，观察 LED 的亮度变化，记录现象。

5. 注意事项

1）在整个实训过程中，注意流过线圈 N_1 的电流不得超过 1.4 A，流过线圈 N_2 的电流不得超过 1 A。

2）在测定同名端及其他测量数据的实验中，都应将小线圈 N_2 套在大线圈 N_1 中，并插入铁心。

3）在进行交流实验前，首先应检查自耦调压器，要保证手柄置在零位。实训时加在 N_1 上的电压只有 2～3 V，调节时要特别仔细小心。要随时观察电流表，读数不得超过规定值。

6. 思考题

1）当用直流法判断同名端时，可否根据开关 S 断开瞬间毫安表指针的正、反偏来判断同名端？如果可以的话，那么将如何判断？

2）本实训用直流法判断同名端是用插、拔铁心时观察电流表的正、负读数变化来确定的，具体情况应如何确定？这与实训原理中所叙述的方法是否一致？

7. 实训报告

1）总结对互感线圈同名端、互感系数的实训测试方法。

2）自拟测试数据表格，完成计算任务。

3）解释实训中观察到的互感现象。

技能训练 14　*RC* 一阶电路的响应测试

1. 实训目的

1）测定 *RC* 一阶电路的零输入响应、零状态响应及完全响应。

2）学习电路时间常数的测量方法。

3）了解有关微分电路和积分电路的概念。

4）学会用示波器观测波形。

2. 原理说明

1）在动态电路的分析中，常引用阶跃函数来描述电路的激励和响应。单位阶跃函数的定义为

$$1\ (t)\ =\begin{cases}0\ (t<0)\\ 1\ (t>0)\end{cases}$$

电路在零状态条件下，输入为阶跃信号时的响应称为阶跃响应。

动态网络的过渡过程是十分短暂的单次变化过程。要用普通示波器观察过渡过程和测量有关的参数，就必须使这种单次变化的过程重复出现。为此，利用信号发生器输出的方波来模拟阶跃激励信号，即利用方波输出的上升沿作为零状态响应的正阶跃激励信号；利用方波的下降沿作为零输入响应的负阶跃激励信号。只要所选择方波的重复周期远大于电路的时间常数 τ，电路就会在这样的方波序列脉冲信号的激励下，它的响应就与直流电接通或断开的过渡过程是基本相同的。

2）图 36a 所示的 RC 一阶电路的零输入响应和零状态响应分别按指数规律衰减和增长，其变化的快慢决定于电路的时间常数 τ。

3）时间常数 τ 的测定方法。用示波器测量零输入响应的波形如图 36b 所示。

根据一阶微分方程的求解得知 $u_C = U_m \mathrm{e}^{-t/RC} = U_m \mathrm{e}^{-t/\tau}$。当 $t = \tau$ 时，$U_C(\tau) = 0.368U_m$。此时所对应的时间就等于 τ。也可用零状态响应波形增加到 $0.632U_m$ 所对应的时间测得，如图 36c 所示。

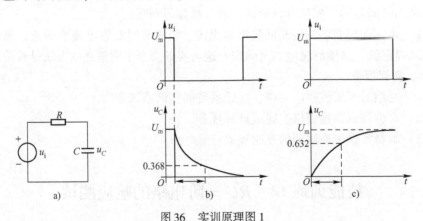

图 36 实训原理图 1

a）RC 一阶电路 b）零输入响应波形 c）零状态响应波形

4）微分电路和积分电路是 RC 一阶电路中较典型的电路，它对电路元件参

数和输入信号的周期有着特定的要求。一个简单的 RC 串联电路在方波序列脉冲的重复激励下，当满足 $\tau = RC \ll \dfrac{T}{2}$ 时（T 为方波脉冲的重复周期），且将 R 两端的电压作为响应输出，则该电路就是一个微分电路。此时电路的输出信号电压与输入信号电压的微分成正比，如图 37a 所示。利用微分电路可以将方波转变成尖脉冲。

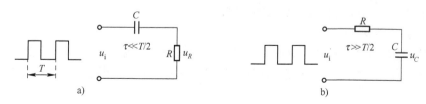

图 37　实训原理图 2

a）微分电路　b）积分电路

若将图 37a 中的 R 与 C 位置调换一下，如图 37b 所示，将 C 两端的电压作为响应输出，且当电路的参数满足 $\tau = RC \gg \dfrac{T}{2}$ 时，则该 RC 电路称为积分电路。此时电路的输出信号电压与输入信号电压的积分成正比。利用积分电路可以将方波转变成三角波。

从输入、输出波形来看，上述两个电路均起着波形变换的作用，请在实训过程中仔细观察与记录。

3. 实训设备

函数信号发生器、双踪示波器、动态实训电路板。

4. 实训内容

实训电路板如图 38 所示，请认清 R、C 元件的布局和其标称值以及各开关的通断位置等。

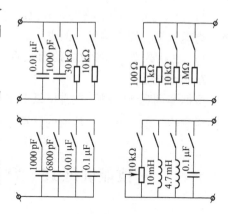

图 38　实训电路板

1）从电路板上选 $R = 10 \text{ k}\Omega$、$C = 6800 \text{ pF}$ 组成图 36a 所示的 RC 充放电电路。u_i 为脉冲信号发生器输出的 $U_m = 3 \text{ V}$、$f = 1 \text{ kHz}$ 的方波电压信号，并通过两根同轴电缆线，将激励源 u_i 和响应 u_C 的信号分别连至示波器的两个输入口 Y_A 和 Y_B。这时可在示波器的屏幕上观察到激励与响应的变化规律，请测算出时间常数 τ，并用方格纸按 1∶1 的比例描绘波形。

少量地改变电容值或电阻值，定性地观察其对响应的影响，记录观察到的现象。

2）令 $R = 10\ \text{k}\Omega$，$C = 0.1\ \mu\text{F}$，观察并描绘响应的波形，继续增大 C 的值，定性地观察其对响应的影响。

3）令 $C = 0.01\ \mu\text{F}$，$R = 100\ \Omega$，组成图 37a 所示的微分电路。在同样的方波激励信号（$U_\text{m} = 3\ \text{V}$，$f = 1\ \text{kHz}$）的作用下，观测并描绘激励与响应的波形。

增减 R 的值，定性地观察其对响应的影响，并进行记录。当 R 增至 $1\ \text{M}\Omega$ 时，输入、输出波形有何本质上的区别？

5. 注意事项

1）在调节电子仪器各旋钮时，动作不要过快、过猛。实验前，需熟读双踪示波器的使用说明书。在观察双踪示波器时，要特别注意相应开关、旋钮的操作与调节。

2）信号源的接地端与示波器的接地端要连在一起（称为共地），以防外界干扰而影响测量的准确性。

3）示波器的辉度不应过亮，尤其是光点长期停留在荧光屏上不动时，应将辉度调暗，以延长示波管的使用寿命。

6. 思考题

1）什么样的电信号可分别作为 RC 一阶电路零输入响应、零状态响应和完全响应的激励源？

2）已知 RC 一阶电路 $R = 10\ \text{k}\Omega$，$C = 0.1\ \mu\text{F}$，试计算时间常数 τ，并根据 τ 值的物理意义，拟定测量 τ 的方案。

3）预习要求：熟读仪器使用说明，回答上述问题，准备方格纸。

7. 实训报告

根据实训观测结果，在方格纸上绘出 RC 一阶电路充放电时 u_C 的变化曲线，由曲线测得 τ 值，并与参数值的计算结果进行比较，分析误差原因。

技能训练 15   常用低压电器的认识

1. 实训目的

1）认识常用低压电器。

2）掌握常用低压电器的使用方法。

3）对使用常用低压电器解决实际问题的方法有初步了解。

2. 原理说明

我国现行标准将工作在交流 1200 V、直流 1500 V 以下电气线路中的电气设备称为低压电器。低压电器的种类繁多，按其结构用途及所控制的对象，可以有不同的分类方式，按用途和控制对象不同，可将低压电器分为配电电器和控制电器；按操作方式不同，可将低压电器分为自动电器和手动电器。低压电器在电路中的用途是，根据外界信号或要求，自动或手动接通、断开电路，连续或断续地改变电路状态，对电路进行切换、控制、保护、检测和调节。

为保证电气设备安全可靠的工作，国家对低压电器的设计、制造制定了严格的标准，合格的电器产品应符合国家标准规定的技术要求。在使用电气元器件时，必须按照产品说明书中规定的技术条件选用。低压电器的主要技术指标有以下几项。

（1）绝缘强度

绝缘强度指当电气元器件的触头处于分断状态时，动静头之间耐受的电压值（无击穿或闪络现象）。

（2）耐潮湿性能

耐潮湿性能指保证电器可靠工作时所允许的环境潮湿程度。

（3）极限允许温升

当电器的导电部件通过电流时将引起发热和温升，极限允许温升是指为防止过度氧化和烧熔而规定的最高温升值。

（4）操作频率

操作频率为电气元器件在单位时间（1 h）内允许操作的最高次数。

（5）寿命

电器的寿命包括电寿命和机械寿命两项指标。电寿命指电气元器件的触头在规定的电路条件下，正常操作额定负载电流的总次数。机械寿命指电气元器件在规定使用条件下正常操作的总次数。

低压电器产品的种类多、数量大，用途极为广泛。在购置和选用低压电气元器件时，要特别注意检查其结构是否符合标准，防止给今后的运行和维修工作留下隐患。

3. 实训内容

（1）熔断器

常见熔断器实物图片如图 39 所示。

熔断器是配电电路及电气设备控制电路中用作过载和短路保护的电器。它被串联在被保护的电路中，在电路中是人为设置起保护作用的"薄弱环节"。当电路或电气设备发生短路或过载时，熔断器中的熔体首先熔断，使电路或电气设备脱离电源，起到保护作用。熔断器作为保护电器，具有结构简单、价格低廉、使用方便等优点，应用极为广泛。

熔断器由熔体和熔管（或熔座）组成。熔体常被制成片状或丝状。熔管（熔座）是熔体的保护外壳，在熔体熔断时兼有灭弧作用。常用的低压熔断器有

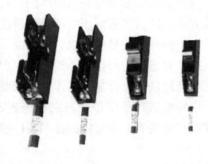

图 39 常见熔断器实物图片

磁插式、螺旋式、封闭管式及快速熔断器等几类。

在选用熔断器时，应根据被保护电路的需要，首先确定熔断器的形式，然后选择熔体的规格，再根据熔体确定熔断器的规格。

1）熔体额定电流的选择。在选择熔体的额定电流时，必须既要以电路中实际需要的工作电流为依据，又要考虑负载的性质。具体选用方法如下。

① 对于电炉和照明等负载的短路保护，熔体的额定电流应不小于负载的额定电流。

② 当单台电动机采用熔断器短路保护时，熔体的额定电流可按电动机额定电流的 1.5 ~ 2.5 倍选择。

③ 多台电动机在同一条电路上采用熔断器短路保护时，熔体的额定电流应为其中最大容量电动机额定电流的 1.5 ~ 2.5 倍再加上其余电动机额定电流的总和。

④当并联电容器采用熔断器保护时，对于单台并联电容器，熔体的额定电流应为电容器额定电流的 1.5 ~ 2.5 倍；对于并联电容器组，熔体的额定电流应为电容器组额定电流的 1.3 ~ 1.8 倍。

2）熔断器的选择。

① 熔断器的额定电压必须大于或等于电路的工作电压。

② 熔断器的额定电流必须大于或等于所装熔体的额定电流。

（2）接触器

接触器是在电动机控制电路和其他自动控制电路中使用最多的一种低压电气元器件。接触器和辅助接触器的外形如图 40 和图 41 所示。接触器可以远距离被频繁的接通、断开负载电路；具有在电源电压消失或降低到某一定值以下时，自动释放而切断电路的零电压及欠电压的保护功能。按接触器所控制的电流种类可将其分为交流接触器和直流接触器两种。本实验教学系统中只用了交流接触器。

图40　接触器的外形　　　　　　　　　　　图41　辅助接触器的外形

交流接触器的基本结构包括电磁机构、触头系统、灭弧装置和外壳及支持部件。

交流接触器的主要技术参数有额定工作电压、主触头额定工作电流和辅助触头额定工作电流。

在选择交流接触器时，应注意选择接触器的型号，确定接触器的额定电流，选择接触器电磁线圈的额定电压。

（3）继电器

继电器是自动控制、远距离控制的基本器件之一，可用于交、直流小容量控制电路，也可作为传递信号的中间器件。继电器具有输入、输出回路，当输入量（电量或非电量信号）达到预定值时继电器动作，输出量发生跃变性且与原状态相反的变化。继电器种类很多，这里只介绍常用热继电器、时间继电器和中间继电器。

1）热继电器。热继电器是用于电动机或其他电气设备、电气线路过载保护的保护电器，其实物图片如图42所示。

图42　热继电器的实物图片

在使用热继电器对电动机进行过载保护时，将热元器件与电动机的定子绕组串联，将热继电器常闭触头串联在交流接触器电磁线圈的控制电路中，并调节整定电流的调节旋钮，使人字形拨杆与推杆相距一适当距离。当电动机正常工作时，通过热元器件的电流即为电动机的额定电流，热元器件发热，双金属片受热后弯曲，使推杆刚好与人字形拨杆接触。常闭触头处于闭和状态，交流接触器保持吸合，电动机正常运行。若电动机出现过载情况，则绕组中的电流增大，通过热继电器热元器件中的电流增大会使双金属片温度升得更高，弯曲程度加大，推动人字形拨杆，从而推动常闭触头，使触头断开而切断交流接触器线圈电路，接触器释放，切断电动机的电源，电动机停车因而得到保护。

2）时间继电器。时间继电器是在电路中用来控制动作时间的继电器，其实物图片如图43所示。

a)   b)

图43　时间继电器的实物图片

a）CDJS2-Y 外形　b）CDJS2-N 外形

某些自动控制电路中需要继电器得到信号后不立即动作，而是顺延一段时间后再动作并输出控制信号，以达到按时间顺序进行控制的目的。时间继电器可以满足这种要求。常用的时间继电器有空气阻尼式（气囊式）、晶体管式和电动式等几种。按延时方式可将其分为通电延时型、断电延时型和通断电均延时型等类型。

3）中间继电器。中间继电器在各种控制电路中起信号的传递、放大、翻转、分路、隔离和记忆等作用。常见中间继电器的实物图片如图44所示。中间继电器的触头数目较多，可以用来增加控制电路中的信号数量，有时也用来控制微型电动机。中间继电器的种类很多，应用最广泛的是电磁式中间继电器。

图44　常见中间继电器的实物图片

（4）主令电器

主令电器是指在控制电路中发出闭合或断开指令信号或进行程序控制的开关电器。主令电器应用广泛，种类繁多，最常见的有按钮、行程开关、万能转换开关和主令控制器等。使用最多的是按钮。按钮的外形如图45所示。

按钮是一种短时接通或分断小电流电路的手动电器。它不直接控制主电路的通断，而是在控制电路中发出"指令"去控制接触器、继电器等电器的电磁线圈，再由它们控制主电路的通断。按钮的工作原理图如图46所示。

图 45　按钮的外形图

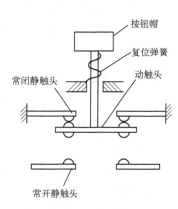

图 46　按钮的工作原理图

按钮一般由按钮帽、复位弹簧、动触头、静触头和外壳组成。按钮因其用途和触头的结构不同分为常闭按钮、常开按钮和复合按钮。所谓常开、常闭是指按钮未动作时触头的状态。当手指按下按钮时，常闭触点断开，常开触点闭合；手指放开后按钮自动复位，常开触点恢复断开，而常闭触点恢复闭合。对于复合按钮来说，当手指按下按钮时，常闭触点首先断开，常开触点随后闭合；手指放开后，常开触点首先复位，常闭触点随后复位闭合。按钮的触头允许通过的电流很小，一般不超过 5 A。主要根据使用场合、触头数目和所需要的颜色来选择按钮。

4. 实训报告

1）整理出常用低压电器的主要功能。

2）整理出常用低压电器的选择方法和使用注意事项。

技能训练16　三相电动机点动与自锁控制电路

1. 实训目的

1）学会基本的接线原则，认识并了解中间继电器、热继电器及交流接触器的功能。

2）认识基本电气控制图，区分主电路与控制电路。

3）了解自锁的含义，深刻理解点动与连续运行的区别。

2. 原理说明

在生产实际中，有的生产机械除需要正常运行外，在进行调整工作时还需要进行点动控制，即在工作状态与点动状态间进行选择，应采用选择联锁电路。图47所示给出了具有点动控制功能的三相电动机点动与自锁实训电路。它是利用一个中间继电器实现的点动控制电路。由于增加了中间继电器 K，所以电路工作更加可靠。当需要点动控制时，按下按钮 SB$_2$，中间继电器 K 的线圈得电，其常开触点闭合，接通 KM 的线圈电路，KM 的主触点闭合，电动机得电起动旋转。当松开 SB$_2$ 时，K、KM 的线圈先后断电，电动机停止旋转，实现了点动控制。当需要对电动机进行连续运行控制时，只要按下连续运行控制按钮 SB$_3$，接通 KM 的线圈电路，KM 的主触点闭合，电动机便得电起动旋转；同时 KM 的常开触点闭合，形成自锁，即使松开按钮 SB$_3$ 也没关系，电动机会一直运转。当需要电动机停转时，则需按下停止按钮 SB$_1$。

连续运行（长动）与点动（短动）的主要区别是控制接触器能否自锁。

3. 实训电路图

三相电动机点动与自锁实训电路图如图47所示。

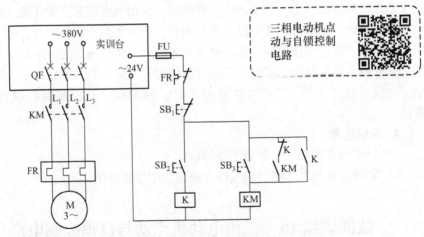

图47　三相电动机点动与自锁实训电路图

QF—断路器　FR—热继电器　FU—熔断器　KM—交流接触器　SB$_1$—停止按钮

SB$_2$—点动按钮　SB$_3$—连续运行按钮　K—中间继电器

技能训练 17 三相电动机正反转控制电路

1. 实训目的

1）认识交流接触器与辅助触头的连接方法及所起到的作用。

2）理解互锁的含义、作用以及实现互锁的方法。

3）学会实现电动机正反转的各种方法，并明确注意事项。

2. 原理说明

图 48 所示是接触器互锁的正反转控制电路，用正向接触器 KM_1 和反向接触器 KM_2 来完成主电路两相电源的对调工作，从而实现正反转的转换。

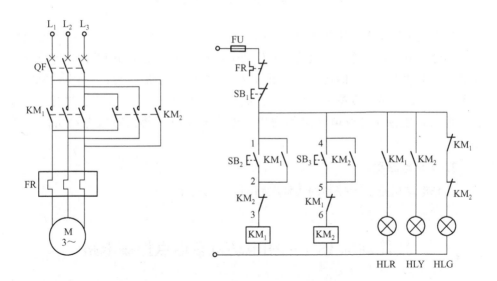

图 48　三相电动机正反转控制实训电路图

QF—断路器　FR—热继电器　FU—熔断器　SB_1—停止按钮

SB_2—正转按钮　SB_3—反转按钮　KM_1—正转接触器　KM_2—反转接触器

7.4 节只介绍了接触器互锁实现电动机正反转的方法，此外还有按钮互锁实现正反转，但需要采用复合式按钮（见图 49），即将正向复合按钮 SB_2 的常闭触点串接在反向接触器 KM_2 的线圈回路中，而将反向复合按钮 SB_3 的常闭触点串接在正向接触器 KM_1 的线圈回路中。这样，在按下 SB_2 时，只有正向接触器 KM_1 的线圈可以得电吸合，而当按下 SB_3 时，只有反向接触器 KM_2 可以得电吸合。

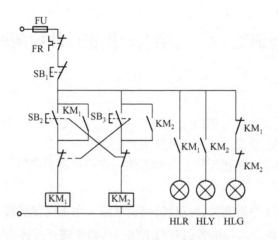

图49　联锁按钮控制电动机正反转控制电路图

如果发生误操作，比如同时按下两个起动按钮 SB_2 和 SB_3，那么两个接触器就都不会得电吸合。这样可以防止发生两个接触器同时吸合而引起的主电路短路事故。当电动机正在正向运行时，不可直接按下反转按钮；同理，当电动机在反向运行时，也不可直接按下正转按钮，而是应当先按下停止按钮，再进行其他操作，否则会很容易造成电动机的磨损，导致电动机发热，缩短电动机的使用寿命。

3. 实训电路图

三相电动机正反转控制的实训电路图如图48所示。

技能训练18　三相电动机多地点控制电路

1. 实训目的

1）了解一台电动机进行两地控制的基本要求。

2）理解两地控制的实现方法以及连线原则。

2. 原理说明

对于一台电动机或其他电气设备，要能从两个地点进行控制，每一个控制点必须有一个起动按钮和一个停止按钮。为了能够做到各控制点均能对同一电动机进行控制，这些按钮的连线原则是，将起动按钮并联，停止按钮串联。

图50所示为两地点控制电路，甲地的 SB_1 与 SB_2 在实训台上，而乙地的

SB_3 与 SB_4 在电工实训板上。当按下 SB_2 或 SB_3 时，都可以使接触器 KM 线圈得电，红色指示灯亮；当按下 SB_1 或 SB_4 时，都可以使接触器 KM 线圈断电，绿色指示灯亮。

注：本实训只是说明原理，故所用开关都在实训板上操作。

3. 实训电路图

三相电动机多地点控制的实训电路图如图 50 所示。

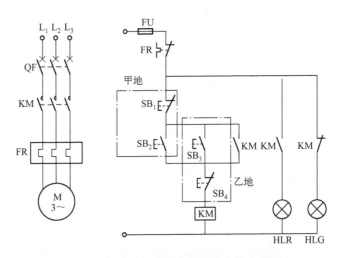

图 50 三相电动机多地点控制的实训电路图

QF—断路器　FR—热继电器　FU—熔断器　KM—接触器　SB_1—甲地停止按钮

SB_2—甲地起动按钮　SB_3—乙地起动按钮　SB_4—乙地停止按钮

技能训练 19　单按钮控制电动机起停电路

1. 实训目的

1) 理解单按钮控制电动机起停的原理与优点。

2) 利用中间继电器与接触器配合完成一定的功能。

2. 原理说明

单按钮控制电动机起动和停止与两个按钮相比，特别是在多点控制和远距离控制时，可以大大节省引接导线，其控制电路如图 51 所示。合上总电源开关 QF，按下按钮 SB_1，继电器 K_1 吸合，其两个常开触点闭合，一是自锁，二是使接触器 KM 吸合并自锁。KM 主触点闭合，电动机 M 起动。KM 的常开辅助触点 KM（4—5）与 KM（6—9）闭合、常闭辅助触点 KM（2—3）与 KM（6—10）断开，红色指示灯亮。这时继电器 K_2 的线圈因为 K_1 的常闭触点 K_1（1—4）已断开而未吸合。当松开按钮 SB_1 时，由于 KM 已自锁，所以 KM 仍吸合，电动机 M 继续运转。这时 K_1 因 SB_1 松开而断电释放，其常闭触点 K_1（1—4）恢复闭合，为 K_2 的吸合做好准备。

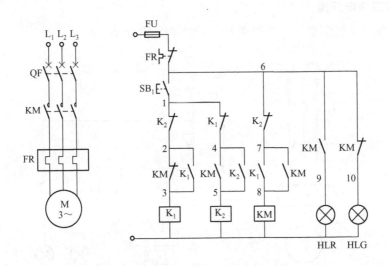

图 51　单按钮控制电动机起停的实训电路图
QF—断路器（总电源开关）　FR—热继电器　FU—熔断器
SB_1—起停按钮　K_1、K_2—中间继电器　KM—接触器

在第二次按下 SB_1 时，继电器 K_1 线圈通路被 KM 的常闭触点 KM（2—3）切断，因此 K_1 不会吸合，这时 K_2 得电吸合，其常闭触点 K_2（6—7）断开，切断了 KM 线圈的电源，KM 释放，使电动机 M 停止运转，同时绿色指示灯亮，实现了用一个按钮控制电动机的起动和停止。

3. 实训电路图

单按钮控制电动机起停的实训电路图如图 51 所示。

技能训练 20　三相电动机丫-△减压起动电路

1. 实训目的

1）了解三相电动机减压起动的一般方法。

2）理解电动机丫-△减压起动的原理。

46

2. 原理说明

三相异步电动机减压起动方法有Y-△减压起动、定子电路中串电阻或电抗、自耦变压器和延边三角形起动等。

在合上总电源开关 QF 后，按下起动按钮 SB₂，接触器 KM₁、KM₂ 和通电延时时间继电器 KT 均得电吸合。KM₁（1—2）闭合自锁，KM₁ 主触点闭合，为起动电动机 M 做好准备；KM₂ 主触点闭合，而常闭触点 KM₂（6—7）断开起互锁作用，此时电动机以Y联结减压起动。与此同时，黄灯与红灯同时亮。几秒钟后，时间继电器 KT 的通电延时断开，触点 KT（2—4）打开，接触器 KM₂ 失电释放，电动机 M 从Y联结解除，KM₂（6—7）恢复闭合，接触器 KM₃ 吸合，其主触点闭合，电动机以△联结在额定电压下运转。同时，黄灯与绿灯亮。这时，KM₃（4—5）断开起互锁作用，时间继电器 KT 也同时释放，Y-△起动过程结束。整个起动过程都是自动完成的。

SB₁ 为停止按钮。必须指出的是，KM₂ 和 KM₃ 实行电气互锁的目的是为避免 KM₂ 和 KM₃ 同时通电吸合而造成的严重电源短路事故。

3. 实训电路图

三相电动机Y-△减压起动的实训电路图如图 52 所示。

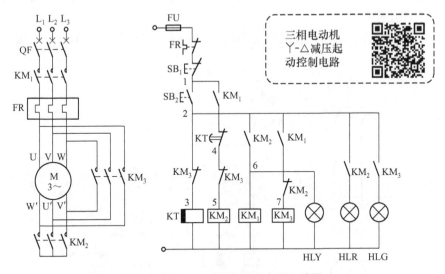

图 52　三相电动机Y-△减压起动的实训电路图

QF—断路器（总电源开关）　　FR—热继电器　FU—熔断器

KM₁—主运行接触器　KM₂—Y运行接触器　KM₃—△运行接触器

SB₁—停止按钮　SB₂—起动按钮　KT—时间继电器

技能训练 21　电动机定时运转控制电路

1. 实训目的

1）理解电动机定时运转控制电路的工作原理。

2）认识此电路所应用的场合与优点。

2. 原理说明

电动机定时运转自动控制电路常用于机床润滑系统、水箱补水、管道通风等设备的控制。这种电路可以使电动机按设定的运转时间和间隔时间周而复始地运转，省去了操作人员。

图 53 所示是定时运转自动控制电路的电气原理图。主电路是常见的单向起动线路。在辅助电路中，KT_1 用来控制电动机的运转时间，KT_2 用来控制两次运转之间的间隔时间。KT_1 和 KT_2 都使用通电延时型的时间继电器，KT_1 和 KT_2 的延时触点 KT_1（3—4）和 KT_2（1—3）控制中间继电器 K 的状态，由 K 的常闭触点 K（1—2）控制接触器 KM 的状态。在电路中使用可锁定的开关 SA 作为起动、停止控制。

具体操作步骤是，首先合上 QF，旋转 SA，接触器 KM 得电，主触点闭合，

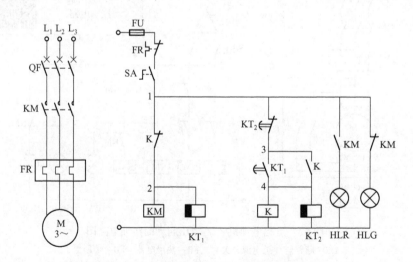

图 53　电动机定时运转的实训电路图

QF—断路器　FR—热继电器　FU—熔断器　KM—接触器

K—中间继电器　SA—起停旋钮开关　KT_1、KT_2—时间继电器

电动机开始运转，同时红色指示灯亮。时间继电器 KT_1 得电开始计时，在延时时间结束后，其通电延时闭合常开触点 KT_1（3—4）闭合，中间继电器 K 得电，其常闭触点 K（1—2）断开，KM 断电释放，电动机停转，同时，红灯灭，绿灯亮。K 的常开触点 K（3—4）闭合自锁，时间继电器 KT_2 得电开始计时；在定时时间结束后，其通电延时断开常闭触点 KT_2（1—3）断开，K 与 KT_2 均断电释放，K 的常闭触点恢复闭合，KM 得电，电动机又开始运转，同时红色灯亮，绿灯灭。

3. 实训电路图

电动机定时运转的实训电路图如图 53 所示。

技能训练 22　单按钮控制两灯依次亮的控制电路

1. 实训目的

1）认识时间继电器两种触头的应用。

2）理解按钮控制两灯依次亮的电路原理。

2. 原理说明

这个实训比较简单，它是利用时间继电器的辅助常开触点来完成两灯依次亮灭的。若旋转起动旋钮开关 SA，则时间继电器 KT 得电吸合。同时其通电延时断开的常闭触点 KT（1—2）开始计时，中间继电器 K_1 得电吸合，红色指示灯亮；而通电延时闭合的常开触点 KT（1—3）保持断开状态。在延时结束后，通电延时断开的常闭触点 KT（1—2）断开且保持断开状态，K_1 失电，K_1 的常开触点恢复断开，红色指示灯灭；同时通电延时闭合的常开触点 KT（1—3）闭合，K_2 得电吸合，其常开触点闭合，绿色指示灯亮。如果 SA 没有动作，此状态就将一直保持。当 SA 弹起时，两个指示灯都将熄灭。当第二次旋转 SA 时，将重复以上的过程。

在此电路中，两个中间继电器形成互锁，可以安全可靠地执行动作，不会发生两灯同时亮的误操作。

3. 实训电路图

单按钮控制两灯依次亮的实训电路图如图 54 所示。

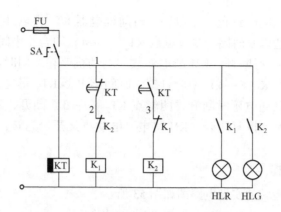

图 54　单按钮控制两灯依次亮的实训电路图

SA—起停旋钮开关　FU—熔断器　K_1、K_2—中间继电器　KT—时间继电器

技能训练 23　笼型三相异步电动机延时停止控制电路

1. 实训目的

1）学会基本的接线原则，认识并了解时间继电器、热继电器及交流接触器的功能。

2）学会基本电气控制图的看法，区分开主电路与控制电路。

3）了解自锁的含义，深刻理解电动机延时起动和延时停止控制电路的特点。

2. 原理说明

安装、调试笼型三相异步电动机延时起动、同时延时停止控制电路。有两台电动机，工艺要求按下起动按钮，1#电动机立即起动，2#电动机延时30 s自动运行；按下停止按钮，2#电动机立即停止，1#电动机延时20 s自动停止。能根据电动机功率选择器件与导线。1#电动机的功率为1.1 kW，2#电动机的功率为2.2 kW。

按下按钮 SB_1，交流接触器 KM_1 和通电延时继电器 KT_1 线圈通电并自锁，KM_1 主触点闭合，1#电动机起动旋转，KM_1（5—21）闭合，信号灯 HL_1 亮；经过 30 s 延时后，KT_1（13—15）闭合，交流接触器 KM_2 线圈通电并自锁，KM_2 主触点闭合，2#电动机起动旋转，KM_2（5—23）闭合，信号灯 HL_2 亮。

在图 55 中，中间继电器 KA 的作用是在 KM_2 线圈吸合后通电吸合并自锁，KM_1 断开后释放。其常闭触点 KA（5—7）的作用是提供起动通路，起动后 KT_2（5—7）闭合，KA（5—7）断开为延时停止做准备；常闭触点 KA（9—11）的作用是切断 KT_1 的线圈回路，为停止做准备。如果没有 KA（9—11），KT_1

（13—15）起动后就会一致处于闭合状态，按下停止按钮 SB_2 后，KM_2 释放，松开按钮 SB_2 后 KM_2 重新吸合，不能满足停止要求。

按下停止按钮 SB_2，KM_2、KT_2 线圈同时失电，2#电动机立即停止，信号灯 HL_2 灭；经过20 s延时后，KM_1 线圈失电，1#电动机停止，信号灯 HL_1 灭，中间继电器 KA 线圈失电释放，或者任何一个电动机过载所用线圈同时失电释放，两个电动机同时停止旋转，两个信号灯同时灭。

3. 实训电路图

延时开、停的控制电路图如图55 所示。

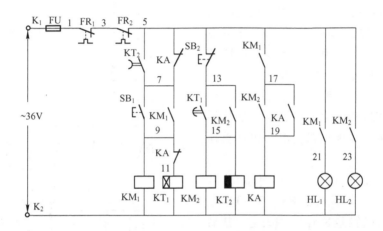

图 55　延时开、停控制电路图

4. 注意事项

1）实训中要认真检查线路，注意零线、火线不能短接。

2）注意火线通过开关。

技能训练24　手动切换自耦变压器降压起动的控制电路

1. 实训目的

1）学会基本的接线原则，认识并了解自耦变压器、热继电器及交流接触器的功能。

2）学会看基本电气控制图，区分开主电路与控制电路。

3）深刻理解手动切换自耦变压器降压起动控制电路的特点。

2. 原理说明

自耦变压器降压起动是指当电动机起动时，将自耦变压器的低电压加在定子绕组上，待转速达到一定值后将自耦变压器切除，直接将市电接电动机的定子绕组，当电动机的功率很大时，可以增加自耦变压器的中间抽头，逐级增加加在定子绕组的电压，最后将自耦变压器切除，直接将市电接电动机的定子绕组。如图 56 所示。

控制电路的工作过程是，合上开关 QK，按下起动按钮 SB_2，交流接触器 KM_3 线圈通电，其主触点闭合，将自耦变压器连接成 Y 形；常开触点 KM_3（7—11）闭合，交流接触器 KM_2 线圈通电，常开触点 KM_2（5—7）闭合自锁，其主触点闭合，给自耦变压器加上电压，自耦变压器中心抽头接入电动机，电动机在低压下运行。

按下按钮 SB_3，中间继电器 KA 线圈通电，其常闭触点 KA（7—9）断开，交流接触器 KM_3 线圈失电，接着 KM_2 线圈失电，KM_2 和 KM_3 的主触点复位，切除了自耦变压器；同时，KA（5—15）闭合，交流接触器 KM_1 线圈通电并自锁，KM_1 的主触点将市电直接接电动机，电动机正常运行，信号灯 HL 亮，指示正常运行。

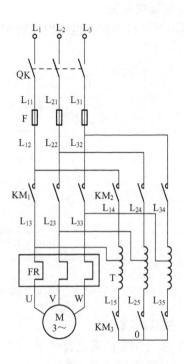

图 56　自耦变压器降压起动主电路

KM_1（13—K_2）和 KM_3（15—17）为互锁触点，防止 KM_1 与 KM_2、KM_3 同时吸合而造成的电源短路。

按下停止按钮 SB_1 或者电动机过载交流接触器断开，电动机停止运行，信号灯熄灭。

3. 实训电路图

手动切换自耦变压器降压起动的控制电路图如图 57 所示。

4. 注意事项

1）在实训中要认真检查线路，注意零线、相线不能短接。

2）注意相线通过开关。

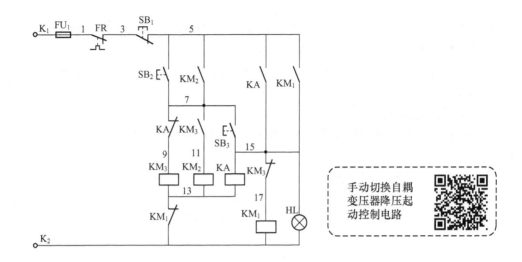

图 57　手动切换自耦变压器降压起动的控制电路图

技能训练 25　时间继电器自动切换自耦变压器 降压起动的控制电路

1. 实训目的

1）学会基本的接线原则，认识并了解自耦变压器、热继电器及交流接触器的功能。

2）学会看基本电气控制图，区分开主电路与控制电路。

3）深刻理解手动切换自耦变压器降压起动控制电路的特点。

2. 原理说明

自耦变压器降压起动主电路如图 56 所示。控制电路的工作过程如下。

合上开关 QK，按下起动按钮 SB_2，交流接触器 KM_3、KM_2 和时间继电器 KT 线圈通电，KM_3 主触点闭合，将自耦变压器连接成 Y 形，KM_2 主触点闭合，将自耦变压器中心抽头接入电动机；常开触点 KM_3（5—7）闭合自锁，此时电动机在低压下运行。

经过一定的时间后，时间继电器常开触点 KT（5—11）闭合，中间继电器 KA 线圈通电并自锁，其常闭触点 KA（7—9）断开，交流接触器 KM_3、KM_2 和时间继电器 KT 线圈失电，KM_2 和 KM_3 的主触点复位，切除了自耦变压器；同时，常开触点 KA（5—15）闭合，交流接触器 KM_1 线圈通电并自锁，KM_1 的主触点将市电直接接电动机，电动机正常运行，信号灯 HL 亮，指示正常运行；常闭触点 KM_1（11—13）断开，中间继电器 KA 线圈失电；KM_3（15—17）为互锁触点，防止 KM_1 与 KM_2、KM_3 造成的电源短路。

　　按下停止按钮 SB_1 或者电动机过载交流接触器断开，电动机停止运行，信号灯熄灭。

3. 实训电路图

时间继电器自动切换自耦变压器降压起动的控制电路图如图 58 所示。

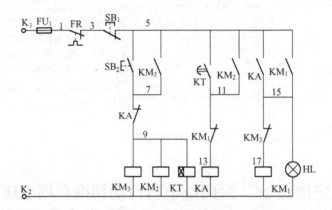

图 58　时间继电器自动切换自耦变压器降压起动的控制电路图

4. 注意事项

1）在实训中要认真检查线路，注意零线、相线不能短接。

2）注意相线通过开关。